父子话巢湖

王民生 著

中国科学技术大学出版社

内 容 简 介

本书通过父子对话形式,选列16个专题,从巢湖的成因、特点,构成巢湖自然体的山、水、林、田、河、草、沙等要素,巢湖的水利建设、蓝藻防控、人文建设、城湖共生、综合治理等,逐一展开,比较全面地展现巢湖的历史、风貌、物产、人文及治理过程。同时,原汁原味还原巢湖的历史,抢救性地发掘一些历史资料,并以当事人的角度描述当今治巢新篇;面向国内外大湖治理理论与实践,深入探究、汇总展示最新治巢科技成效;客观反映前期过度开发、人水矛盾突出等问题与教训,充分展示党的十八大以来波澜壮阔的治巢历程和来之不易的成绩。

本书是一本面向大众的关于湖泊治理的科普读物,对湖泊科研工作者也有助益。

图书在版编目(CIP)数据

父子话巢湖 / 王民生著. -- 合肥 : 中国科学技术大学出版社,2024.11(2025.5重印). -- ISBN 978-7-312-06095-3

Ⅰ. P942.54

中国国家版本馆CIP数据核字第2024DQ8058号

父子话巢湖

FUZI HUA CHAOHU

出版	中国科学技术大学出版社
	安徽省合肥市金寨路96号,230026
	http://press.ustc.edu.cn
	http://zgkxjsdxcbs.tmall.com
印刷	合肥华苑印刷包装有限公司
发行	中国科学技术大学出版社
开本	787 mm×1092 mm 1/16
印张	18.25
字数	389千
版次	2024年11月第1版
印次	2025年5月第2次印刷
定价	68.00元

子在川上曰:逝者如斯夫! 不舍昼夜。

我是巢湖人,从小喝着巢湖水长大。人民日报社安徽分社原社长朱思雄曾戏称我为"巢湖之子"。这是至高无上的称号,愧不敢当。七年前的今天,我到合肥市政府工作。一年前的今天,我转岗到市政协。我在市政府工作期间,有幸分管过巢湖综合治理工作,参与、见证了波澜壮阔的治巢实践。现在略有余暇,便想静下心来,回顾、总结这一段工作经历,写一写关于巢湖的文章,这也算是对巢湖哺育之恩的一丝回报。

但如何下笔却让我颇费脑筋。我虽然钻研过湖泊学相关知识,但毕竟不是科技工作者,难以写出关于巢湖治理的科技专著;我算是爱思考的领导干部,留有一些关于巢湖治理的讲话稿和文章,但可读性如何我并没有多少把握;虽是土生土长的巢湖人,但对巢湖的前世今生、山川草木也非通晓,想写一本全面展现巢湖的书,心有余而力不足,但因此而搁笔却又心有不甘。那我的优势在哪里? 可以选择什么样的角度来突破?

苦思冥想中,一次回家与父亲长谈,猛然醒悟:何不来个父子话巢湖? 因为父亲八十多岁,在湖边生活了大半辈子,知道巢湖几十年前的情况,并且有很多难得的生产、生活经历;而我是治巢大军中的后来者,参与一些重大工程建设,是一些重大事件的见证者。两人经历合起来,就是一个连续的历史片段。两头延伸,"瞻前顾后",甚至上百年。我们这样一个有着独特经历的巢湖世家,本身不就是很好的写作资源吗?

如此一想,豁然开朗。更感觉从某种意义上,这是"母亲湖"对我独有的厚爱,我要珍惜利用,而不能视而不见。同时感到,如果采用访谈形式,以对话体的叙述方式表达出来,就可以使书更接地气,更容易得到群众认可。这就像合肥籍华人传记文学家唐德刚的系列名人口述回忆录一样。于是,从2022年端午节开始,我便陆续记录了关于巢湖及其治理的父子对话。

父亲,是老一辈巢湖人中的普通一员。儿子,是当代巢湖保护、治理大军中的成员。两个人、两代人的经历,合起来可窥见现当代人治巢不懈奔走的身影,从某种程度上亦可反映这一时段巢湖的不平凡史。

本书通过父子对话形式,选列16个专题,从巢湖的成因、特点,巢湖流域构成的山、水、林、田、河、草、沙等要素,巢湖的水利建设、蓝藻防控、人文建设、城湖共生、综合治理等方面,逐一展开,娓娓道来,试图比较全面地展现巢湖的历史、风貌、物产、人文及治理过程,力图成为一部新时代的简版巢湖志。

本书以亲历者口述历史的形式,原汁原味还原巢湖的一些历史片段,抢救性地发掘一些民间口头相传的材料,并以当事人的角度描述当今治巢新篇,上下百余年,纵横近千里,力图反映巢湖的"前世今生"。

本书依托国内外大湖治理理论与实践,以巢湖作为观察基点,介绍国内外湖泊治理经验,深入探究湖泊科学,充分展示最新治湖科技成果,力图成为一本面向大众的关于湖泊治理的科普读物,希望对湖泊科研工作者也能有所助益。

本书客观反映历史上过度开发、人水矛盾突出等问题与教训,形象展示党的十八大以来不寻常的治巢历程和来之不易的成绩,力图成为一本生动宣传习近平生态文明思想的活教材,讲述好合肥"大湖名城、创新高地"建设的动人故事。

总的来说,希望通过父子对话,追述巢湖历史,探揭湖泊之秘,展现治理历程,描绘美好未来,助力合肥创出大湖治理、城湖共生的典范。

《左传》有立德、立功、立言,(乃为)三不朽。宋张载又云:"为天地立心,为生民立命,为往圣继绝学,为万世开太平。"对这些名训,我虽不能至,但心向往之。愿意在未来的日子里,继续为打造巢湖这张合肥"最好的名片"而不懈努力。

是为序。

王民生
2023年1月11日

目录

谜一样的"陷巢州"

时间：始于2022年端午节，成文于2023年1月11日
地点：巢湖之滨家中（黄麓镇王疃村）

一

　　子：今年我已转岗到合肥市政协，工作与过去大不同，现在有时间做些回顾、总结的工作。我是在巢湖边长大的，读书、工作、生活始终围着巢湖转，对巢湖很熟悉。在市政府工作期间，有幸分管过巢湖综合治理工作，有过成功的喜悦和快乐，也经历过受挫时的无奈和沮丧；同时，更加深了对巢湖的认识，增添了对巢湖的热爱。有一次因起草一份材料而与人激烈争辩时，巢湖研究院原院长朱青动情地安慰我说："巢湖是你的命。"这句话我倒是很认可，对巢湖的情感确实渗透到我的骨髓和血液中。

　　父亲您是巢湖人，一辈子在巢湖边种地，在巢湖里捕鱼，是典型的"巢湖通"。由我俩来进行有关巢湖及治理的探讨，是很合适的。我想向您了解一些巢湖的历史，探讨一些治理的办法。当然，也请您敞开来问，我们共同探讨。未来也有可能让更多的人分享我们的交流成果。

　　父：好啊！巢湖治理这些年搞得不错，我们虽然在乡下，但都知道，也能感受到。这是习近平总书记和党中央领导得好。党的十八大以来，全国更加重视环保了，"绿水青山就是金山银山"嘛。习近平总书记还两次亲临合肥考察，提出"让巢湖成为合肥最好的名片"。这令人十分振奋，巢湖未来会更好。还有，2011年区划调整后，合肥市一湖统管，更加重视巢湖治理。你在其中做了一些本职工作，我们听说后也很高兴。

　　但据说钱也花了不少，一些事情我也不大明白。比如在黄麓大学城湖边，听说今年要上一个什么深井，专门处理蓝藻。我不大了解和理解。蓝藻是个好东西，绿肥呀，几十年前我们打捞上来做肥料，炯炀指南村你表舅家想要还搞不到呢，半夜偷着

来挑。现在为什么要这样处理？

再有,控制田里施化肥、打农药,是不是管得多了？巢湖禁渔一禁十年,这时间是否长了？一直想和你说说。以前你总是那样忙,来去匆匆,说不上几句话,这下好了,我们有时间多聊聊,求之不得。只不过我聊巢湖,谈的只是"老农经验",不一定符合你的需要。

还有,我有一些疑问,如湖边为什么拆了一些房子？也有不少想了解的事情,如"引江济淮"等。这些也都是老百姓关注的事,你可要耐心地告诉我。

子:您真不愧是老党员、老村干。虽然80多岁了,还这么关心国家大事,关心巢湖治理,还知道这么多巢湖及治理的情况。当然,平等交流嘛。我们每次交流只围绕一个主题,只讲一件事情。今天我们就聊巢湖的历史:巢湖到底是怎么形成的？何时成形、定型的？

父:这个问题好回答。巢湖不是地陷的吗？陷巢州、长庐州,谁人不知谁人不晓？庐剧《陷巢州》反映了这个传说,你妈特别爱听。前些年大家还热议唐嘴那里发现了一个古城遗址。

子:这个传说,我当然知道。我想更多地求证这个传说的真实性。唐嘴位于烔炀镇巢湖边,离我们老家很近,你去过那吧？知道那里的真实情况吗？还有,在我们村附近有没有这样的遗迹？

父:唐嘴村我去过多次。过去交通不发达,到巢城(现巢湖市区)我们还走过旱路呢,当时叫"起旱",不知现在有没有这个说法。天不亮就出发,小中午才赶到,走时就经过唐嘴。那里湖滩较浅,天旱时湖滩上会裸露一些瓦渣、碎料等,未曾看到有什么大的遗迹,倒是民间艺人传唱得神乎其神。

我们村有一个民间艺人叫王三,你应该认识,王三唱过戏。他说,古巢州就是唐嘴到龟山口一线,西大门在唐嘴,东大门在龟山,古城一直延伸到湖心。天旱时,将划盆撑过去,用竹子戳湖心硬处,会戳到青石板,与巢城的东河街、西河街青石板路是一样的。王三唱得有鼻有眼、神乎其神。你是什么时候知道这个传说的？

子:2002年我在巢湖市委办公室工作期间,听到这样的传闻,当时,文物部门还去进行了现场发掘。于是,我便带办公室同志去做了一次调研。

记得好像是春天,除了看到一湖水、一片较开阔的湖滩外,其他的并没看到什么,和在我们村小时候看到的湖滩差不多。回来后,我们找相关同志了解情况,并给领导写了一份专题报告,说"价值极大,应予保护;传说有因,适时发掘"。

在这之后,舆论炒得很热,巢湖有个作家叫刘峻,写了本很不错的书,叫《巢湖底下有座城》。

唐嘴周边

父：哦。那现在有没有结论？巢湖是不是地陷的？"陷巢州"到底是不是真的？古巢州又在哪里？是在湖中央，还是在唐嘴、龟山一线附近？

子：别着急。据我了解，唐嘴曾经进行过文物考古发掘，遗物自新石器时代到东汉时期的都有。这可了不得！最近，我向原合肥市文物管理处研究员钱玉春当面了解过这方面的情况。他是当年的发掘者之一，后来还写了《巢湖水下迷城》等文章。他说：

2001年底的一天，有文物爱好者向巢湖市文物管理所反映，在巢湖北岸唐嘴村附近，沿湖滨大道护坡底部南面露出水面的河床上，有大量的陶片堆积。考古工作者很快赶到了现场，发现这里不但有大量的陶片，还有红烧土、灰坑、房基的遗迹。

2002年2月，在当地政府的配合下，巢湖市文物管理所通过遗址捡拾和从附近村民中征集，共收集了玉器、银器、铜器、铁器、陶器260多件文物，年代最早的是新石器时代的玉斧，最晚的是王莽时期的钱币。征集的文物中有3件玉斧，还有3枚材质分别为玉、银、铜质的印章。陶器和陶片是遗址上发现最多的遗物。这个古遗址的发现告诉我们，在八百里浩瀚的湖面下，确有着一段不平凡的历史。

相关记录

父：那就是古巢州了？

子：还没有定论，至今仍莫衷一是。钱玉春认为，"遗址有可能是在某次突然的灾难中沉入湖底的"，在古代应该是一个重要的邑落。除了大量文物为证外，他还发现了一个奇特现象。

父：什么？

子：钱玉春同志发现，在巢湖市的历史沿革中，曾出现了和居巢消失时间相吻合的一些现象。三国时居巢地处魏、吴交界处，虽然两国都设有庐江郡，但三国后期庐江郡里都没有居巢县。

父：这是一个重要的"陷巢州"线索，但史实还应请专家进一步考证。

子：是的。专家意见不一。《合肥通史》则说，这里"很可能是三国时期著名的军事据点镬里"。有人则认为，可能是一个码头沉入水下。还有人说，是巢湖的沉船，风浪将残片刮到岸边。现在有水利工作者认为，那是浪打崩岸的结果。

更有甚者，方晓龙在《濡须口、东兴堤与水下古城》一文中写道，那是东吴名将诸葛恪在东关兴建东兴堤以"遏湖水"后水漫巢州的结果。证据是这个大堤是封堵式的，将裕溪河拦腰截断，以使长江水不能入，内水也不能出。当遇到内水较大年份时，这就成了孙吴进攻曹魏的水上武器。这也是曹魏、孙吴在此反复交战的缘由。而两次筑堤的时间（230年、252年），正好把所谓"陷巢州"的时间（239年，也就是大家熟知的赤乌二年)夹在中间,这就从时间上验证了"陷巢州"是水战的结果。

三

父:各种可能都有了,这只是其中的一说,都有待科学考证。那"陷巢州"传说始于什么时候?

子:很久了。我查资料知,这个传说最早见诸文字的,是东晋干宝《搜神记》中的卷二十《龙儿救姥》。《搜神记》是一部记录古代民间传说中神奇怪异故事的小说集,至今已1600多年。原文虽然是文言文,但或因是面向大众的书,所以浅显易懂,我边读边解释给您听:

古巢,一日江水暴涨,寻复故道,港有巨鱼,重万斤,三日乃死,合郡皆食之。一老姥独不食。忽有老叟曰:"此吾子也。不幸罹此祸,汝独不食,吾厚报汝。若东门石龟目赤,城当陷。"姥日往视。有稚子讶之,姥以实告。稚子欺之,以朱傅龟目;姥见,急出城。有青衣童子曰:"吾龙之子。"乃引姥登山,而城陷为湖。

父:文字基本能看懂。

子:再往后就流传很广了。唐朝距今已1400多年,唐朝有一个诗人叫罗隐,他来到巢湖,写了一首诗《姥山》。诗中吟叹道:"借问邑人沈水事,已经秦汉几千年。"唐朝距秦汉800多年,由此可见传说时间很久了。

更有意思的是,据《庐江县志》记载,湖陷于吴赤乌二年(239年)七月二十三日戌时。康熙《巢湖志》引旧志云:吴赤乌二年巢城陷为湖。赤乌二年距今1780多年。

"陷巢州"石碑

父:这就是说,"陷巢州"有传说,有诗文,还有志书记载了。

子:是,只不过这志书,也是根据传说而来的。我不知道古人有没有做过考古发掘。也许是赤乌二年确实发生了大地震,但有两点不好确定:第一,地震是否使"巢湖"(巢州)陷入湖中?第二,地震是否成为巢湖形成的原因?因为据现在的科学考证,巢湖形成于上万年前。

另外,对于"陷巢州"到底是什么时间发生的古人也有争议。清光绪年间著名方志学家李恩绶就撰文指出:"湖之陷约略在秦汉之前,凡《青琐高议》及孙吴赤乌二年诸说似不足凭也。"

父:古人说的也自相矛盾。

子:不过,现在倒有一些可以佐证的材料。近期,我"惊奇"地发现中庙竟也建于赤乌二年。这怎么会与"陷巢州"发生于同一年?怎么那么巧!或许真的是大地震发生后,人们为了祈福避灾,在现在的位置开始建中庙。事实上,现在就有个说法,说大地震后,孙权命人在中庙所在之处建庙。考虑到当时此地是吴魏相争之处,此说并非空穴来风。

父:是有点怪。

子:还有一个疑问:为什么柘皋河源长河宽,入湖口到巢湖边横切过来,几乎成一条线?钱玉春同志认为是地震所致。他指出:

沿巢湖东北岸一线的地层像刀切的一样整齐,很明显地能够看出来这里存在一个断层。而出水口位于这个断层上的柘皋河流程很短,和流域面积极不相称,如果把它和巢湖的出水口裕溪河连起来,形成一条完整的河流的话,看上去就显得正常了。形成这一地貌的主要原因可能就是巢湖东部曾发生过一次地质沉降,使原来的陆地降到了水平面以下,地面上的河流被湖水切断,成为现在的两条河流。而这一沉入水下的地区,恰好是距发现唐嘴水下遗址不远的地方。

父:有道理,是这个地形。不过,还是要进行科学考古,最终让科学说话。

子:是的。近期我知道中国科学技术大学有一个团队,进行"基于同位素分馏确定年技术和地层沉积物宏基因组反演的古巢湖历史线索探究",他们可准确探测出湖中1000多年的地质情况。如果利用他们的技术,再往前延伸,也许能找到最终的答案。我正在推动做这件事。

父:好啊。还有一个证据——郯庐断裂带。这一带经常闹地震。

子:这确实是个大问题。有资料表明,巢湖流域位于郯庐地震带东侧,处于华北地震区长江中下游地震带内。刘桂建《巢湖水生态环境保护与可持续发展研究》一书中指出:

该区地壳相对不稳定,历史上曾发生多次地震。自1339年至1989年间,影响本地区的地震计有63次,其中破坏性地震有1585年巢湖南部发生的5.75级地震和1654年庐江至枞阳间发生的5.2级地震。

但这些都不是毁灭性的。而且在此之前并没有这类大地震的记载,因而"陷巢州"也就姑妄言之、姑妄听之吧。

只是,后来这样的传说越传越广,还变成传唱了。庐剧《陷巢州》就是。您是什么时候听过《陷巢州》的?

四

父:庐剧在我们家乡叫小倒戏、倒七戏,男女老少都喜欢唱。我说不上喜欢不喜欢,但你妈就喜欢得不得了,看庐剧都忘了吃饭。

讲一个故事。(20世纪)60年代初,"三年困难时期"后,农村允许搞责任田,农民的积极性被空前调动起来了,一两年农村就变了样。大丰收了,农民就想看戏。那时,剧团下乡不多,村民就自己搭台唱戏。我们隔壁一个小村叫西坝头尖,全村男女老少六七十人,除了生产队长是聋人搞总后勤,他爱人烧火做饭外,人人都扮演员上台演《郑小娇》。多少年以后,人们不喊村民本名而喊剧中的名字。那种对庐剧的喜爱真是不可想象。

《陷巢州》很早就有,民间戏班子都会演出,后来越唱越洋气,新中国成立后做了大量改编,剧中的剧情与原来的传说也不太一样了。

子:原来的传说我听妈妈讲过多次,我现在还能回忆起大概。庐剧《陷巢州》我们都很喜爱。听说新中国成立十周年大庆时,巢县庐剧团演出,每一场都爆满,好评如潮。近期我托朋友找到了一张光盘,是芜湖庐剧团演的,还上网搜了巢县庐剧团的,内容大同小异,演得都不错。我将光盘放给你和妈妈看……

父:这个好,你妈最喜爱。除了民间传说,从科学上来讲,巢湖到底是怎么形成的? 刚才说了巢湖这边还有什么郯庐断裂带,三十多年前吧,姥山岛还时不时闹小地震,这与巢湖又有什么关系?

子:科学上的巢湖成因与民间传说倒是有些契合。专家将湖泊按形成方式分成构造湖、火口湖(也叫火山湖)、堰塞湖、冰川湖、岩溶湖、风成湖、河成湖、潟湖、塌陷湖等。巢湖属于构造湖,它是在约一万年前形成的。

构造湖是在地壳内力作用形成的构造盆地上经蓄水而形成的湖泊。其特点是湖形狭长,水深而清澈。构造湖一般具有十分鲜明的形态特征,即湖岸陡峭且沿构造线发育,湖水一般都较深。同时,还经常出现一串依构造线排列的构造湖群,如巢湖南岸的白湖、黄陂湖以及已消失的排湖。

而塌陷湖是地表塌陷凹地中积水形成的湖泊。这个解释好像是地层表面受伤塌皮所致。那大地震形成的呢? 也算是塌陷湖吧? 如果"陷巢州"是真的,那么巢湖可否认定为先是构造湖,后来在这一基础上,又因地震而使湖泊局部改变形成了塌陷湖;或者可以说,是大地震扩大了巢湖的面积? 这是可以"大胆设想,小心求证"的。

父:你的意见专家认可吗?

子：没有深入交流过，不过，我和地震系统的同志聊过。一家之言。

父：那塌陷湖是包括在构造湖之内，还是两个是并列的？

子：我认为都有可能。也许巢湖就是沿断陷盆地出现的陆地下沉形成的构造断陷湖。

根据我研读的相关书籍和资料，巢湖的形成有这样几个重要原因和条件：

一是巢湖流域地处我国华北板块和华南板块两大板块交会地带。目前地貌的主要轮廓是中生代燕山运动和新生代喜马拉雅山脉运动所造成的。1.95亿年前两大板块汇聚，拼合形成了现代的安徽大陆，巢湖流域恰处于这两大板块的分界部位。而后，大别山北麓的流水在这里受阻成湖。

二是从这里可以看到我国东部巨大而著名的"郯城—庐江断裂带"的踪迹，正好横贯巢湖而过。这可能是巢湖形成的主干断裂带。

三是从其形态看，至少由四组断裂所组成，其中以北北东、北北西两个方向的活动性断裂为主。巢湖正处于这几组活动性断裂的交叉部位。

四是巢湖流域为江淮丘陵向长江平原的过渡地带，属于江淮丘陵中心地带。总轮廓为东西长、南北窄，且西高东低、中间低洼平坦向南凸出，呈凹字形，湖面一开始时是圆形或椭圆形，后逐渐状如鸟巢，形成巢湖盆地。湖盆不断接纳山区各河流带来的泥沙、卵石，致使盆地被充填淤塞，逐步聚集为湖。

父：巢湖形成原因确实很复杂。"陷巢州"也不完全是"王三唱戏"所说。如果不是地陷，为什么过去在巢湖姥山岛附近时有小地震？

子：这值得研究。很明显，巢湖处于大别山与郯庐断裂带的冲压之中。郯庐断裂带是一个极其重要的造湖力量，并且这个能量的释放尚在继续，只是较为平静，因而三十多年前，以姥山岛为中心及其附近，会发生1～2级小地震，这属于十分正常的范围。

五

父：老祖宗还真敢想，通过地震猜测巢湖的形成。不过一开始巢湖的湖面很大吧，什么时候才变成现在这样大的？

子：巢湖一开始确实很大。距今8500～5000年，巢湖达到鼎盛时期，北边到合肥大兴镇，东北到巢湖夏阁镇，南到舒城马河口镇，西至六安金安区双河镇，湖区面积约为2123.03平方公里。距今3600～2800年，气候变得较为干冷，造成湖盆范围缩小，湖区面积为1383.93平方公里。之后到东汉末年，人类活动向湖推进，湖泊进一步萎缩，面积缩小为1114.61平方公里。后来随着江湖关系的稳定，特别是人口大繁衍，围湖造田，人进水退，湖面又一缩再缩，由宋代的829.96平方公里缩小到现在的782平方公里。

秦汉时期发生了第一次人口大迁移,湖边开始聚集人口,形成聚落;明朝时有一次更大规模的湖退人进,清朝时又有一次。我们家就是200年前从山东移民过来的。到20世纪30年代时,湖面仍比现在大得多。我看到一张日本人绘的地图,那是为侵华准备的。那上面画的湖面比现在还要大不少。

父:这是日寇侵华铁证,倒也有文物价值。

现在湖面缩小,除了人口多要吃饭不得不围湖造田外,与入湖河流变少变短是否有关系?比如我们村的长河(又叫老鼠河),从建麓山上发水,再经过竺城寺,直下巢湖。由于修路等原因,现在水系不畅了,上游部分河床也荒没了。

子:是的。巢湖入湖河流原先有39条,现在有37条,原因是巢湖市和包河区各有一条河变为了干河(岗地河)。这些年由于各种自然和人为因素,有的河流变得越来越小,越来越短,甚至消失了。我在巡查肥东三十埠河,走到撮镇下游时,几乎找不到末端了。入湖河流中最长、水量最丰沛的是杭埠河,其次为派河、南淝河、十五里河、白石天河、兆河、柘皋河、双桥河等。保护好河流显得十分重要,这在以后聊。

六

父:湖面变小与巢湖闸、裕溪闸、凤凰颈站建设有没有关系?"引江济淮"通水后又会带来什么变化?

子:当然有关系。两闸建成后,巢湖就变成可控制的类似于水库的湖泊了,水位、水岸线就大体上稳定下来了。

特别是2012年左右环湖大道建成通车后,既将摆动的湖岸线落地做实了,又彻底消除了南北岸都有的湖岸崩塌问题。这是一个标志性的大事件,意味着一万年以来,巢湖最终定型了,未来,巢湖的湖面不会再有什么变化了。而引江济淮通水后只会改善水质,对湖面大小等不会产生影响。您经历了两闸建设的前后,建前的情况和现在大不一样吧?

父:当然。巢湖闸是1963年建成使用的,裕溪闸是1969年建成使用的。建成前,长江与巢湖连为一体,要涝一起涨水,要干一起枯底。1954年长江大洪水,无为大堤溃决,江水倒灌巢湖,淹没巢湖沿岸大半土地,听说一直淹到合肥小东门。我们村一半人家上了水,我们家在村中,门前打了坝子,水才未淹到。后来建了两闸,这个问题大大缓解了。

子:老百姓对两闸建设充满期待,后来还上了牛屯河分洪道工程……

父:是的。两闸建设在先,"两河两站"建设在后,这是造福于民的大事,我们时刻关心啊。"两河"是开挖牛屯河分洪道,整治西河小段面工程。"两站"是新建凤凰颈和神塘河两座大型排灌站。我知道,后来由于财力问题,神塘河站缓建了。

子:一讲到水利建设和防汛抗旱您就兴奋,这个话题以后我们要专门聊。不过,先夹杂聊一点也可,预预热吧。同时,聊巢湖的各种事情,总少不了防汛抗旱和水利建设,不好截然分开。

父:好啊。牛屯河分洪道工程与凤凰颈站是两个大工程,是为了解决巢湖的下泄与引水问题,是原巢湖地区人民勒紧裤腰带建成的。听说这"两河一站"工程总投资二三亿(实际为2.3284亿元,不含劳务投资),大部分是从银行贷款的,还本付息好些年呢。

牛屯河工程一干四五年,主要靠人力,原巢湖地委、行署组织民工大会战,书记、专员坐镇指挥。记得工程1986年冬开工,和县、含山、无为、巢湖、庐江十多万民工、近千名建筑工人,连续五年奋战,到1991年大水之前建成受益。

1990年10月,我去干过一个月。挖土方时,河底宕挖得很大,挑土要从河底上到堤顶,足有百把米远。早晨天蒙蒙亮起来,点灯吃饭,晚上五点后才回来。那个工地有几万人呀,人山人海,老百姓肩挑上堤,累啊!但大家不埋怨,相信党、跟着政府干水利,拼着命也要将分洪道建设好,保障大水时洪水能尽快下泄。现在这些工程都已发挥了预期作用,我们当年的劳动没有白费。

子:是的,我手中有一份《淠史杭—巢湖农业外资项目执行情况的汇报》,上面是这样写的:"特别是巢湖两河一站工程效益更为明显。单就巢湖地区今年(1991年)减少破圩面积33万亩(1亩≈666.67平方米)计算,挽回的经济损失高达3.5亿元之多。这意味着巢湖项目的投资,今年一年就收回成本。项目区人民无不为之欢欣鼓舞。"

前些年我多次到过这些地方。告诉您一个好消息,当年缓建的神塘河站今年终于建成了,总投资3.2亿元。不过治水没有终点,为了更好地治理巢湖,近期已做和正在谋划的有几大工程:一是拆除、重建凤凰颈站;二是在裕溪口附近规划建设800立方米/秒流量的对江大泵站。

父:拆除凤凰颈站,为什么?是不是可惜?拆除了,明年防汛怎么办?抗旱怎么引水?还有,对江泵站什么时候开工?

子:这些问题当然都考虑安排好了,不会影响防汛抗旱的。这方面的话题,我们以后再慢慢聊吧。

今天我们的对话可否作如下小结:巢湖是形成于万年前的构造湖,"陷巢州"的传说并不完全是空穴来风,可能有塌陷成湖的因素;沧海桑田,八百里巢湖定型了。

父:可以。

巢湖还是"五湖"之一吗？

时间：2022年春夏之交，成文于2023年1月23日
地点：巢湖之滨家中（黄麓镇王疃村）

一

子：上次我们聊了巢湖是如何形成的。今天我们聊聊巢湖在大湖中的地位和对于经济社会发展、生态保护等的作用。

父：好。巢湖是中国五大淡水湖之一嘛。过去沿湖人口有几百万，现在可能有上千万，地位当然重要。毛主席都说过，"我们都是来自五湖四海"。但现在除了五湖四海，又听你说有什么老三湖、新三湖。

子：这您也知道。是有些新提法、新说法。

父：当然。毛主席这段话出自《为人民服务》一文，这是在纪念张思德烈士大会上所作的演讲。《为人民服务》是"老三篇"之一，我们这一代人都会背。我记得原文："我们都是来自五湖四海，为了一个共同的革命目标，走到一起来了。"生产队大集体时，每当背到五湖四海这一段，我们都很自豪，有时大队干部会顿一顿说，这五湖中有我们巢湖，毛主席知道我们巢湖呐。怎么，现在有什么问题、有什么新说法吗？

子：也不是什么问题，现在对"五湖"有些争议。您知道，在古代，五湖四海有两个方面的意思。

一是地理方面的，指的是我国分布的地域广阔的几个大湖泊，四境几个大的浩瀚的海域，既是实指，又是泛指，犹言天下之大。

另一个作为成语而言，是指四面八方、祖国各地，又言海内一统。《周礼·夏官·职方氏》说："其浸五湖。"浸是湖泊的意思，古代的五湖，其说不一。《论语·颜渊》："四海之内，皆兄弟也。"唐代吕岩的《绝句》说："斗笠为帆扇作舟，五湖四海任遨游。"头戴竹笠，手持羽扇，大江南北任我走遍。

五湖四海的实指由来已久。五湖,即鄱阳湖、洞庭湖、太湖、洪泽湖和巢湖。这个排序是以湖的面积来定的。对于这个实指约定,过去大家都比较认同,现在有不同认识。由于种种原因,有些湖的所在地有想法,想挤进五大湖的排名中。巢湖由于名列五大湖之末,当然就有被"挤"下来的可能。过去中小学地理教科书就明确说五大湖是哪几个,现在反而没有了,可能就是这个原因。当然各类辞书等还多沿用过去五大湖的说法。

父:是这样啊。面积在变化,巢湖变小了……

子:也不完全。这里面的情况比较复杂。王圣瑞主编的《中国湖泊环境演变与保护管理》披露:根据第三次湖泊调查(普查时段为2011年),我国常年水面面积1平方公里及以上湖泊有2865个,其中淡水湖1594个,咸水湖945个,盐湖166个,其他湖泊160个。

五湖四海中的五湖,历史上固然是按面积来推定的,但那个认定时期是中原文化主导期,也就是说没有考虑边疆的湖泊。同时,既有的湖泊面积又在发生变化,特别是长江中下游的洞庭湖、鄱阳湖、太湖和巢湖等。由此带来了两个问题:

一是从全国范围来说,加上边疆的淡水湖泊,原先的五湖统计就漏统了。若要全统,巢湖的位次就可能向后掉。2019年6月我接待过内蒙古的一个考察团,了解他们那儿的呼伦湖,面积竟达2339平方公里。他们称是中国第五大湖、第四大淡水湖。网上有一个中国十大淡水湖排名,我念给您听听:① 江西鄱阳湖;② 湖南洞庭湖;③ 江苏太湖;④ 江苏洪泽湖;⑤ 内蒙古呼伦湖;⑥ 山东南四湖;⑦ 新疆博斯腾湖;⑧ 江苏高邮湖;⑨ 安徽巢湖;⑩ 西藏羊卓雍措湖。

父:巢湖掉到第九了,有点不可接受。

子:不完全准确,仅供参考。

二是湖泊的面积在不断变化,湖泊的位次在过去一段时期也是在变化中,如西北的一些湖泊在缩小甚至消亡,如罗布泊。当然,有的在恢复甚至扩大。巢湖则是基本稳固了,但过去毕竟时有变化,并且一直是缩小的趋势。巢湖东西长54.5公里,南北宽21公里,湖岸线长170多公里,号称"八百里巢湖",湖面大约800平方公里,但那是在湖面高程10米时的情况,此时湖面实际面积786.86平方公里,库容34.52亿立方米,平均水深约4米。在正常蓄水位8.00米时,面积只有772.86平方公里,库容18.89亿立方米。但不管怎么样,五湖四海已约定俗成了。

父:是的。听说前些年洞庭湖与鄱阳湖还在争谁是第一大湖。这倒很有趣,反映了沧海桑田。五大湖中哪个湖的情况与巢湖最相像? 这些年都治理得不错吧?

子:五大湖中,洪泽湖位列第四,面积为1960平方公里,主要属于淮河流域,但由于其干流通过三河闸进入淮河入江通道,经过高邮湖、邵伯湖而南注长江,故又有人将其划为长江水系。其他四湖都在长江流域。洞庭湖、鄱阳湖在长江中游,太湖和巢湖在长江下游。由于地理相近,特别是有共同治理蓝藻水华的任务,我们与太湖管理局、太湖沿岸的市多有联系,双方交流很频繁,我们对太湖的情况也较为了解。

二

父：太湖我知道，比巢湖大很多，鱼也很多，水产品产量比巢湖高很多。太湖银鱼很有名，巢湖银鱼和它差不多。十多年前，太湖银鱼不够卖，江浙那儿就有人来我们这里收购巢湖银鱼，然后对外以太湖银鱼卖。

子：是这样。太湖，地跨苏浙两省和上海市，古人用"包孕吴越"来赞美太湖的崇高伟大。

与巢湖相比，太湖面积 2425 平方公里，是巢湖的 3 倍；流域面积 36900 平方公里，是巢湖（13544.7 平方公里）的 2.72 倍；湖岸线 400 公里，是巢湖（176 公里）的 2.27 倍；全湖平均水深 2.12 米，比巢湖（2~3 米）浅 1 米左右；出入湖河流 228 条，比巢湖（40 条）多 188 条，其中出湖港渎 140 条，而巢湖只有裕溪河一条出湖河流，特大洪水年份可通过牛屯河分洪入江，通过凤凰颈枢纽排洪入江；共有湖岛 48 座，总面积为 105.75 平方公里，而巢湖只有姥山岛（面积 0.86 平方公里）和相邻的无人居住的姑山、鞋山两个小岛。您说的没错，太湖的鱼类与巢湖大体一致，一段时期巢湖的银鱼还被当作"太湖银鱼"出售。

这些年特别是 2007 年太湖蓝藻水危机事件后，太湖的治理取得了明显的成效，连续 16 年实现"两个确保"，即确保饮用水安全，确保不发生大面积水质黑臭。同时，水环境质量明显提高，生态环境稳步向好，污染治理能力显著增强，综合治理体系进一步健全，经济社会持续健康发展。近期，江苏提出，力争 2025 年实现全湖平均水质达到三类水。

三

父：这很好，对巢湖治理也是一个促进。五湖治理应该加强交流。现在又听说有什么老三湖、新三湖，这是怎么一回事？

子：这个说来不复杂。这是国家从湖泊治理重点的角度提出来的。老三湖是指太湖、巢湖、滇池。那是"九五"时，全国江湖污染较为严重，三河（淮河、辽河、海河）、三湖（太湖、巢湖、滇池）更为突出。为此，国家实施全国环境重点防治工程 33211 工程，三河三湖被列入前面的两个"3"，作为首要的治理任务。

从那时开始，老三湖进行了大规模的生态环境治理和保护，特别是在遏制蓝藻水华的暴发上下了很大功夫。三湖的概括也由此而生。后来为了有别于后面要讲到的新的三湖治理，所以又被称为老三湖。

父：老三湖中的太湖，你刚才讲了，我大体知道了一些情况。那其中的滇池又是怎样的？

巢湖还是『五湖』之一吗？

子：滇池是西南第一大湖，属长江流域金沙江水系，在昆明的中偏西南部，与巢湖之于合肥的关系、地位大体相当。

滇池湖面海拔1886米时，湖面面积300平方公里，约为巢湖湖面面积的2/5；平均水深5米，比巢湖平均水深多约2米，最深8米，和巢湖相当；库容15亿立方米左右，比巢湖库容26.67亿立方米（吴淞高程、中庙站水位9 m）少11.67亿立方米；湖岸线长约150公里，比巢湖略短；入湖河流35条，比巢湖少4条；流域面积2920平方公里，约为巢湖流域面积的1/5。

滇池湖体分为南北两部分，南部为滇池的主体，称为外海，北部为草海。

父：滇池污染也很严重？

子：是的。滇池的污染成因与巢湖有不少相同之处。滇池是典型的高原断层湖泊，换水周期较长（近4年），自净能力弱；地处磷矿区，湖区含磷成分高；流域开发强度高，环境容量承载有限。但这几年下了很大的功夫，取得了明显的成效。

滇池红嘴鸥

父：是吗？有哪些成效？

子：我2018年12月去滇池考察过，印象深的有三点。

一是工程性措施气魄大。敢于上大工程，特别是环湖截污工程堪称大手笔。昆明市围绕滇池建成97公里环湖截污主干管渠、17座雨污调蓄池及足量的污水处理设施，并对排水管网、泵站、调蓄池等市政排水设施进行特许经营、专业化统一运行维护。也就是说，环绕滇池做了一大圈截污主干网，将沿途城乡污水无一例外地消纳其中，这在国内外是不多见的。我们就不是这样设计的，而是在环湖各个节点建污水处理设施，并未将其联通起来。我去考察时，专门下去看了地下截污管道，工程建设场面十分震撼，令人佩服。

父：各地情况不同，治理思路不应强求一致。

子：当然。印象深的第二点是，积极实施入湖河道整治、生态清淤和生态补水。特别是昆明每天以2元/立方米的价格，通过牛栏江—滇池补水工程，向滇池注水200万立方米，通过调节水动力大幅降低滇池中氮、磷等成分。这是花了大价钱的，满打满算，一年需要10多亿元。我们就缺乏这样的水动力。当然，今年年底引江济巢段通水后，就可取得与滇池调水一样的效果。

父：看电视知道，云南正在实施"滇中调水"工程。

子：是的。这个工程完工后，未来滇池上游将有8个补水口，补水、换水量更大。

印象深的第三点是，主攻提升水质的关键技术效果好。总磷指标高是蓝藻生成暴发的内部诱因。为此，昆明对运行中的水质净化厂出水进行超极限除磷提标，每家花费1.2亿元。2017年提标3家，2018年提标2家，2019年12家全部改造完毕。通过孢子转移技术实现出水总磷不大于0.05 mg/L，最低可降至0.025 mg/L，这已是湖泊三类水的标准了。这引起生态环境部的高度关注，先后两次派人赴现场调查核实，给予了充分认可。这样做的效果是，减少了蓝藻生成的营养盐，从而有效减少了蓝藻水华的暴发。

考察回来后，我们在肥东污水处理厂四期工程（日处理污水5万吨）中采用这种极限除磷处理工艺，近期已建成，总磷出水降至0.05 mg/L，取得令人满意的效果。

四

父：确实不易。你讲的具体技术方案我不懂，反正是最先进的了。那什么又是新三湖呢？

子：新三湖是指洱海、丹江口、白洋淀。这是国家于2017年着眼于新的形势提出的重点治理和保护的湖泊，是与原来的老三湖相对而言的。其中洱海是高原湖泊，一旦被污染，逆转就会很难。白洋淀关系到雄安新区建设，可谓"国之大者"。丹江口水库是南水北调中线的源头，涉及一湖清水到京津，治理和保护的意义都十分重大。

父:你这样讲我明白了,这老三湖、新三湖对国家都很重要。那巢湖要与这老三湖、新三湖中的兄弟湖进行保护和治理的比赛了,任务不轻啊!战况如何?

子:这些年这六湖都治理得不错。特别是党的十八大以来,保护治理的力度空前,成效当然也是前所未有的。滇池、洱海、白洋淀我去考察过,一些情况我讲给您听。

父:好啊!我也长长见识。

子:洱海是云南省仅次于滇池的第二大淡水湖泊,也是大理主要饮用水源地。洱海湖面海拔1966米时,最大水深21.3米,平均水深10.8米,湖面面积252平方公里,库容29.59亿立方米,湖岸线129公里,流域面积2565平方公里,主要入湖河流27条。

2015年1月,习近平总书记考察洱海时提出,"一定要把洱海保护好";在同当地干部合影后说:"立此存照,过几年再来,希望水更干净清澈。"

但在这之前,洱海一度也有较为严重的污染问题,甚至这样的清水湖泊(二类水质)也出现了蓝藻水华。为了落实习总书记的要求,为了治理洱海,云南省委、省政府采取果断措施,开启"抢救模式"保护治理洱海。

洱海所在的大理白族自治州以洱海保护治理统领全州经济社会发展全局,围绕"改善水生态、健康水循环"这一目标,落实"截控拆调绿补治管"八字方针,全力推进"七大行动"和"八大攻坚战",全面打响以洱海保护治理为重点的水污染防治攻坚战,被国务院办公厅作为第五次大督查发现的典型经验予以通报表扬。洱海的做法给我印象较深的是:

一是划定保护线,拆除保护线内违建项目。大理统筹推进环湖截污、"三线"划定实施、洱海周边综合整治、流域系统整治。特别是从环境容量上着眼,坚持"以水定产、以水定城",依据《大理市洱海生态环境保护"三线"划定方案》,统筹规划实施生态搬迁、人口外移。大理结合环保督查整改,在洱海流域截污治污体系基本形成的背景下,实施洱海生态环境保护蓝线、绿线、红线"三线"划定和生态搬迁,提出"科学精准的判断+超乎寻常的措施+拼死一战的作风=工作目标"的公式,将距离洱海1966米界桩以内及外延15米绿线范围内,涉及环湖9个乡镇1806户民房和客栈全部拆除。

父:这个情况我听说了一些。网上说一个大明星临湖而建的大别墅也要拆掉。巢湖也一样啊,这些年在一级保护区也拆了不少建筑。

子:是的,但两地的情况还不太一样。

对洱海做法的第二个深刻印象是:环湖建了长长的大截污管,将沿线所有污水进行截污纳管处理。这与昆明在滇池的做法是一致的。大理州围绕洱海建成86.68公里环湖截污主干渠、2221公里污水收集支管网以及相当规模的污水处理设施,与洱海周边截污设施,共同构成覆盖全流域"从农户到村镇、收集到处理、尾水排放利用、湿地深度净化"的城乡一体化截污治污工程体系。这在国内外都不多见。

三是将高耗水、高耗肥的14万亩独蒜退出12万亩。

通过这些措施,洱海治理取得了历史性成就。

父:下的功夫真大。对农民退出独蒜种植有补偿吧?

洱海风光

子：有。对全面禁种独蒜签订协议的每亩补助1200元，每亩蒜种回购补贴600元。

五

父：这样好，不能损害农民利益。白洋淀又是什么情况？《小兵张嘎》的故事是不是就发生在那里？

子：是的。白洋淀是华北平原最大淡水湖，被誉为"华北之肾"，是雄安新区规划建设的重要依托。习近平总书记强调："建设雄安新区，一定要把白洋淀修复好、保护好。"

近年来，特别是雄安新区设立以来，经过大力度治理，白洋淀水环境持续改善，水质从2017年的劣Ⅴ类逐步提升，连续三年稳定保持在Ⅲ类，是1988年恢复蓄水有监测记录以来最好水平。白洋淀进入全国良好湖泊行列，其保护治理经验对巢湖治理有重要的借鉴意义。

父：Ⅲ类水质？巢湖是Ⅳ类水吧，白洋淀的水质比巢湖高一档次了？

子：是这样。Ⅲ类水与Ⅳ类水差距还是很大的。白洋淀治理给我印象很深的是这样几点：

第一，注重系统谋划。在白洋淀治理与保护中，他们注意处理好与雄安新区的城水关系，制定近中远期相结合的治水路线图，分阶段明确重点任务，形成了完整的治水顶层设计。

第二，以"眼睛容不得沙子"的态度，对存量污染问题彻底治理。如对唐河污水库8.5公里老河道土壤污染治理，雄安新区没有采取覆土复绿等简单处理措施，而是将污染土壤挖出来，运到密闭区间内进行破碎、筛分，去除污染物，修复后再回填河道。此工程为雄安新区2018年水环境治理一号工程，投资9.8亿元，修复面积约140万平方米，处理污染土壤约170万立方米，总处理体量之大为国内污染土壤修复领域之最。完成修复后，这处河道将规划建设为雄安新区郊野公园。

父：听你说过一次，当时这个方案论证还惊动了最高层。

子：是的，下了最大决心。

印象深的第三点是，反复科学论证治理方案。如对淀区污染鱼塘底泥治理方法路径，就多次听取专家意见，采取先试点再推广的方式，委托中国科学院开展专题研究，总结试验成果，编制扩大试点实施方案。方案对轻度污染鱼塘实施原位修复，对重度污染鱼塘实行彻底清淤、底泥异地处理，否定了一些专家原先提出的生态渗滤岛修复处理措施。

父：这个好，不能轻易改变地形地貌。

子：对。我们后来在环湖十大湿地建设中也注意避免东拉西填"瞎折腾"的问题。

印象深的第四点是,大规模退居退耕还淀,对淀区78个村庄约20万人分批有序实施外迁。同时,大力实施退耕还淀、退耕还湿还林工程。

父:这个力度大,一定要安排妥当了。

子:当然。这也是习近平总书记反复强调的。

第五,大力保护、建设湿地。白洋淀芦苇面积有12万亩,大片荷塘间杂其间,"荷塘苇海"形成独特景观。考察时我们乘船下淀,顺着水路向湖中开去,沿途满淀都是几米高的芦苇群,十分壮观。同时,雄安新区还将湿地修复向入淀河口延伸建设,建设入淀河口人工湿地。如投资6亿多元,建设府河口湿地,占地4平方公里,为华北地区最大的人工湿地。

第六,科学实施生态补水。20世纪60年代以后,白洋淀曾经在20年时间干涸了6次,最为严重的一次是1983—1988年这五年的持续干涸,鱼虾飞鸟基本绝迹,带来了严重的生态灾难。为此,治理白洋淀首先需要解决源水问题。为了拯救昔日的"华北之肾",河北省依托"引黄入冀""南水北调"等工程为白洋淀补水,每年补水约3亿立方米,稳定淀泊水位,增强水动力,淀面面积已从170平方公里恢复到293平方公里,计划到2035年,逐步恢复到360平方公里左右。

关于滇池、洱海和白洋淀保护与治理的情况,我们有两份考察报告(附后),您可看看。

六

父:这么一说,老三湖、新三湖中的六个湖都保护治理得不错了。这是中国的湖泊治理比赛。那么,在世界的比赛中又怎么样呢?

子:大湖治理是世界性难题。全世界1平方公里以上的湖泊约有19万个。这些年为了治理巢湖,我们注意加强国际交流合作,相互取长补短。因此,对世界各大湖泊的治理情况大体也是清楚的。举两个例子,一个是日本的琵琶湖,一个是美国、加拿大的五大湖。

父:好。美、加也有五湖?

子:美、加这五湖不同于我国所说的五大湖,它们是指美、加边境相连的世界最大淡水湖群。它们从上而下依次为:苏必利尔湖、密歇根湖、休伦湖、伊利湖和安大略湖。五大湖总面积约24.5万平方公里,总蓄水量约22.8万亿立方米。其中,苏必利尔湖面积达8226平方公里,为世界最大淡水湖。五大湖地区资源丰富,人口和城市集中,工农业发达。

我曾于2008年顺道路过伊利湖,但没有深入考察过。不过,2020年元月,合肥市人民政府组团,派员专程进行了学习考察,回来后向我介绍了一些情况。根据他们的介绍和查阅相关资料,知悉五大湖保护治理总体不错,特别是美、加合作治理经验值

巢湖还是『五湖』之一吗?

得我们学习借鉴。美、加的做法如下：

一是签订边界水条约与组建国际联合委员会。1909年，美国和加拿大签订了边界水条约，并成立了国际联合委员会，目的是解决两国边境河流、湖泊由于水资源使用引起的纠纷。

二是制定大湖水质协议。1970年，国际联合委员会关于五大湖水污染报告促成了有关五大湖水质问题的谈判。1972年，美、加两国签署了五大湖水质协议，同年，美国通过了《清洁水法》。1995年，美国国家环境保护局颁布了被称为五大湖水质保护规范的五大湖水质导则。

三是发布五大湖地区发展战略和五大湖宣言。2002年，在由美国联邦政府、湖区州政府和当地原住民部落高级代表参加的研讨会上，通过了名为"五大湖地区发展战略"的区域发展计划。2004年，由联邦政府内阁成员、资深人士、国会议员、流域管理者、原住民部落代表以及地方政府相关代表组成的代表团在芝加哥签署了"五大湖宣言"，以恢复和保护五大湖的生态系统。

父：我们是实行湖长制，异曲同工了。听你说过合肥市委书记是巢湖的湖长，当时你是湖长办主任，我们在湖边看到过这样的公示牌。

子：是的。美、加联合治水取得显著成效。但也存在大湖治理中的共同性世界难题。2014年8月1日，伊利湖发生了蓝藻水华暴发事件，因微囊藻暴发，侵入供水管道，有50万人口的托莱多市不得不中断供水。好在两天后问题解决了。这个以后我们在蓝藻水华治理中再聊。

父：看来，蓝藻水华不只中国有。那日本琵琶湖呢？

子：琵琶湖由地层断裂下陷而成，形似琵琶，是日本最大的淡水湖、世界第三古老的湖，水面面积670.3平方公里，最大水深103.6米，平均水深41米。琵琶湖四面环山，约有460条大小河流汇入，而出口只有唯一的濑田川。这与中国几大淡水湖出湖河流情况大体一样。

为了整治琵琶湖，日本下了大功夫。截至2006年，琵琶湖综合整治历时30多年，总投资约相当于人民币1800亿元。通过整治，琵琶湖富营养化得到了有效控制，水质得到显著改善，其中，北湖水质维持在一类，南湖水质恢复到一到二类，20世纪80到90年代频发的淡水赤潮与蓝藻水华已基本消失。这是了不起的进步。

日本治理琵琶湖的经验很多，我们以后还会聊到。我感觉他们有这样几条值得我们深入学习。

一个就是发动全民参与。由于人工合成洗涤剂中含有磷，是造成湖水富营养化原因之一，于是当地发起了一系列运动。特别是20世纪70年代，以妇女为中心，发起了使用肥皂粉来代替合成洗涤剂的运动，家庭主妇们都上街了，结果取得了预期的代替目标。

父：我们也应该这样，发动全民参与。

子：是的，我们有民间河湖长。

琵琶湖的秋天(旅日学者张敏摄)

日本琵琶湖治理经验之二是,高度重视科研和环境教育。他们成立了琵琶湖环境科学研究中心,直属滋贺县政府。1987年在日本正式成立的国际湖泊环境委员会总部也设在那儿。此外,琵琶湖周边还建有琵琶湖博物馆、水环境科学馆。滋贺县在中小学课程中加入琵琶湖浮游生物辨识和水草的分解利用常识等;每学期安排1~2天认识、保护琵琶湖实践课,特别是坚持对小学五年级学生,利用"海洋之子"号船进行住宿体验式环保教育。

父:这些我们也有。比如,包河藻水分离站中的蓝藻科普馆、巢湖市半岛湿地的鸟类展示馆等。你带我和你妈看过。

子:是的,但与他们比还有不小差距,特别是对学生的科普研学游等。这方面,我们未来应该加强。巢湖与琵琶湖治理的交流联系一直很紧密,原地级巢湖市就派员进行学习考察。2020年元月合肥市人民政府派出的湖泊国际考察组,也专程到琵琶湖进行了学习考察。

七

父:现在对外开放,治湖当然要加强交流合作。看来各国都很重视湖泊,因为湖泊对于人类太重要了,比如巢湖……

子:是的。巢湖的重要性您是知道的。不过,现在有少数人只知道用湖不知道保护,而根源就在于缺乏对巢湖的认知,对巢湖的地位认识不清。我们今天聊了这么长时间,实际上就是在聊巢湖的地位和重要性。

那么巢湖的地位是什么呢?2021年4月,我们申报"山水工程"项目时提出:巢湖是中国五大淡水湖之一,是长江下游重要水系和中华大地的璀璨明珠,是养育江淮儿女的母亲湖;合肥为皖之中,淮右襟喉、江南唇齿,坐拥八百里巢湖,保护治理好巢湖,对推动长江大保护、建设现代化美好安徽具有重大意义。

父:是这样。这就叫母亲湖。巢湖已经承载了太多,又向沿岸奉献了太多,但现在巢湖老了、病了,不能再一味索取,而是要倍加保护,让巢湖休养生息、焕发生机,重现巢湖在中国五大湖、世界大湖中应有的地位和风采。

子:对,您的认识很高。我们今天就聊到这吧,今天的小结就是刚才说的这一番话。

父:好啊。

关于赴滇学习考察情况的报告

　　为学习借鉴滇池、洱海治理经验,打好巢湖综合治理攻坚战,12月17日至20日,合肥市政府副市长王民生率安徽省巢湖管理局和市直相关部门负责同志赴云南省昆明市滇池和大理白族自治州洱海进行了为期4天的学习考察。

　　一、滇池、洱海基本情况

　　滇池是西南第一大湖,与太湖、巢湖并称为"老三湖"。滇池湖面海拔1886米时,湖面面积300平方公里,平均水深5米,最深8米,库容15亿立方米左右,湖岸线长约150公里,入湖河流35条,流域面积2920平方公里。2016年以前滇池水质长期为劣Ⅴ类。2016年由劣Ⅴ类好转为Ⅴ类,消除了劣Ⅴ类;纳入"国考"的16条入滇河道水质全部达标,在国家环保部2016年公布的全国重点湖泊治理中,滇池湖体水质治理成效排在首位。2017年,滇池全湖水质类别继续为Ⅴ类,蓝藻水华程度明显减轻,水华由重度向中轻度过渡,发生蓝藻水华的总天数大幅度减少。2018年上半年全湖水质为Ⅳ类。

　　洱海是云南省仅次于滇池的第二大淡水湖泊,也是大理主要饮用水源地,与白洋淀、丹江口一起被环保部定义为"新三湖"。洱海湖面海拔1966米时,最大水深21.3米,平均水深10.8米,湖面面积252平方公里,库容29.59亿立方米,湖岸线129公里,流域面积2565平方公里,主要入湖河流27条。2015年1月,习总书记视察洱海时提出,"一定要把洱海保护好";同当地干部合影后说:"立此存照,过几年再来,希望水更干净清澈。"云南省委、省政府采取断然措施,开启抢救模式保护治理洱海。大理白族自治州以洱海保护治理统领全州经济社会发展全局,围绕"改善水生态、健康水循环"目标,按照"截控拆调绿补治管"八字方针,全力推进"七大行动"和"八大攻坚战"。2017年洱海全湖水质总体稳定,其中6个月Ⅱ类、6个月Ⅲ类,Ⅱ类水质同比增加1个月;2018年,洱海有7个月水质Ⅱ类、5个月水质Ⅲ类,并自2015年以来首次实现11月份全湖总体水质Ⅱ类。"大理白族自治州全面打响以洱海保护治理为重点的水污染防治攻坚战",被国务院办公厅作为第五次大督察发现的典型经验予以通报表扬。

　　通过实地考察和座谈交流,我们认为滇池、洱海的保护治理经验值得学习。从水质情况看,两湖均已达到历史拐点,我们一方面为滇池、洱海治理成效感到高兴,另一方面深感压力巨大,同时也更增强了治理保护巢湖的信心和决心。

　　二、考察调研中印象最深之处

　　一是保护治理的站位高、决心大。昆明市把滇池治理作为头等大事、"一把手"工程来抓,市委主要负责同志每周听取市政府分管负责同志专题汇报,近期专题研究农业面源防治工作,市政府主要负责同志定期进行重点工作调度,始终把滇池治理工作

巢湖还是『五湖』之一吗？

抓在手中、常态化推进。洱海抓得更紧，省长阮成发亲自担任洱海省级湖长，先后4次召开现场办公会。大理白族自治州把洱海治理放在压倒一切的位置来抓，以洱海保护治理统领全州经济社会发展全局，系统完善保护治理的思路和措施。昆明市还成立了滇池草海及周边水环境提升综合整治工作指挥部，由市委书记任指挥长，对滇池治理工作进行重点部署、推进和督查。大理白族自治州则成立了洱海保护治理"七大行动"指挥部和11个工作组，同时向16个乡镇派驻工作队，加强指导督促，确保"七大行动"落实；近期又成立了洱海保护治理及流域转型发展工作领导小组，下设指挥部和"八大攻坚战"推进领导小组，高位推进保护治理工作。

二是保护治理的目标高。昆明市出台《滇池保护治理三年攻坚行动实施方案（2018—2020年）》，提出2018年滇池草海水质达到Ⅳ类水标准、外海水质达到Ⅴ类，2019年滇池草海水质稳定达到Ⅳ类、外海水质稳定达到Ⅴ类，2020年滇池草海和外海水质均稳定达到Ⅳ类。大理的标准更高。2017年确定实现洱海水质持续向好和确保洱海水质6个月Ⅱ类、6个月Ⅲ类，努力争取不暴发大规模蓝藻两大目标；2018年则把"流域入湖污染负荷明显下降，全湖水质总体稳定保持Ⅲ类（6个月Ⅱ类），主要水质指标持续改善，蓝藻水华得到有效控制"，确定为年度目标任务并写入政府工作报告。

三是顶层设计比较好。昆明市着力实施六大系统性工程，实现"从点源转变为系统综合治理、从小流域治理转变为全流域治理、从末端截污治理转变为源头截污治理"三个转变，特别是始终把截污作为滇池治理的重中之重，做好管网建设顶层设计，提高截污治污技术水平。并且统筹考虑清淤，累计清淤1500万立方米。大理统筹推进环湖截污、"三线"划定实施、洱海周边综合整治、流域系统整治，特别是近期，从环境容量上着眼，坚持"以水定产、以水定城"，依据《大理市洱海生态环境保护"三线"划定方案》，统筹规划实施生态搬迁、人口外移。可以说，治理工作都抓到了点子上，比较精准。

四是工程性措施气魄大。敢于上大工程，特别是环湖截污工程堪称大手笔。昆明市围绕滇池建成97公里环湖截污主干管渠、17座雨污调蓄池及足量的污水处理设施，并对排水管网、泵站、调蓄池等市政排水设施进行特许经营、专业化统一运行维护。大理白族自治州围绕洱海建成86.68公里环湖截污主干渠、2221公里污水收集支管网以及相当规模的污水处理设施，与洱海周边原有截污设施共同构成覆盖全流域"从农户到村镇、收集到处理、尾水排放利用、湿地深度净化"的城乡一体化截污治污工程体系，在国内尚属首次。积极实施入湖河道整治、生态清淤和生态补水，特别是昆明每天以2元/立方米的价格通过牛栏江—滇池补水工程向滇池注水200万立方米，通过调节水动力大幅降低滇池中氮、磷等有机化学成分。

五是环湖周边保护整治力度大。严格执行流域保护管理条例。中央环保督察整改力度大，通过创造性开展工作，将环湖周边问题减到最少。洱海结合环保督察整改，在洱海流域截污治污体系基本形成的背景下，实施洱海生态环境保护蓝线、绿线、红线"三线"划定和生态搬迁,提出"科学精准的判断＋超乎寻常的措施＋拼死一战的作风＝工作目标"的公式,将距离洱海1966米界桩以内及外延15米绿线范围内,涉及环湖9个乡镇1806户民房和客栈全部拆除。在此基础上进行生态建设,据介绍总投入近90亿元。目前已完成大部分拆迁任务。

六是农业面源污染防治扎实。大理全力开展农业面源污染综合防治,实施"洱海绿色食品牌"三年行动计划,建立生态补偿机制,加快土地流转,推动规模经营,着力实施"三禁四推"(洱海流域禁止销售使用含磷化肥和高毒高残留农药、禁止种植以独蒜为主的大水大肥农作物,大力推行有机肥替代化肥、病虫害绿色防控、农作物绿色生态种植和畜禽标准化及渔业生态健康养殖)。特别是退出独蒜种植方面抓得好,对全面禁种独蒜签订协议的每亩补助1200元,每亩蒜种回购补助600元。同时发挥基层党组织和党员干部作用,深入细致地做好群众工作,切实保障群众合法权益,在较短时间内退出独蒜种植面积12万亩,基本完成退出任务。

七是考核问责严肃严厉。昆明市为落实流域各县(市)区、开发(度假)园区主体责任,出台滇池流域河道生态补偿办法以及配套规定,实行最严格的河道管理和监督考核制度,将河道(含支流沟渠)水质、水量断面考核及污水治理任务考核纳入生态补偿。未达标准或完成任务的要缴纳生态补偿金,达标且提高一个以上水质类别的给予适当补偿。去年共6个区缴纳超4亿元生态补偿金,用于62个滇池保护治理项目。同时,按"党政同责"要求,对考核对象的党政主要领导和分管领导,根据辖区所有考核断面中年均水质不达标断面比例,同比例扣减个人年度目标管理绩效考核兑现奖励。去年就有1位市领导因相关考核不达标被扣减6000元年度绩效考核奖。加大问责力度,因治理黑臭水体不力,一个副区长被就地免职。

八是主攻提升水质的关键技术效果好。总磷高是蓝藻生成暴发的内部诱因。对此,两地苦苦探索,特别是滇池,对现已运行的水质净化厂出水进行超极限除磷提标,每家花费1.2亿元,去年提标3家、今年提标2家、明年12家全部改造完毕,通过孢子转移技术实现出水总磷$\leqslant 0.05$ mg/L,最低可达0.025 mg/L,引起生态环境部的高度关注,先后两次派调查组赴现场调查核实,给予充分认可。

九是不惜重金加大投入。2017年昆明市财政收入560.9亿元,不到合肥的一半,大理白族自治州财政收入不足90亿元,不到合肥的1/10,大理市更是财力有限,但在湖泊治理上毫不吝啬。昆明市大胆探索市场化融资机制,成立昆明滇池投资公司等一批投融资平台,推动滇池水务在港成功上市,实现滇池治理的"投、融、建、管"一体化运作,并充分利用绿色信贷、清洁发展机制等拓宽资金来源渠道。从1996年到2015年,昆明市连续20年共投入510亿元,"十三五"期间再实施107个滇池治理项目,计划投资159.24亿元。大理州积极引入"PPP"模式,实施5个重大项目,保障治理工作持续推进。2016年以来,中央和省级财政资金累计投入洱海保护治理25.54亿元,在财政不宽裕情况下,大理白族自治州落实地方配套资金13.26亿元。"十三五"计划投资199亿元实施110个项目,覆盖洱海全流域,截至11月底,累计完成投资

156.97亿元,占规划总投资的78.71%。

十是监管工作信息化水平高。两地都与中国铁塔进行合作,建立了流域水环境监测网络及信息平台。特别是洱海,固定了84个观测点和330个行政断面监测点,实现对湖面和主要入湖河道重要节点断面水质监测全覆盖;建成洱海监控预警信息管理平台,实现部门资源和生态环境信息管理"一张图"。

在抓好保护治理的同时,两地充分发挥丰富的旅游资源优势,完善规划设计,通过招商引资,大力发展生态旅游、度假旅游,也给我们留下很深的印象。

三、近期考虑要做的重点工作

学习考察回来后,我们立即召开座谈会进行研究,近期有这样几件工作可考虑:

一是加快污水处理厂提标改造。参考昆明市及一些地区的成熟做法,对陶冲、蔡田铺和肥东污水处理厂实施除磷技术提标,每个投入1亿元左右,按照出水总磷≤0.05 mg/L标准执行。

二是加强雨污调蓄设施建设。结合雨污混接整治进行,特别是南淝河、十五里河流域10个雨污调蓄项目要全部开工建设。

三是加快推进环湖湿地建设。加大十八联圩等环湖湿地建设力度,湿地中已栽植的杨树逐步退出,积极开展中山杉、杂交柳等湿地植物种植。

四是落实《巢湖流域农业面源污染防治实施方案》。完善政策激励和生态补偿措施,力争提前实现"一减三基本"目标。

五是积极开展环湖底泥清淤。根据巢湖底泥调查中期成果,对南淝河河口、十五里河河口、东湖区的柘皋河和双桥河河口底泥等营养盐、重金属和塑料污染较为严重的区域,积极开展底泥清淤。2019年一季度开始实施。

六是主攻南淝河流域治理。实施南淝河生态拆迁,市河长办、市城乡建委共同牵头,相关县区拿出具体方案,资金列入大建设项目。加快南淝河干支流清淤工程,市水务局牵头,相关县区具体实施,明年6月底前完成。

七是加大生态调水补水力度。尽快打通二十埠河、店埠河与滁河干渠通道,确保生态补水顺畅。

八是加大污水收集处理力度。突出环湖重点乡镇,统筹规划建设城乡污水管网和污水处理设施,推动农村污水全收集全处理。在此基础上,谋划城乡污水管网连通。近期可以滨湖新区巢湖岸线为重点,安排开展环湖截污工程项目可行性研究论证。

九是推进水环境治理信息化建设。市生态环境局、巢湖水文局分别牵头,市大数据局、省巢管局、市发改委、市城乡建委、市水务局、市财政局主动配合,尽快完成全市地表水环境水质、水量自动监测点优化整合及监测数据共享。

四、几点建议

认真贯彻落实李锦斌书记针对"6+1"问题作出的重要批示和李国英省长近期来

肥调研三条入湖河流时提出的"综合施策、以河保湖"的要求,按照《巢湖综合治理攻坚战实施方案》,进一步强化工程性举措和工作执行力,进一步发力提速增效。

一是真抓实干,强化思想和行动自觉。全市上下务必认清巢湖治理面临的严峻形势,增强紧迫感和责任感,勇于走出认识误区,深入剖析工作不足,真正做到思想上醒悟、行动上自觉、措施上务实。要把巢湖综合治理作为巢湖流域各级党委、政府和相关部门的"一把手"工程,通过抓"一把手"、"一把手"抓,高位推进工作落实。建议国权书记、凌云市长带队赴滇考察,取长补短,努力开创巢湖综合治理新局面。

二是进一步完善顶层设计。去年以来,我们在巢湖综合治理顶层设计上做了一些文章,出台一系列规范性文件,完成《巢湖综合治理绿色发展总体规划》编制工作。但对比滇池和洱海,不少地方仍需完善,特别是环湖截污、面源治理、生态补水等方面压力不足和行动缓慢,环湖周边和农村地区污水收集处理存在畏难情绪。下一步,要依据《巢湖综合治理绿色发展总体规划》和《巢湖综合治理攻坚战实施方案》的要求,进一步修订完善水体达标方案,强化"一河一策"特别是工程性措施执行力。同时,也要把巢湖的生态资源利用好,在湖岸线一公里外谋划实施休闲度假旅游项目。

三是加强领导,完善指挥调度机制。根据巢湖综合治理攻坚战目标和20项重点任务,结合河长制工作,成立巢湖综合治理攻坚战指挥部和专项工作组,建议市委、市政府主要负责同志任指挥长,相关市领导担任指挥部成员和专项工作组长,相关部门主要负责人担任副组长,加强巢湖综合治理工作的统一指挥和统筹协调,全市范围内抽调专人集中办公,确保工作有力有序推进。

四是实行最严格的河道管理和监督考核制度。完善现有生态补偿机制,制定主要入湖河流生态补偿办法,分段监控、分段管理、分段考核、分段问责,坚决把攻坚战任务、措施和责任落实到位。鼓励流域各县(市)、区全境实施生态补偿,压实属地主体责任。

五是积极探索建立可持续投入机制。发挥财政资金对巢湖综合治理"压舱石"作用,同时积极发挥市场作用,通过政府和社会资本合作(PPP)、第三方治理等模式,吸引社会资本参与巢湖综合治理工作,形成生态环境保护治理可持续投入机制。

赴滇学习考察组
2018 年 12 月 29 日

关于学习考察白洋淀湿地建设、水环境治理等情况的报告

9月25日至27日,合肥市政府副市长王民生率市直相关部门和肥东县负责同志,赴河北雄安新区进行了学习考察。重点学习了白洋淀湿地建设和水环境治理经验,其间参观了雄安新区规划馆等。

一、关于白洋淀治理情况

白洋淀是华北平原最大淡水湖,被誉为"华北之肾",是雄安新区规划建设的重要依托。2017年,环保部将白洋淀与洱海、丹江口定义为"新三湖"。习总书记多次作出重要指示批示,强调:"建设雄安新区,一定要把白洋淀修复好、保护好。"近年来,特别是雄安新区设立以来,经过大力度治理,白洋淀水环境持续改善,2019年保持Ⅳ类水,4条主要入淀河流全部达到Ⅳ类,总体水质为十年来最好。其保护治理经验对巢湖治理极具借鉴意义。

(一)注重系统谋划。在白洋淀治理与保护中,该地注意处理好与雄安新区的"城水关系",确定近中远期结合的治水路线图,分阶段明确重点任务,形成了完善的治水顶层设计。河北省委、省政府印发《白洋淀生态环境治理和保护规划(2018—2035年)》,提出三阶段治理目标,明确四大类治理措施(补水、治污、清淤、搬迁),从九个方面对白洋淀治理保护进行全方位的规划和统筹设计。雄安新区分类分步制定治理方案,2019年出台《农村生活污水治理工作方案》等4个专项治理方案,谋划六大类45个重点工程项目,制定13项管控措施。2020年,又出台《白洋淀生态环境综合治理方案(2020-2022年)》,谋划城镇污染治理、农业农村污染防治等十大工程。治污工程压茬推进,措施环环相扣,打出治理"组合拳"。

回顾巢湖综合治理之所以能取得阶段性成效,与近年来探索形成了系统治理方案,并强力推动方案落地是分不开的。如《加快建设绿色发展美丽巢湖的工作方案》("二十条")、《建设绿色发展美丽巢湖的意见》(市委〔2017〕35号文件)、《巢湖综合治理绿色发展总体规划》等。下一步,我们要按照习总书记"让巢湖成为合肥最好的名片"重要指示,在更高的起点上谋划好巢湖综合治理。近期,正在研究制定新的巢湖治理"二十条",谋划近3~5年治理措施和项目(附后)。一旦成熟,建议市委、市政府研究后实施。

(二)坚持严抓真干。雄安新区以"眼睛容不得沙子"的态度,对存量污染问题彻底治理,决心之大、力度之大、投入之大,前所未有。如对唐河污水库8.5公里老河道土壤污染治理,雄安新区没有采取覆土复绿等简单处理措施,而是将污染土壤挖出来运到密闭车间内进行破碎、筛分,去除污染物,修复后再回填河道。此工程为雄安新区2018年水环境治理一号工程,工程投资9.8亿元,修复面积约140万平方米,处理污染土壤约170万立方米,总处理体量之大,为国内污染土壤修复领域之最。完成修复后,此处河道将规划建设成为雄安新区的郊野公园。

回顾我市突出环境问题整治虽然取得了一定成效,但一些地方和单位或多或少还存在畏难情绪、被动等待等,一些环境"痛点""堵点"尚未彻底解决,一些环境存量问题没有积极主动去化解。如巢湖一级保护区遗留问题、环巢湖矿山修复、东部新中心老合钢污染地块治理等,这些都是我们下一步必须啃下的"硬骨头"。

(三)反复科学论证治理方案。雄安新区坚持科学治污、精准治污,对每一项治理措施,都反复科学论证,务求更加科学精准、贴近实际。如对淀区污染鱼塘底泥治理方法路径,雄安新区多次听取专家意见,采取先试点、再推广的方式,委托中国科学院开展专题研究,总结试验成果,编制扩大试点实施方案。方案对轻度污染鱼塘实施原位修复,对重度污染鱼塘实行彻底清淤、底泥异地处理,否定了一些专家原先提出的生态渗滤岛修复治理措施。

目前,湖泊治理可复制推广的方案并不多,必须因湖施策,在符合政策规定的前提下,广泛引进先进治理技术,大胆尝试、小心论证,这既是科学治湖的要求,也是确保资金使用效益的要求。如十八联圩三期2814渔场底泥处理问题,原方案曾过多考虑生态渗滤岛治理技术。考察过程中我们提出,既要统筹考虑底泥污染治理和湿地建设需求,又要兼顾农田保护政策和田园风貌维护。经过反复论证,下一步将结合南京大学安树青教授研究成果,重点对污染鱼塘进行原位修复。当然,对一部分重污染地块实施底泥生态渗滤岛治理修复工程。

(四)大规模退居、退耕还淀。白洋淀同巢湖类似,都有大规模围淀(湖)造田、围淀(湖)定居、淀(湖)退人进的历史。雄安新区下决心对淀区78个村庄约20万人分批有序实施外迁。2019年,50多个村庄的征迁工作陆续启动。同时,大力实施退耕还淀、退耕还湿还林工程。

回顾这几年巢湖治理历程,不难发现巢湖水质明显变化与一、二级保护区的退耕还湿、调整农业种植结构密切相关。未来,环湖周边还应适时适度地退出,为巢湖休养生息留足空间。建议:① 编制《巢湖流域水环境一级保护区治理与保护规划》,巢湖水环境一级保护区内除历史文化名村、传统村落、人口较多村庄外,鼓励有条件的村庄在群众自愿前提下逐步实现退人退居。② 按照习总书记考察十八联圩"防止汛后水退人进"的要求,大力实施规划建设的湿地蓄洪区退居、退耕,调整环湖农业生产结构,发展有机种植、绿色养殖。

(五)高标准防洪治理。《雄安新区规划纲要》明确,建设新区防洪安全体系,确定起步区防洪标准为200年一遇,确保千年大计万无一失。雄安新区稳步推进新安北堤、白沟引河右堤、萍河左堤等系列防洪治理工程,拱卫新区安全的"200年一遇"防洪堤坝正在建设形成。

生态建设,首先要考虑防洪需要。只有水利工程、防洪能力提升的"生",才能有期望的水生"态"。虞书记提出的治湖三大工程中,其一是"安澜工程",本意就在这里。下一步巢湖综合治理,要把水利建设放在更加重要位置。要提高巢湖防洪标准,着眼"防洪""排洪""蓄洪",实施一批"十四五"水利建设项目,重点是规划建设对江排洪泵站,在沿湖县市规划建设湿地蓄洪区,加快巢湖西部畅通水网工程等,全面打造"安澜巢湖"。

(六)大力保护建设湿地。白洋淀芦苇面积有12万亩,大片荷塘间杂其间,"荷塘苇海"形成独特景观。同时,雄安新区还将湿地修复向入淀河口延伸,建设入淀河口人工湿地。如,投资6亿多元,建设府河口湿地,占地4平方公里,为华北地区最大人工湿地。

学习考察中我们还了解到,历史上白洋淀就是蓄洪区,汛期滞洪、蓄洪,分担周边天津市、保定市防洪压力,这与我们坚持蓄洪和生态保护功能而建设环湖湿地不谋而合。下一步,我们要继续按照两大功能定位,加快推进环湖十大湿地建设。

(七)科学实施生态补水。《白洋淀生态环境治理和保护规划》明确,到2035年,淀区逐步恢复到360平方公里左右。对此,河北省依托"引黄入冀""南水北调"等工程为白洋淀补水,每年补水约3亿立方米,稳定淀泊水位,增强水动力。

实施生态补水是治湖、治河的通用做法之一。去年,我们以南淝河治理为试点,出台了生态基流补水方案,去冬今春已经实施,并取得了预期成效。而从更大层面来讲,引江济淮工程是更大尺度、更大范围的生态调水和水动力调控工程,这就需要加快工程建设。同时,要研究建立2022年引江济巢段建成通水后巢湖水动力模型和湖区导流方案,提升江湖水体交换能力,打造"流动巢湖"。另外,要统筹巢湖当地水源和淠史杭灌区、驷马山灌区、长江干流水源,构建多水源配置"四水汇肥"格局。

(八)加强淀区文化保护和旅游合理控制。雄安新区注重挖掘淀文化、保护古文化,对拆迁的村庄,坚持古树不挪、古建筑不拆、古牌坊不搬,建档保护各类非物质文化遗产。同时,合理推进旅游开发,加强对淀区观光、乡村民宿、文化旅游等的规范,努力实现生态治理、旅游开发双赢。近两年,白洋淀年均游客达300万人,是雄安新区设立前的近3倍。

回顾这几年的巢湖综合治理,对环巢湖文化的研究和保护工作抓得不够,环巢湖旅游在合理范围内的推进也很不够。下一步要在强化巢湖综合治理的同时,实施"富民工程"。加强环巢湖文化保护和发掘,讲好巢湖故事,唱响"巢湖好",打响环巢湖旅游文化品牌。在巢湖水环境稳定趋好的前提下,依法依规有序开展环湖一公里外生态旅游、乡村旅游;加快《巢湖风景名胜区总体规划》报批,发展环巢湖风景带观光旅游。

(九)实施淀区禁养清网。2018年,雄安新区对白洋淀26000多亩养鱼水面禁养清网,实施禁渔期制度,开展增殖放流,恢复淀区生物多样,目前鱼类已由18种增加到了23种(2015年调查)。同时,针对旅游休闲垂钓等问题,对个人垂钓等行为进行规范,原则上只允许一人一杆、一线一钩,禁止使用船艇、排筏等水上漂浮物进行垂钓。

我市巢湖禁捕退捕工作已取得显著成效。下一步,在做好退捕渔民基本生活保障、就业引导以及日常禁捕监管等工作的同时,要对个人休闲垂钓等行为进行规范。同时,还要谋划推进鱼类增殖放流、优化鱼类种群结构等系列工作。

(十)河长制"网格化"管理。雄安新区探索建立河长制下湖泊网格化管理模式,分级分区设立湖长,实行网格化管理,确保湖泊管理范围内每一块区域都有明确的责任主体。这次在陪同考察时,管委会同志发现有几处零星网箱捕鱼问题,就随即拍照发给相关河长,要求立即整改。

近年来,我市河湖长制已基本建立,但作用发挥还不够,震慑力还不强。下一步,要进一步完善现有河湖长制工作,细化《河湖长制工作考核办法》,进一步强化考核结果刚性运用,让河湖长制真正"长牙",实现"河长制"为"河长治"。

二、关于雄安新区规划建设

雄安新区和白洋淀是一体的,参观雄安新区规划馆和其他工程,也给我们留下了很深的印象。

(一)坚持规划先行,以淀兴城、城淀共荣的理念贯穿始终。雄安新区作为北京非首都功能疏解集中承载地,同时也被定位为"新时代的生态文明典范城市"。① 坚持"以水定城、城淀共生",注重以生态承载能力为支撑,先治水、再兴城。② 不搞城市核心,主城区按组团式布局。③ 优化城淀之间、城市组团之间的生态空间结构,依托河流等建设生态隔离带,形成"一淀、三带、九片、多廊",构建"蓝绿交织、清新明亮"的生态空间格局。④ 对淀区进行功能划分,确定了约96平方公里的生态功能区,实施严格生态保护管控措施,主要展示自然风光和人文景观。⑤ 大规模补绿、植绿,启动"千年秀林"工程,远期森林覆盖率将由现状的11%提高到40%,绿化覆盖率将达到50%。⑥ 依托绿廊、河流,建设城市通风廊道,将白洋淀凉爽空气输送到城市中心。

(二)坚持谋定而后动。按照每一寸土地都规划得清清楚楚后再开工建设的要求,坚持大历史观,保持历史耐心,确保"一张蓝图绘到底"。在雄安新区,我们既看到大规模的建设场面,更了解到有大量的规划在反复论证,正陆续出台实施中。

(三)合理开发利用地下工程。将诸如停车场、轨道交通、城际铁路等服务设施、基础设施转移到地下空间,实施分层管控,拓展城市空间。地下空间分为三层:① 浅层空间,以方便居民生活作为主要控制关系,涵盖商业活动和日常出行;② 中层空间,以市政基础设施建设为主;③ 深层空间,以轨道交通线路为主。这些对我们新区的地下空间开发是极具借鉴意义的。

附表:

谋划的下一阶段巢湖治理重点措施

科学论证环境容量	坚持"以水定城,以水定产",把巢湖水环境质量与环境承载能力作为确定合肥市远期人口规模和城市开发边界重要依据,编制"十四五"规划和国土空间规划
	稳步提升巢湖水质,"十四五"期间,巢湖全湖水质稳定达到Ⅳ类,保持轻度污染及轻度富营养状态,流域国考断面全面达标,并稳定"消劣"
全面打造"安澜巢湖"	推动修编《巢湖流域防洪规划》,提高重点城镇、重要基础设施、环湖大堤、万亩大圩防洪标准。推动实施高标准加固裕溪河、牛屯河、兆西河等泄洪通道堤防,规划建设对江排洪泵站,构建三大行洪通道。建设流域主要闸站联合调度平台
	建设应对超标准洪水蓄洪区

全面实现"不让一滴未处理的污水进巢湖"	未来3~5年,补齐城乡污水处理设施短板,继续推进建成区雨污管网,超前谋划新建城区污水处理厂和管网建设
	继续推进农村改水改厕,实现家家都有干净厕所、村村都有污水处理设施的目标
深化农业面源控制	推进化肥农药减量,治理畜禽水产养殖污染,实施农业废弃物基本资源化利用。鼓励稻肥(红花草)轮作和绿肥种植
	加强沿湖圩区排涝泵站运行管理和圩区农田尾水调控,试点建设农业尾水排涝泵站前置处理区
构建环巢湖立体生态湖滨缓冲带	全面建成环湖十大湿地
	在巢湖一、二级保护区之间建设环湖林带,构建城市与巢湖湖区的生态缓冲区。扩大派河口中山杉试种成果
	利用3~5年时间,全面完成环巢湖周边矿山的治理生态修复
逐步恢复"健康巢湖"	研究基于湖泊多目标综合利用的生态水位调控方案
	全面试点水草种植。总结推广渡江战役纪念馆前巢湖水域、南淝河支流水域水草种植试点成果,扩大水草种植水域范围,开展张家湾湿地、芦溪湿地、罗大郢湿地生态修复示范工程
	实施鱼类增殖放流,优化鱼类种群结构,用3~5年时间,重建巢湖多物种生态平衡
	加强鸟类栖息地修复与保护,营造适宜越冬水鸟的多样性栖息地
	研究确定环巢湖主要河流生态流量,制定生态流量保障方案
打造"流动巢湖"	建设巢湖野外水动力观测模拟试验基地
	依托引江济巢工程,研究建立基于缩短湖泊换水周期的湖区导流方案
加强蓝藻应急防控和处理	2022年底前,全面完成蓝藻水华末端治理体系建设,基本解决蓝藻水华对敏感岸线和重点水域的影响;2021年先期完成包河区段、肥东县段规划建设。建设藻泥无害化处理厂
推广实施巢湖底泥清淤工程	加快完成南淝河河口底泥清淤试点工程,并陆续在杭埠河口等处开展巢湖底泥清淤
推动环巢湖旅游发展,实施"富民工程"	有序开展环湖一公里外并符合巢湖风景名胜区规划要求的生态旅游、乡村旅游,推进环湖观光旅游
加强一级保护区和风景名胜区规划建设监管	编制《巢湖流域水环境一级保护区治理与保护规划》,积极推动《巢湖风景名胜区总体规划》获批
强化支撑保障	建立水质水量控制并重、总氮总磷控制并举的考核体系
	设立巢湖综合治理科学研究重大课题专项基金
	整合流域治理机构职能

赴白洋淀学习考察组

2020 年 10 月 23 日

放射状的河流筑成巢

时间：2022年春夏之交，成文于2023年2月4日
地点：巢湖之滨家中（黄麓镇王疃村）

子：前几次我们提到入湖河流，今天专门来聊一聊。

父：河流是巢湖形成的源泉，没有河就没有湖，这很重要。我们村的长河就是入湖河流之一。巢湖入河河流有多少条？各是什么情况？

子：长河是一条小河。巢湖大的入湖河流，现在正式对外公布的为39条，减去2条岗地河流后为37条，长河还算不上。不过，小时候长河在我们看起来，就是"一条大河波浪宽"。家门口的小河印象太深了。记得每到夏天游泳时，我们几个小伙伴站到桥上往下跳水，那个神气劲儿不亚于跳水运动员。可是将长河与整个巢湖入湖河流一比，那真是"小河"见"大河"了。

刚才说了巢湖入湖河流39条，还有一条出湖河流裕溪河，也就是说巢湖入、出湖河流为39＋1，共计40条。这些都是一级支流。而在这39条一级支流中，流域面积50平方公里以上的河流共有11条，即杭埠河、兆河、白石天河、蒋口河、派河、十五里河、南淝河、玉带河、烔炀河、鸡裕河、柘皋河；流域面积50平方公里以下的有26条；岗地河流2条（无汇水面积，雨季径流直接入湖）。

父：这些河流有不少我都知道。以前生产队集体时，我们去过南淝河，到过丙子河口，那儿离现在的"万达鼓"不远；经常去三河，知道那里的杭埠河、丰乐河。长河和这些河相比，显然是太小了。不过，都是入湖河流嘛。树有根，水有源。这些河都从哪发源的？怎么都流到巢湖了？

子：这确实很有意思。巢湖现在看起来呈一个鸟巢状。因此，有人认为巢湖的得名是因为像鸟巢。其实，在汉之前，巢湖的面积大于现在，形状不是鸟巢状。巢湖的

家门口的小河通巢湖

得名与形状并不一定有很大关联，而是与有巢氏、古巢国有关。但不管怎么说，汉唐之前巢湖的湖盆已大体形成，周边众多河流带来大量泥沙，放射状流入湖中，才使巢湖最终形成。

父：远古时的巢湖更像是椭圆形的吗？

子：是的，说来有趣。加拿大沃里克·F.文森特在《湖泊》一书中指出：与水库相比，首先，大型湖泊的湖盆形状（形态）都是圆形或椭圆形的。而水库则是树杈形的，有着树状的主干和分枝伸入淹没的河谷。我以为，这说明入湖河流，除了在出湖口外，在其他地区则很均匀，源近流短，表现为山溪性河流的特性。

书中说道：其次，对于湖泊来说，流域与湖面面积比相对较低，而水库这一比值相对较高。如美国卡罗拉多河上胡佛大坝前的米德湖这一比值是640，三峡大坝水库前这一比值是923。我以为，这反映了湖泊来源，除了河流之外，还有子湖。而据我测算，这一比值巢湖则只有17.29。

父：这位专家的研究很有科学性。湖泊既然是圆形或椭圆形，那就有圆心了。我知道巢湖北岸的几条河，如柘皋河、烔炀河、花塘河，都是由北向南注入湖心的。其他河流呢？

子：其他河流也是呈放射状注入湖心的，并且呈五大区域分布，只是流向不同。在这各大区域中，河流走向基本一致。

西南区域，主要是杭埠河、丰乐河，河流走向是由西向东入湖。

西北区域，主要是南淝河、派河、十五里河，河流走向是由西北向西南注入巢湖。

北部区域，就是刚才说的柘皋河、炯炀河、鸡裕河、花塘河，河流走向是由北向南注入巢湖。

南部区域，主要是白石天河、兆河，河流走向是由南向北注入巢湖。

东部区域，只有一条河，即裕溪河，由西向东，巢湖水直流入江。

父：也就是说，在巢湖这个湖盆中，五大块39条入湖1条入江河流中，有四大块39条是围绕湖心，呈放射状注入巢湖的。然后在巢湖闸处汇入，一湖清水下长江。

子：对。之所以形成这个河流江湖的局面，主要是巢湖的湖盆周边是西高东低所致。也正是因为地形地貌和河流的运动，巢湖西北方、西南方的发育更加充分，并且一直在持续。这或许就是为什么说，在"陷巢州"的同时"长庐州"了。

二

父："长庐州"？这与河流有什么关系？我倒是第一次听说，说说看有什么关联。

子：我们聊过"陷巢州"。现在知道那是一个传说，也许契合着大地震或其他什么灾害的史实。现代科学研究认为巢湖是一个构造湖，是地壳运动的结果，是自然之力"陷"成的，当然也有塌陷之力的作用。那么庐州是怎么长成的？民间怎么会有"长庐州"的说法？庐州又在哪里呢？确有不少疑问。

父：庐州不就是现在的合肥吗？

子：不好这么说。现在的合肥很大，地域面积有11445平方公里，其中城区面积有500多平方公里。历史上的合肥并不大，新中国成立时城区才5平方公里5万人，并且远离巢湖20多公里；所在城区海拔也不高，只有20米左右，其中原省政府大楼处为17米；城中最高处大蜀山，海拔也只有284米。由此看来，这一块都是丘陵岗地，并不突兀，似乎庐州并未在此最终完全长成。因此，"长庐州"的传说只是人们的一种猜想和"陷巢州"的对偶。

父：那就怪了，"庐州"长哪儿了？

子：当然，一部分长在西北，而另一大部分长在西部和西南。也就是说，老庐州这个地方土地确实是在"长"，只是一个土地渐进、缓慢地向湖中延伸、拓展过程，而湖东部、东南部等局部地段由于水流冲击等原因却在不断地崩塌、萎缩。这是另一种形态的"长庐州""陷巢州"。如果说，"陷巢州"是一夜之间的话，那么，"长庐州"可能是延续至今的上万年的造地运动，并且是块状的日复一日的摊伸而非点状的突然隆起。

这一切的原因,又是河流所带来的泥沙淤积及其造湖运动。

父:是的,河流不仅带来了水,还带来了泥沙,时间一长,会愈聚愈多。我们村的长河前些年整治过,现在又快淤滞了,村东的避洪沟几乎又淤住了,所以要不断地清淤。你还记得吧,你小的时候,20世纪六七十年代,春节一过,我就带生产队的人在河里罱秧泥,这既是给稻田积肥,又是清河,一举两得。可惜,现在没人做了。

子:记得。这样的划盆和罱秧泥的夹子恐怕都找不到了。河流长期不清,自然流水不畅,需要不断清理,否则就要长成地了。有一位水利专家说,水在漫长的土地形成的过程中,起着促进而非削弱的作用。看看现在的黄河口、长江口,就能感受到强烈的造地运动。

在巢湖的37条河流中,杭埠河、丰乐河带来的影响最大。"大跃进"和"文革"时期,由于滥砍森林等原因,水土流失十分严重。据《巢湖志》记载,1951—1983年,巢湖淤积速度年平均入湖泥沙量为260万吨,其中推移质为100万吨,约60万吨通过巢湖闸排往长江,其余100万吨淤在湖里。这些泥沙等是造地的重要推力,由此催生、发育了河口三角洲。举两个例子,一个是三河的成长史,一个是正在长大的杭埠河口的沙洲。

父:三河是环巢湖的首镇,"买不尽的三河"。三河是个好地方,有个三河民谣"十大舍不得",沿湖的老百姓都知道个大概。什么"舍不得大河水淘米洗菜","舍不得石头大桥下大鲫鱼摇尾鼓腮","舍不得天然楼油炸烧卖"……巢湖是鱼米之乡呐!听说,杨振宁外婆家就是三河的。我们过去开船去三河买卖东西,对那儿情况比较熟悉。

子:是的。三河在巢湖沿岸最出名,与周边互动也很频繁、紧密。清朝李恩绶有一首诗(《巢湖打鱼诗》)就反映了这一点:"三河前接柘皋河,鱼贩纷纷港口多。听说沿淮鱼价长,月明处处有渔歌。"您还记得第一次去三河是哪一年吗?那时的三河离巢湖有多远?

父:这倒印象不深了。怎么三河离巢湖越来越远?

子:有资料证明一段时期是。我们以前聊过,巢湖形成距今1万多年,前期湖泊面积2000多平方公里。由于河流流沙冲击淤浅,加之历代围垦,湖盆不断缩小,西北岸更为明显。

据考证,2000年前,三河古镇还是湖中高洲,名为"鹊渚"(鸟鹊喜欢的水中小块陆地),现离湖岸已达11.5千米。二百多年前的清《嘉庆合肥县志》"南乡图"标注的新河口尚在湖边,现湖岸已进至其东4.4千米处。所以,著名作家潘小平著文指出:三河古街原为巢湖西岸,几千年来,巢湖西岸不断东移,遂成今日之格局。

当然现在上游水土保持得较好,冲下来的泥沙少多了,特别是三河镇镇防工程、环湖大道修好后,这样的湖中长地运动基本结束了。

父:巢湖的湖岸线稳固了。

子:不过,在杭埠河入巢湖湖口,你会看到一个正在成长的沙洲。那就是杭埠河泥沙冲击、淤积而成的。这是河流暗流涌动、不屈不挠造地的真实写照。2006年底我到庐江工作时,看到的只是一个很小的沙洲。现在十五六年过去,几乎要长成一个小岛了,面积在20亩左右(巢湖水位9.0米时)。

河口沙洲

父:有这么夸张? 如果这样下去,会不会影响跑洪和航运?

子:这确实是一个问题,值得研究。我分管巢湖综合治理和水利工作时,曾提出过这个问题。但大家说,这沙洲还小,不足为虑,所以放下来了。也有同志开玩笑说,湖中长一个小岛也好,可以搞旅游嘛。甚至有同志建议,湖中还可再堆几个岛。

父:可不能这样说,还是要持续关注。湖中本来没有的东西,也许不应该有。这好比人是五个手指,为什么非要长六个? 大家都知道湖中三岛,姥山、姑山、鞋山,冷不防多了一个,会不会破坏大风景?

子:您的想法有道理,我也是这么认为的。这个问题留待以后再观察吧。

放射状的河流筑成巢

父：巢湖这么多河流，几个重要河流源头在哪里？可要保护好。

子：最重要的是杭埠河，发源于大别山区的安庆市岳西县主簿园。这个地方我在分管巢湖治理时一直想去看看，可惜因为忙未能成行。但正是因为源头在这儿，所以说巢湖流域也包括安庆了。干流自西向东，流经舒城县晓天镇，入万佛湖，其后由水库溢洪道向东流，经舒城县境，于肥西县三河镇，纳丰乐河后入巢湖。全长139公里，流域面积4246平方公里，占整个巢湖流域面积的31.4％，占巢湖闸以上面积的46.3％。

父：杭埠河纵跨三市，水质一直较清，安庆市、六安市保护有力。

子：对。南淝河的源头我去过。南淝河古称施水，又有曹操河之名，发源于肥西、长丰两县毗邻地带大潜山余脉长岗南麓，东南流向，经合肥市区纳四里河、板桥河、二十埠河、店埠河来水，于施口注入巢湖，全长71公里，流域面积1544平方公里。

父：那庐江的白石天河呢？这你应该更熟悉了。

子：是的。白石天河发源于菜子湖与巢湖分水岭北侧、江淮分水岭南侧，有马槽河、金牛河、罗埠河等汇入，其中马槽河是白石天河的一条重要支流，其源头在汤池三冲，2015年中央电视台《远方的家》栏目还专门拍了一个电视纪录片。纪录片中说道：

三冲村承大别山余脉，处三市交界，由涂冲、江冲、林冲合并而成，三座村落呈扇形分布，七山一水一分田，半分道路和庄园。三冲境内起风尖海拔564米，山脚下有山泉水形成的大小支流三条，三条河流在村口汇聚，构成马槽河源头，而马槽河又是巢湖南岸源头之一，故而有"三冲汇流、巢湖之源"之说。

父：河流保护，源头很重要，其他各段都要重视，更不能把河填了。

子：是的。河流是水的仓库和通道，又塑造、刻蚀出山地、河谷，其构成是一个复杂的系统工程。可惜，这些年来，我们有意无意忽视了这一规律，造成了一些过失。如在河上加板盖房，二里河上的"香港街"就是；将支流末梢填了，如三十埠河撮镇的个别地方；问题最大的是裁弯取直。

父：这个情况很普遍，但水有水路，违背了河规，好心往往办不成好事。

子：近期，有同志注意到了一个问题。三河是历史名镇，历史上也多次遭受水灾，但遭遇"灭顶之灾"的却是1991年，受淹时水深1到6米。而在这之前的1976年，杭埠河进行了裁弯取直。据镇上老同志介绍，由此，上游来水由过去24小时过镇变成8小时，洪峰压力显著增大。这是不是当年溃口的原因之一呢？

父：这要进行科学验证，可不能轻易下结论。

子：是的，这只是存疑。市水务局胡丹丹同志经过研究，排除了这一推测，我们认可这一意见。

四

父：河清才能湖清。这些年听你说，在巢湖治理中，合肥在治河上下了很大功夫，说说看是怎么抓的，有哪些成效。

子：这些年河流整治确实取得较好成绩，去年（2021年），巢湖流域全湖及东、西半湖水质类别均保持为Ⅳ类。监测的21条环湖河流中，7条河流水质状况为优、9条为良好、5条为轻度污染；流域25个国考断面中，水质优良断面占88％，同比上升4个百分点；劣Ⅴ类断面保持清零。特别是在一清水河（杭埠河）、一浊水河（南淝河）、一出水河（裕溪河）保护和治理上下的功夫更大，我分别给您说说。

父：好。这三条河有代表性。南淝河是合肥的城中河，治理肯定不容易。

子：是的。南淝河是合肥的母亲河、城中河，一段时期污染严重，以不足1/6的入湖水量"贡献"了近1/2的入湖污染负荷，成为巢湖入湖河流中污染量最大的河。这里有个资料：

南淝河系淮潰间河流，为大潜山余脉向东延伸中向南分出四道岗岭所形成的。水系发育不规则，支流偏于一侧，共八条主要河流，其中左岸六条，右岸仅两条。上游有四里河、板桥河，中游有市区排水河道史家河、二里河、关镇河，下游有二十埠河、店埠河、长乐河。南淝河干流上有董铺水库，在当涂路桥下游建有橡皮坝蓄水，城区段河道常水位通过橡皮坝控制，一般为10米左右。

父：南淝河一干八支，头被斩断，河被蚕食。

子：对。城市河流治理历来是一大难题，南淝河治理的难点在于：

一是主源之上因为建了董铺、大房郢和众兴等四个中型水库而断了源头之水，成了"断头河"，河的动力不足，干旱年份河流几乎断流。据测算，受上游水库拦蓄影响，南淝河年均天然径流由4.5亿立方米减小至3.1亿立方米。

二是城市河流所具有的共性问题，即流域开发强度大。流域人口从2000年的121万人增加至424万人。城市面源溢流污染严重，尽管污水处理规模从每天30万立方米增加至每天150万立方米，但污水处理设施仍显不足和老化，城中村排污问题突出。

三是河、塘被大量占用，特别是二里河、史家河被封盖成地下河，上面盖了"香港街"。城市道路硬化占用大量的田地、绿地，由此挤占了河道的生存空间。生态基流匮乏，底栖生境脆弱，生物群落单一，生态系统退化，有河无水，少鱼少草。南淝河病了，并且病得很重。

四是沿途各类层级、性质的单位都有，调度、协调治污难度较大。

正是因为此，生态环境部一方面提出南淝河要在2019年水质达标，消除"劣Ⅴ类"，另一方面又将其中的一项指标即氨氮由2 mg/L放宽为4 mg/L。

放射状的河流筑成巢

尽管如此,治理工作仍压力巨大。能否达标,事关巢湖综合治理,事关合肥市的形象。一次,我以巢湖湖长办主任的身份到外市某县巡河时,该县一主要负责同志就当面直言不讳地提出了这个问题。

父:人家问得有道理。你没干好,怎么好意思要求别人?

子:是的啊!当时脸上火辣辣的。更重要的是,如果不能如期达标,那么沿河区域涉水项目,除了民生等重大项目外都要限批,这涉及大半个城区的建设。

父:有这么严重?

子:是的。十五里河曾经为此限批过一段时间,影响上百亿的投资。如果南淝河限批,那可不得了。

这是什么概念?根据第七次人口普查数据及南淝河流域范围界限,经估算,南淝河流域人口约400万人,约占合肥市人口的42.7%,其中城区人口约300万人,约占城区总人口的58.6%。这是何等重要的大事、何等严肃的政治责任。我们只有背水一战。

父:只能过关,不许延后,压力山大。那段时间,我知道你们很忙,相当一部分精力都放在这上面。最难的是什么?

子:在上级环保部门的强力督导和高压态势下,在市委、市政府的强力推进下,说难也不难,因为有"尚方宝剑",所以也就所向披靡,几年下来打了一个漂亮的翻身仗,现在回想起来都很激动。

父:哦,有哪些难忘的事?

子:难忘的事很多,这些也都是你讲的难事。我讲几个精彩的重点。

第一,2019年5月15日、6月5日,我们分两批将有整治任务的大单位相关同志请到市政府,学习相关法规,共议同心治污。这些单位是五所高校、三家医院、三家机关服务中心。

记得每次开会,我都说此次会议的召开,是根据《中华人民共和国水污染防治法》的要求,经市环委会主要负责人同意的(我是市环委会副主任、副总河长)。并读一段《水污染防治法》的要求,"任何单位和个人都有义务保护水环境"。强调每个单位和个人都是水环境保护的主体,无一例外。各高校、医院、机关服务中心等都要自觉提高政治站位,落实法律主体责任,坚持共建共享,主动承担起本单位污染治理的主体责任,切实落实治理措施,从源头把好污染治理第一关。此举一下震住了与会者。回去后,他们纷纷行动。

父:那你不把这些大单位领导得罪了吗?

子:也不是。这些同志政治素质都很高,过去的问题主要是疏忽了,这么一开会,大家都明白。有一个高校年初未安排此项经费,他们立即向上级汇报,争取3000多万治理资金,很快就干起来了。我们也积极主动、呼应配合,将其家属小区整治纳入包河区治理范围。

父:这样好,相互理解、相互支持、相互配合。

子:是的。南淝河治理的第二重点,是将几个"城中村"拆迁。这既削减了污染负荷,又帮市民改善了人居环境。

记得一个是蜀山"三冲"初雨调蓄池所在地,井岗镇十里店社区、五里墩街道清溪社区的城中村,一个是瑶海的龚大塘、鸭林冲的城中村。每片城中村改造都涉及十几亿元征迁费,资金筹措压力大,市委主要领导到现场调研、拍板,很快这几个大的城中村得以拆迁,南淝河那几段马上变清,立竿见影。

父:老大难、老大难,"老大"出来就不难。

子:是的。

第三,通过工程性措施解决城市面源污染问题,主要是兴建了8座初期雨水调蓄工程。

这是治理城市面源污染的创举,在全国并不多见,投资量也较大。特别是南淝河中游重点排口初雨调蓄工程,建成后发挥了重要作用。这个工程主要是针对二里河、史家河、池郢排涝泵站、西李郢排涝泵站排口初期雨水污染治理兴建的,投资4.62亿元。

父:城里下雨,水有这么脏,需要花这么多的钱治理?

子:需要。城市河流面源污染物主要来自降雨对城市地表的冲刷。初期雨水是河道面源污染的主要来源,是指降雨初期形成地表径流开始前10~15 mm降雨形成的径流量,国外称为"first flush"。初期雨水形成的径流中含有大量有机物、悬浮固体和重金属等污染物。这些污染物的主要来源为大气降尘、地面垃圾堆积、车辆尾气排放和地面冲刷侵蚀等,必须注意治理。

父:噢。像这样的治理项目,在主城区施工,难度不小。说是在全国首创,技术有什么难度?

子:难度很大。我把这方面情况详细说一说,也是留存备查。

南淝河中游段溢流污染"负担重"。南淝河干流雨水汇流面积约115.5平方公里,有61个雨水子分区,干流两岸较大的排口多达25个。其中,亳州路桥至当涂路桥段汇水区域的重点排口为史家河、二里河、池郢泵站及西李郢泵站等四处,这四处排口的年溢流污染负荷占南淝河干流主要部分。数据显示,南淝河干流的城市溢流污染负荷约占全流域面源污染负荷的66%,二里河、史家河、池郢泵站及西李郢泵站排口约占南淝河干流全年溢流污染负荷的40.95%。这成为"母亲河"水质保障的重点区域。

父:症结找到了,那就"擒贼先擒王"。

子:是的。为了科学解决干流中游段的污染问题,新上南淝河中游重点排口初雨污染控制工程,即在滨水公园内新建地埋式调蓄站一座,调蓄容量为5万立方米,建成后上部恢复成公园;在滨河路、巢湖路新建大型截流管,管道长度2700米,管道容量2.7万立方米。

本工程主要目标是对这四个排口的溢流初期雨水污染进行设计控制,工程服务区域包括史家河、二里河、池郢泵站以及西李郢泵站系统,总汇水面积约21.06平方公里。调蓄池中的初期雨水经过提升后,进入巢湖南路污水主干管,最终流至小仓房污水处理厂深度处理。

父：这样设计，可以"吃掉"很多雨水。

子：是的。新建滨水公园调蓄池"胃口"很大。滨水公园调蓄池位于滨水公园东区，调蓄池为全地下式，建成后上部恢复为滨水公园。该调蓄池最大蓄水量可达27个标准游泳池，是目前合肥市调蓄初雨量最大的调蓄池工程。工程首次采用鱼腹梁钢支撑技术，配合支护灌注桩，能更加有效地确保基坑的稳定，提高了建设效率，节省了工期。

父：工程完工了？

子：工程已于去年（2021年）上半年正式投运，南淝河全年溢流频次由70次减少到24次，每年可削减的污染量为COD（化学需氧量）1397吨，达到了预期的成效。

父：见效就好。

子：这个工程是由市住建局牵头实施的，我也十分关注，多次到现场检查。有次在顶管过河遇到流沙问题受阻，我们十分着急。他们请来国内外最顶尖专家会诊，借鉴上海同类型工程过黄浦江的经验，一举攻克这个最大难关，顺利推进了项目建设。

南淝河治理的第四个重点是，开辟新的河水源头，确定河流生态基流方案。

父：补头部被斩水源。

子：对。主要是建设二十埠河上游生态基流补充通道，内容为：① 三十头支渠生态基流补充线路工程，包括新建渠道长约60米，新建混凝土涵管长约2000米；② 五星支渠生态基流补充线路工程，包括新建明渠长约1800米，新建∅1600混凝土涵管长约3000米。

工程投资3亿元，现已建成通水。每个通道均为2个流量，总计4个流量。分别流经陶冲湖和东方大道北侧约150亩的水塘，由两路汇入二十埠河。

父：流量虽然不大，但毕竟有了源头之水。

子：第五，在此基础上，我们还请一位院士牵头，制定了生态基流补水方案。当长期干旱、河流面临断流、底水不足一定深度时，便从水库及补水通道放水补充，防止出现河床干枯鱼死草烂，造成生态灾难。

父：这是必需的，道理人人皆知。

子：不过，当时也有不同意见。有同志怕放水是形式主义。我不这么认为。我以为一条河流要有最起码的生态基流。可是，当时还没有这样的要求和技术导则。我说，那我们就创设一个吧。比如，南淝河这么长这么深的河，平时起码要有一米深的水吧，并且还要水流潺潺，这样才能使河水流动不致成为死河。就按这个去编南淝河生态基流补充方案，再请专家论证后由市政府批准。

后来就是这么办的。这样的设想也正验证了生态环境部随后提出的河流"十四五"生态环保要求，"有河有水，有鱼有草，人水和谐"。2020年12月，安徽省水利厅印发重点河湖生态流量（水位）控制目标，提出"要把保障生态流量目标作为硬约束，加强控制性工程水量统一调度"等。今年4月，全国《重点流域水生态环境保护规划》提出，到2025年354条(个)河湖要达到生态流量要求。关于这方面的思考，我有一篇文章(附录一)您可看看。

父：哈哈，对上路子啦。

子：是的。最近我读了张建云院士写的一篇文章，更加深了对这个问题的理解。他说：

生态流量是指维护河流、湖泊、湿地生态系统的结构和生态功能，维持其生物生存的基本生境条件所需要的流量(水量、水位)及过程。生态需水包括了维持江河湖泊生态功能和生物多样性的水量，维持江河湖泊自身纳污和净化能力的水量，维持江河湖泊形态均衡的输沙水量和造床功能的水量，维持江河湖泊生物生存的环境条件(如水温)的水量等。一般情况下，对具有工程控制的多数河流，非汛期河流最小生态流量，按不低于多年平均天然流量10%和90%保证率最枯月流量取外包确定。

父：这上升到理论高度了，更科学、管用。

子：是的。

第六，以"河长制"为抓手，坚持长期抓与集中治相结合。合肥市委、市政府高度重视南淝河治理，书记、市长亲临一线督导，有三位常务副市长接续任河长。各县级河长也十分用心用力。

记得时任包河区委常委、组织部部长施咏康任包河区级河长，在南淝河流域水环境问题专项整治行动中，他主动扛起责任，经常利用双休日步行巡河，成功解决了上百艘"三无"渔船停泊河口和拆解这个"老大难"问题，并推动落实常态化管理。有人说他"去得太勤了"，但他说："这是政治任务，不能含糊。"可惜2020年疫情期间，他不幸因公殉职。现在南淝河水清岸绿，我们不能忘了施咏康同志的努力与贡献。

父：是的。

子：第七，在此过程中，定期、不定期开展专项集中整治行动。特别是在2019年10月，开展了为期20天的南淝河流域水环境问题集中专项行动。

我们参照中央和省环保督察模式，成立专项行动指挥部，抽调专人组建专班，分4个现场检查组下沉到流域各县区，对南淝河治理成效进行全方位检查。整治过程中，既坚持问题导向，又不以问责开道，而是依法依规开展各项工作，同时充分运用舆论监督手段。先后开展了7+2专项行动(菜市场、工业企业、商业综合体排水、雨污混接、治理项目、港口码头、督察交办问题整改、河长制履职，以及16家排水大户雨污分流和突发油污污染事件调查)，收到了预期的效果，在社会上引起强烈反响，但未出现不良舆情。

活动期间，我和相关同志每晚都到指挥部调度，那热火朝天、灯火通明的场景，至今仍历历在目，难以忘怀。

经过努力，南淝河如期达标。我们自豪地说，啃下了这块"硬骨头"。不仅如此，2021年水质指标更好。当年，南淝河国考施口断面水质达Ⅳ类，超考核目标一个类别，干支流断面水质全面达标，处于有监测记录以来最好水平。今年，全年水质可能达到Ⅲ类,流域基本实现"水清、岸绿、景美、游人乐"美好愿景。

父:这块"硬骨头"终于啃下来了。

子:第八,谋划推进南淝河干流两岸绿道建设。我一直有一个梦想,某天某日,骑着自行车,从董铺水库大坝下开始,沿着河岸,一路骑到42公里外的施口。目前,这个规划已基本完成,局部地段正在建设中,相信不久的将来会变成美好的现实。我有一篇这样的文章(附录二),您可看看。

五

父:这确实值得期待,也许未来南淝河还能通航,可以"夜游南淝河"了。杭埠河、丰乐河涉及两个市,能持续保持一河清水入湖也不易。

子:是的。我说一个典型案例,看两市是如何共同治水的。

朱槽沟河系丰乐河支流,是舒城县城关镇等30多万人口和县经济开发区城关园区的主要纳污河流。河流全长57公里,其中绕城区约12公里,水面宽度30~40米不等,平均水深1~3米,平均流速0.9米/秒,流量约1.9立方米/秒。每年枯水期有近5个月缺乏生态流量。这种情况与南淝河相似。民主河为舒城县杭埠镇内河,全长12.5公里,从五星排涝站入丰乐河。

近年来,舒城县城镇化工业化水平的不断提高和考核断面标准提升,给这两条河流水质达标带来了较大压力。我有一次去巡查,发现问题较为严重,当即提出整改要求。

父:你这个合肥市领导怎么指挥外市?

子:这是省委、省政府要求的河湖长制的内容,而不是其他。为了综合治理巢湖,省委、省政府决定实行环巢湖治理总湖长制,由安徽省委常委、合肥市委书记任总湖长,一位分管环保的副省长为副总湖长,我是湖长办主任。因此,有着治湖的督导、协调之责。

当然,舒城县对朱槽沟、民主河水污染治理高度重视,从2019年4月以来,仅朱槽沟治理就投资3.5489亿元,实施24项工程。

省级巢湖湖长办、省巢管局积极作为,敢于"亮剑"。主要是抽出专人深入流域镇、企,溯源排查,共同制订整改方案;加强巡查督查和暗访,发现问题立即交办,限期解决;开展联合调度,召开水质达标联合调度会,我就多次参加;实施加密监测,对超标河流及时发布水质提示单,为科学治水提供数据支撑;扩大考核范围,自2021年起,将朱槽沟、民主河纳入省级巢湖湖(河)长制考核范围,落实河长责任。

经过一系列治理,朱槽沟、民主河水质改善明显,已实现2021年、2022年连续两年达标。

父:舒城县过去是国家级贫困县,刚脱贫不久,财力肯定并不强,能拿出那么多钱治河,很不简单。合肥也应该给予必要的支持。

子:应该。

父:裕溪河是出湖之河,它的水质指标是巢湖水质的"尺子"。裕溪河水质首先是由入河湖水决定的,但它本身也有防治的问题。汇入裕溪河的河流有几条,治理难度大不大?

子:相对要小些。裕溪河是巢湖主要的通江河道,承担着防洪、供水、灌溉、航运等服务功能,河道全长61.8公里,流域面积3929平方公里。裕溪河主要支流有抱书河、清溪河、漕河、牛屯河、黄陈河、西河等。多年来裕溪河水质总体为Ⅱ到Ⅲ类,但水质有时不稳定,部分时段裕溪河干流三胜国考断面水质存在超标情况。

父:问题在哪?

子:主要原因有四:

一是裕溪河航运发达,航运及少数停靠的船只等存在生活污水违规排放等情况,对断面水质产生影响。

二是天河官圩区域由于雨污分流不彻底,部分农村如银屏镇箕山村、爱国村等没有完善的排水管网,并且缺乏配套的污水处理设施,一些已建污水处理设施未尽其用,存在少数污水未经处理直排入河的现象。

三是一工业企业排污,排放量较大,虽为达标排放,但长期排放对裕溪河水质难免有一定影响。

四是部分月份因裕溪河上游巢湖水闸和下游裕溪水闸关闭,裕溪河水无法流动,导致水质自净能力差。

父:你讲的几点我大体知道,治理起来也不容易。

子:是的。为推进裕溪河水质稳定达标,这些年采取的措施有:

一是严格岸线分区管控,印发《裕溪河岸线保护和利用规划》,严格岸线开发利用管控。

二是加快城镇生活污水治理。实施裕溪河干支流沿线乡镇污水处理设施建设,完成岗岭污水处理厂三期扩建工程、抱书河流域污水治理项目,开展银屏镇8个村生活污水处理设施改造工程。

三是开展裕溪河入河支流生态清洁小流域建设工程,系统实施点源、面源污染治理,开展生态修复。

四是强化船舶污染治理,统筹推进港口码头生活污水、垃圾、含油污水、化学品洗舱水接收等环境基础设施建设,对无证船只进行清理。

经过全流域治理,裕溪河最终向长江交出了一份满意的答卷:近年来一直稳定保

放射状的河流筑成巢

持Ⅱ类水标准,每年向长江输出40亿立方米清水。这份优异答卷不仅是裕溪河的,也属于全流域。这是合肥及六安、安庆、马鞍山、芜湖对长江大保护的重大贡献。

父:是团结治理的结果。

子:这里还要说一件事。巢湖地下水资源丰富,合计有14.2亿立方米,水质大体与湖水相同,有两个监测点,一个为Ⅲ类,一个为Ⅳ类。这样,当干旱季节,地下水的溢出与利用不会对湖水产生影响。

近期的巢湖生物资源调查揭示了环湖地下水补给湖水的重点区域。对比巢湖水位资料,可见烔炀河流域河漫滩地区地下水水头在监测时段均低于巢湖水位,高差0.2～0.4米不等。巢湖南岸岗地区地下水水头则高于巢湖水位,高差2～3米不等,说明该流域内地下水在该时间段长期侧向补给湖水。可见,地下水的保护同样重要。

父:今天聊了这么多关于河流的情况,我也是大开眼界。河流是巢湖生成的动力、血脉,治理、保护好河流就是治理、保护巢湖。

子:对。这就是今天的小结。

 附录一

“化学河”可以休矣!

（2021年4月26日）

“一条大河波浪宽,风吹稻花香两岸。”这是何等美丽的风景,又是多么动人心弦的地方。这些年来,为了使河清岸美,各地付出了艰辛的努力,获得了很大的成功。但深究其里,不难发现,现在的河水变清是以水质达标为最终、唯一导向,而多数手段特别是工程措施又主要以施用化学药剂为主,其他修复措施考虑不多。说一些河流为“化学河”可能有些夸张,但不乏事实依据。这样的治河思路当然需要反思。

水环境治理是近年来污染攻坚战的重点之一。为了有效遏制水环境恶化,各地按照《地表水环境质量标准》(GB 3838—2002)制定了河湖长制的责任目标。而这一质量标准主要是涵盖化学需氧量、氨氮、总磷、总氮、部分重金属、溶解氧等理化指标。循着这些评价指标来治河,河流达标的成绩当然可喜可贺,但也出现了一些负面影响。

其一,为达标而达标,不惜采用能改善水质的一切理化措施,于是“化学河”出现了。近期曝光的山西清徐县在河流监测断面上游约300米处建设简易处理设施,将河水抽入该设施,通过添加次氯酸钠化学药剂方式处理后排入河道。该处理设施没有生化工段,仅靠加药去除氨氮,且纯靠人工操作,没有准确计量,没有有效控制,时开时停,极不稳定,看似“药到病除”,实则“药停病犯”。此外,次氯酸钠为强氧化剂,大量加入导致河水pH升高,会对水生态带来负面影响。有的地方不惜简单采取水冲

（注意不是生态基流补水）、固化岸坡等办法。一句话，为了快速实现水质达标，反而进一步破坏了水生态。

其二，只追求几个单项理化指标，对其他生态健康因素几乎不关注，有无生态基流，有无水草，有无鱼虾等都不在考核之列，忽视了修复水生态除了改善水质指标外，还需要重建生物群落，形成水体自我净化能力的这一基本常识。特别是当个别指标短暂超标时，就往往对河流水质实行"一票否决"。其实，在较为稳定的生态系统和良好的自然景观中，即使季节更替时有个别水质指标短暂超标，之后也会自行恢复，大可不必"一票否决"。

其三，维持这种水质达标的成本高，有的也浪费，是过度治河。即使表面上达标，实际上并不具备良好的自我净化能力，并非健康的河。

有鉴于此，今年年初，生态环境部举行新闻发布会，提出重点流域治理"十四五"规划追求的目标任务是"有河有水、有鱼有草、人水和谐"。

乍一听，"有河有水、有鱼有草、人水和谐"，这不是连小孩都知道的基本常识吗？没有水，河何成其为河？没有鱼，这样的河还能有生命吗？其实不然，在这一轮大治理时，我们很多地方就没有遵从这一基本常识，一些河流就是按照水质达标的要求，主要采用化学治河的方式，即通过在污水处理厂添加大量化学药剂处理污水，尾水达到国标、省标排入河道，从而最终使河流水质达到国家、省考核要求。虽然污水处理厂有生化手段，但那处理很复杂，污泥处置也是难题；而化学手段来得快而简单。这样下来，一些河流看似水变清了，但那实为"化学河"！——用化学药剂换来的。如此下来，磷的指标是有些下降，但污水处理厂的其他药剂（金属盐药剂、氢氧化钙等）显著增加，对河湖的影响是不言而喻的。一些河流水质虽然达标了，但往往断流，由于缺少生态基流，河里往往缺鱼少虾，水草也干枯了。

现在提出的"十四五"治河新目标，是对过去治河思路的拓宽、完善，也是对各地其他治河探索实践的肯定，还是对国际先进治河经验的学习、借鉴。欧盟、美国等地已引入生态因子，形成新的水生态评价标准。如英国泰晤士河的评价标准，已调整为一个综合性指标，水质并非其中最重要、唯一的指标。他们确定水体生态状况是根据生物质量要素（浮游植物、大型植物、植物底栖动物、底栖无脊椎动物和鱼类）和支持的理化指标（营养素、氧气状况、温度、透明度、盐度和流域的污染物）来确定河流、湖泊以及过渡和沿海水域的生态状况（见附件）。笔者现场察看泰晤士河时，感觉水体并不很清澈，但陪同的专家说，泰晤士河是健康的河，因为评价标准不同了。

"有河有水、有鱼有草、人水和谐"这个目标调整是十分必要和及时的，需要在未来工作中牢牢把握。

"有河有水"代表水资源，要满足重要水体维持生态功能的用水底线。由于种种原因，一些河流缺少来源，往往变成干涸的河。而河流干涸给水生态带来的损害往往是毁灭性的。由于河流无水，水草会干枯，鱼虾会减少甚至绝迹，再恢复就难上加难。必须创造条件使一些重要河流恢复、保持维持生命的生态基流，包括采用流域调水、

放射状的河流筑成巢

补水的措施。这不是形式主义的问题,而是救河之必需。南淝河是合肥的一条重要城市河流,是合肥市的"母亲河",但由于上游修建董铺、大房郢水库,成了"断头河"。河流的来水雨季靠的是城市初期雨水,既不干净又不均衡;旱季靠的是污水处理厂处理后的尾水。可以说,南淝河的现状是城市的排洪通道和污水处理厂的尾水输送通道,丧失了河流本应具备的生态功能。干旱枯水时节,河流部分地段往往断流,干枯见底,水草鱼虾更是少见。长此以往,就会是生态灾难。有鉴于此,相关部门组织编制了南淝河生态基流补水方案,并经过由一位院士领衔的专家委员会论证,最终由市政府批复实施。根据这一方案,当南淝河主干达不到保证生态基流的最低水深、流速等条件时,即可实施生态基流补水。这个办法实施后,对于打造"健康南淝河"将会起到很大作用。

"有鱼有草"代表水生态,要力争让生物多样性增加,食物链完整性更好,水体自净功能更强大。这些年在巢湖综合治理、河流治理时已意识到这一问题,并开始着手实施。前年,还特意将武汉大学于丹教授请来,给巢湖水草恢复、种植把脉问诊。去年在南淝河部分河段(主要是支流)试种水草,其中小板桥河段已获成功,对净化水质、恢复河流生机起到了很好的作用。下一步,还要继续推进。近期出台的巢湖综合治理"新22条",对此作出专门部署,要求开展重要水域水草种植,按照先易后难、先急后缓和从小水域到大水面、从封闭水域到开放水面的分步实施思路,分区分批加快开展不同层级水生植物种植试验工作;要求2022年完成环巢湖水生植物调查,并据此实施水生植物恢复。

"人水和谐"代表水环境,要注意减少污染物排放,减少对环境的破坏。首先是要治理种植业、养殖业的氮磷污染问题。据专家研究,长江流域很多地方首要污染物已经不再是COD、氨氮,而是总磷。据此,合肥市今年在巢湖流域一级保护区实施12万亩"绿色水稻"种植计划,力争2021年化肥农药使用量负增长。其二,还是要遵循"以水定产、以水定城"的要求,强化"三线一单"管控,努力实现城湖共生、人水和谐。这是治水的大逻辑、大格局。

习总书记近期在广西考察时指出,要坚持山水林田湖草沙系统治理,坚持正确的生态观、发展观,敬畏自然、顺应自然、保护自然,上下同心、齐抓共管,把保持山水生态的原真性和完整性作为一项重要工作,深入推进生态修复和环境污染治理,杜绝滥采乱挖,推动流域生态环境持续改善、生态系统持续优化、整体功能持续提升。实践证明,只有当"化学的河"少了,"健康的河"才会显现。而做到这一点,也并不难,关键是要将习总书记关于"山水林田湖草是生命共同体"等的要求落到实处,将考核的指挥棒由水质唯一目标改变为水质、水量、水生态综合性指标,并且多方发力、综合施治。

如何获取地表水的生态状况

李红(英国生态水文中心，兰卡斯特大学)

生态状况是对地表水生态系统结构和功能质量的评估。它显示了压力(例如，污染和栖息地退化)对确定的质量要素的影响。根据生物学质量要素并在理化和水形态学质量要素的支持下，确定河流、湖泊、过渡水域和沿海水域的每个地表水体的生态状况。水体的整体生态状况分类是根据"一项不达标，整体不达标"的原则，由所有生物学和支持质量要素中状态最差的要素确定的。故并非仅仅是生态系统结构和功能质量，化学指标也可导致生态状况不达标。

如何衡量生态状况仍然是一个挑战。水生生态系统受到的人为压力的影响，常常是多因素的综合影响。但是，对化学污染影响的分析通常与对其他压力及其影响的分析是分开的，还没有对压力和影响进行全面的系统级诊断(单纯的生态系统结构和功能质量的评估并不容易)。造成这种现象的根本原因是，应用生态毒理学无法仿效应用生态学的长期实践来评估化学压力：对实地生态压力-影响关系的分析既不可行(自然界中没有这种梯度，即无法简单地确定什么样的压力(如污染物浓度)产生怎样的生态系统结构和功能改变)，也不可能对那么多化学品——研究(贸易中的多种化合物欧洲有超过144000种化学药品经ECHA27注册)。

从理论上讲，我相信水体如果具有良好的生态状况，那么在化学方面指标也可能是好的，因为生态状况是在系统级别层面对总体影响的量度(包括化学、地质和物理影响)。但实际上这并不容易，一个原因是，我们无法轻松地创建一个标准系统来表征生态系统的健康状况，即使我们拥有衡量生态系统健康的标准，我们也可能知道它的状况好时是什么样的结构和功能，但并不总是知道生态系统失衡的原因。因此，在调节人类行为方面没有明确的规范价值。另外，生态系统具有个性特征。例如，衡量巢湖生态系统的标准可能与滇池不同。具体地说，其实我们也不会轻易知道什么是某一生态系统"好"的表述。许多生态学家正在寻找基准状态作为参考系统，即不受人类影响的环境，但原始环境现在非常罕见。巢湖生态系统过去的原始环境生态系统结构和功能也不容易追溯。

EU和英国在确定水体生态状况时是根据生物质量要素(浮游植物、大型植物、植物底栖动物、底栖无脊椎动物和鱼类)和支持的理化指标(营养素、氧气状况、温度、透明度、盐度和流域的污染物)来确定河流、湖泊以及过渡和沿海水域的生态状况的。EU水框架指令(WFD)规定了每种水类别中要评估的元素，并要求生物学和支持质量元素至少要达到良好的状态才能达标。

在衡量生态污染时，三个末端保护必须明确：解释为通过①直接暴露和/或②通过二次中毒暴露对水生生态系统的潜在威胁和/或③对人类健康的威胁。即保护生

放射状的河流筑成巢

态还是保护人类健康。如,有时仅营养物(N,P)超标,但是水中的鱼仍然是可以食用的。

下图是英国地表水的生态状况评估程序。

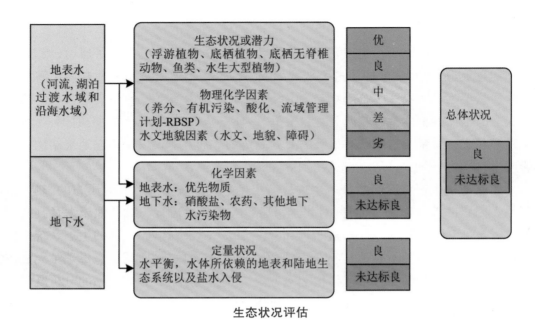

生态状况评估

显示全部良好方可达标。若低于良好须究其原因,如下图所示。

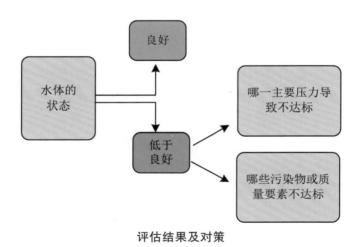

评估结果及对策

让"母亲河"在新时代贯穿

（2021年1月24日）

合肥的造城史是与南淝河紧密相连的。一开始人们沿河而居、临河造城，天长日久，日积月累，合肥逐渐形成。围绕南淝河的建城史，大体又可以董铺水库的兴建分为两段：一段是南淝河完整穿城时；一段是南淝河上游于1956年兴修董铺水库被拦腰斩断穿城时。两段时期的河流动力不一、水势水量不一，带来了不同的造城理念、影响和格局，也带来了种种异样的问题。

2018—2020年，我在推动、实施南淝河水质达标、治理南淝河时，深感"母亲河"病了，而且病得很重。河流长期断流，沿河两岸污染很重，昔日美丽容颜变得污秽不堪，局部地段成了"龙须沟"。治理南淝河刻不容缓！一场由治污而起的综合整治正式拉开了帷幕。随着工作的步步推进和深入，我感到问题越整越多，特别是沿河两岸缺乏空间规划，一些地段被人为阻隔，岸线没有贯通，绿道没有形成，综合整治、配套建设迫在眉睫。

于是，在市主要负责同志重视下，相关部门和单位在原有工作基础上，于2019年3月启动了《南淝河两岸景观空间规划》《南淝河生态绿道规划》。当年7月形成初步成果，11月向分管城建的同志作了汇报，2020年3月我听取了汇报，随后再向市长汇报，得到了充分肯定。在此基础上，市政府决定成立南淝河生态绿道规划建设指挥部办公室，出台《南淝河生态绿道三年行动计划》，并由我临时负责。至此，南淝河绿道规划建设有了一个阶段性工作成果。

南淝河是合肥的"母亲河"，其历史远比合肥建城史早，城水相依、城水共生的道理人们应该是知道的；一河两岸景观空间规划以及绿道规划也不是一个新名词，各地都有实践，合肥也一定有某一河流两岸景观空间规划，但为什么南淝河迟迟没有此类规划呢？由此又带来多少严重的问题和难以挽回的影响？

对此，《南淝河两岸景观空间规划》指出有五大问题：

一是"看不见"。沿岸开发建设遮挡（约4.5公里岸线被遮挡），河道高差较大（平均高差4~6米），地上绿化过密（6公里岸线被密林遮挡），沿线建设品质较差（约占40％）。

二是"到不了"。滨水步道不连续（有19处慢行空间断点），到不了岸边（约19公里岸线不可达），到不了水边（两个上下通道间隔平均约800米）。

三是"停不下"。公共空间不足（约10公里岸线活动空间不足5米），滨水体验感差（滨水空间缺乏吸引力），亲水步道狭窄（约20条城市干道穿越河道），汛期水位较高（亲水步道、驳岸被大面积淹没）。

放射状的河流筑成巢

四是"玩不了"。沿河配套设施不足（游憩、康体设施缺失），水生态环境差（水质不佳，硬质驳岸约20公里），景观品质不佳。

五是"认不准"。滨水文化魅力不够（文化散落、消失、异化），旅游吸引力不足（缺少地标景点、旅游服务设施匮乏）。

应该说，这五大问题说得还是比较准的。不过，对于我来说，最直接的感受是，沿河两岸岸线被隔断，个别处甚至是被占用，最大的问题是"通不了"。南淝河从董铺水库大坝泄洪闸到巢湖湖区施口处是42公里，目前尚没有贯通，还不能一车通达。如果能用绿道贯通，那是多么好的旅游、观光、健身大道?! 又是何等美丽的风景线?!

如此重要的规划为什么没有被重视?《南淝河两岸景观空间规划》指出，是"战略地位认识缺位，系统顶层规划缺乏，蓝绿生态系统割裂，景观投入力度不够，空间资源挤占严重"。除此之外，还有这样几条：

一是城市建设中心的转移。合肥建城经历了环城河、滨湖、环湖时期，在不同时期都有过不同的辉煌，尤其是在环城河时期打造的环城河公园景观带更是给合肥带来了盛名，1992年赢得了全国首批"园林城市"的美名（三个城市为北京、珠海、合肥）。然而，进入滨湖、环湖时期，在开辟新的建设战场中，由于精力、财力、人力不足，老城区特别是南淝河沿线的规建被放缓了。

二是对重建碧水绕城规划的重视不够。由于南淝河现在已成了断头河，干旱时期缺乏水源，河流少了流动性；更由于城市人口密集，对河流的污染以及有效治理的不足，时间一长，积重难返，人们对南淝河治理信心不足，"开源、清淤、活水、植草、养鱼"的系统谋划也就无从谈起，"掩鼻"之下何有风景？要重启规划、重整河流、重塑景观，又是何其之难？

三是对历史文化提升的重视不够。合肥的历史发展主要集中在南淝河流域，一些重要人文景点也集中在老城区，但由于合肥的人文历史地位在全国并不太显著，因此围绕南淝河进一步的人文历史挖掘、打造也就放慢了。

幸而，这些问题被城市主政者所察觉，重塑"母亲河"光辉形象的要求被广大市民所唤醒，此时也有财力、能力来解决了。习近平总书记考察成都锦江、上海苏州河绿道规划建设后，合肥市认真学习相关要求，更加自觉地捡起了历史的记忆，挑起了整治环境重塑一河两岸景观的历史重任。相关部门陆续完成了《南淝河两岸景观空间总体规划》《生态绿道规划》，提出了"培绿、贯通、赋能、筑境、塑魂"的策略。这个策略是符合实际的，而我更看重的是——"贯通"，因为这是做好其他工作的前提和基础。

为了体现"贯通"的要求，《规划》划定了南淝河两岸绿线范围，其中老城区段按30～50米控制，新城区段按不低于100米控制。这个控制要求我并不太满意，但感觉有规定总比没有的强，所以在讨论时我也就"原则赞成"了。

按照"先通后畅"的原则，相关部门还编制了《南淝河生态绿道规划建设三年行动计划》。其中2020年就计划投资3.4亿元，实现25.8公里滨河绿道贯通；2021年计划投资5.7亿元，实施滨河绿道全线贯通，同时推进部分地块开放空间建设；2022年计划投资2.2亿元,将滨河公共空间沿景观道路和河道向腹地拓展,条块结合、构建连续的沿河开放空间和向腹地辐射的纵向空间。

可以想象,按照这两个《规划》实施下去,不管有多难,不管时间有多长,一条流淌的美丽城市画卷,一定会在我们手里建成。到那时,河流会在这里畅通,历史与现代会在这里交汇,风景会在这里串通,户外运动会在这里联通。到那时,我只想从水库大坝泄洪闸处,向东沿着南淝河绿道,一路放车、一路欢歌,直达美丽的巢湖边——施口。

放射状的河流筑成巢

表里河山　林水相依

时间：始于2022年春夏之交，成文于2023年2月19日·雨水
地点：巢湖之滨家中（黄麓镇王疃村）

一

　　子：上次我们聊了巢湖的入湖河流，今天我们聊聊环湖的山与林。山是湖的靠山、水的屏障，也是湖的最远的界限；而林是湖水生成、涵养之基。

　　父：好。可惜我们老家这里少山，我谈不出什么对山的认识。我们黄麓沿湖这一带主要是圩田、岗地，靠北才有张治中将军故乡洪家疃的小黄山，这座山高也只有300米不到（实高284米），离巢湖岸边20里（实为9公里）路；往西，只是有你外公家附近中庙山郭的几座小山，海拔都不高；再向西，才到长临河四顶山，不过相距就远了。

　　我们对山最熟悉的，倒还是湖对岸的银屏山。每当能见度高的时候，散兵山上的情况一目了然，走动的人甚至都能看得到。过去打鱼时，风大船刮到巢南时，也曾到那儿投宿过。散兵山上出石料，我们开船去买石料，运回来垒砌防洪墙。我们这一带人对水、对湖有着天然的感情，对山、对林的依赖性就差多了。山、林与湖、水关系当然大了，这可能像是天与地的关系。

　　子：我也是，对湖有着天然的亲近，对山则有某种莫名的神秘和恐惧感。记得小时候去外公家，天快黑时，黑黢黢的山影让人感到有些害怕，特别是怕"狼来了"。在湖边就从来没听说过有什么狼之类，倒是满眼的稻花飘香、鱼虾满仓，感觉很安全。但山与湖、林与水相依相生，是一个命运共同体，两者联起来研究很有意思。我们首先聊巢湖周边的山形。

父：周边的山形大体一样，与这儿差不多吧？

子：不完全一样，近期我查了一些资料，知道一些情况。比如，在地质构造上，合肥属"下扬子海槽"和"淮阳古陆"的陆海边缘地带，喜马拉雅运动形成东西走向的江淮分水岭构造；以后的自然侵蚀形成今日之南北错开、东西相连的断续残丘地形骨架。

这些地形地貌具有明显的区域性差异，分为剥蚀丘陵地区（近期炯炀一带仍有掀升迹象，地面剥蚀作用仍在继续进行）、构造剥蚀低山区（其中银屏山一带有很好的石灰岩溶地貌）、剥蚀沟壑区（近期地表受拱曲掀斜运动的影响和水流的冲刷，形成岗冲交错、起伏不平的波状平原）。

在地层构造上，合肥市区、长丰南及肥西大部为大别山沉降地带，巢湖北岸平原为近代冲击型地层，堆积数百米厚的内陆湖泊沉积物。

父：这是从地质学的角度来认识的，有科学依据。

子：是的。而从外在表现看，合肥的地形为岗冲起伏、垄畈相间，江淮分水岭横贯中部，大别山余脉自庐江西及肥西大潜山入境、向东北蜿蜒；合肥市区地势西北高、东南低，西部大蜀山海拔282米，为市区最高屏障，依次向东倾斜，东南部地势低洼平坦。

父：这是从大的走势看，分县市是什么情况？

子：分县市来看：

肥西县西部山峦延绵25公里，低山岗地占全县面积的6.23%。

庐江县西依大别山脉，东南部和西部为低山丘陵区，占全县总面积的18.02%，其中牛王寨海拔598米，为合肥最高峰；中部丘岗起伏和缓，圩、岗、畈错杂分布；东部为水网湿地。

长丰县大部属淮南阶地平原，南部为江淮分水岭，海拔70~90米。

肥东县境内丘陵、岗地、平原分别占全县土地总面积14%、48%、38%，自东北向西南有元祖山等24余座，其中浮槎山海拔418米。

巢湖市低山丘陵占19.4%，由东北至西南贯穿全境，西部和西北部为巢湖碟形平原，沿湖为典型的圩田，巢南银屏山区则是大片林地。

父：这是环巢湖周边的形状。那这是很久以来就有的吧？

子：是的。环巢湖区域以合肥为中心，并包含含山境内的滁河上游支流一部分。总体地形上呈四周高、中间低，属于平原或低矮的岗丘地貌。近湖区域海拔较低，在20米以下；远离巢湖区域海拔最高，可达40~200米。历史上，环湖所在县市区以县为单位，区划大体稳定，但一统几县市的庐州府又分分合合，故古人对沿湖山川地形的描述往往囿于一县一地。不过,现在合起来看,也可清晰看出环巢湖地形的全貌。我读几个志书中讲的地形地貌,很准确。

父:好。你还找到不少资料。

子:是的。以合肥县(现合肥主城区、肥东肥西大部)为例,康熙《合肥县志》如此记载:"合肥前奠平陆,凡百里,左湖右山,而后亦广野。圩少岗多,虽塘陂大小杂然相望,稍旱即不足灌溉,大率其田视诸邑较瘠云。"意思是,合肥滨湖是圩田,左边是巢湖,西边是山区,背后是现在所称的江淮分水岭,易旱,土地贫瘠。

父:巢湖市的地形我们熟悉,"三面青山一面湖"嘛。

子:对。这句话出自《登卧牛山》,是清朝知县孙芝芳写的。诗曰:"天与人间作画图,南谯曾说小姑苏。登高四望皆奇绝,三面青山一面湖。""三面青山一面湖",很形象展现了巢湖的山川地形。

而明朝杨循杰在《庐阳客记》"水利"中写道:"巢县西滨巢湖,东通大江,多圩田。其南多山,则亦有堰、有坝,而塘之大小,杂然相望。然当垄阪之间,为塘以灌,皆民私力自润,仅仅不足,旱则耕农先忧之,大率其田视诸邑为瘠。"大意为巢湖沿湖圩多;巢南多山,山、湖之间多为岗地,也是易旱地区,用塘坝浇灌农田。

父:那庐江呢?

子:至于庐江,杨循杰又写道:"庐江县南有山,东滨湖,而平田居其七八,故有塘、有堰、有坝、有荡,湖山并资,以为灌溉,由是岁鲜不登。"大意为庐江圩田更多,庐南有山,相比肥东、肥西、巢湖,地理、水利条件更好,丰收年成更多。

父:古人讲的比例还是比较准的,庐江耕种条件确实比巢湖要好些。

子:这些描述很好地还原了沿湖地形地貌。现在综合起来看,用"三面青山一面湖",来总括环湖山川形制也是恰当的。

三山,就是从肥西到市区,以紫蓬山、大蜀山为主体的巢(湖)西北一片山;从肥东县西到巢湖市东,以龙泉山、四顶山、凤凰山、银屏山为主体的巢东北、巢南一片山;从冶父山、东顾山到矾山,再折向牛王寨,连成一线的庐南一片山。

而从庐江白山到肥西严店,环湖一线则是一马平川的圩田,看似在湖边环山之中留了个缺口。

父:在这一条线上面对着的,就是那"一面湖"的巢湖了。

子:当然。在巢(湖)西北二山之后是横贯肥西、长丰、肥东江淮分水岭的大片岗地。

父:这就形成了一个相对独立的巢湖流域体系。

子:是的。将巢湖流域放在长江和大别山合围的更大范围看,也很有意思。大别山南部边界直临长江,大体在安庆附近,形成一个汇聚点。由这个点出发,大别山向西北环绕,长江向东南聚拢,形成一个"人字形",将巢湖紧紧抱在怀里。

更有趣的是,在巢湖流域东边的长江流向,一直向东以后,到和县西梁山竟然来了个转折,向北成为"横江"。"天门中断楚江开,碧水东流至此回。"这一转折,被认为是"万里长江四季流,灵气到此管控留"。换句话也可以说,巢湖流域的山水灵气也在此被留住了。

父:你原来在和县工作过,这个地形你熟悉。这个说法有点意思,从地理和气候学角度上看,也许有些道理。

子:是的。再仔细分析大别山内部的走向,还会发现一些对巢湖流域的重要影响。

在流域西边的大别山,东段呈东北—西南走向,山脉可以阻挡冷暖气流的交换,影响降水分布,对巢湖地区的气候有一定的调节作用;同时,影响地表径流补给,进而影响巢湖的水量和水质。

另外,在大别山的主体中,有一个"霍山弧",一支往巢湖南,一支往巢湖北。两支犹如伸展的双臂,又把巢湖紧紧拥抱,形成了一个合拢之势、包容之态。

这样,山里山外、大山大江形成的江湖格局、山川河湖、巢湖盆地,自然使巢湖流域成了一个独特的灵气之地、养人之地。

父:大体是这个地形,当然也有些相互交错。那么,这不同地形对巢湖有什么影响?或者说山、林与湖、水有什么直接关系?

子:关系大了,刚才已提到。我再分别详细说一说。

第一个关系是汇水产流。万河都有源,千湖必有头。这些源头就是山林之间的涓涓细流。我们曾聊过的家乡的长河源头、南淝河的源头、杭埠河的源头等都是这样的,不管河有多长、多宽,总能溯河而上找到山间最初的源头。

父:源头平常不易看到,河道有时淤塞也看不出来,但是大暴雨来了,"人有人路,河有河道",原来看不见的老河道一下子就都冒出来了,遍地都是水。长河就是,平时一些支流淤塞了,看不出源头在哪里,但夏天大暴雨,山洪下来,一直冲到竺城寺,能将黄麓街都淹了。这也说明没有山就没有湖,没有林就没有水。

子:对,是这个辩证关系。

第二个关系:山林形成了湖泊的屏障和边界。

仔细看地形图,再了解相关历史事实,平时的湖岸线就像现在这样。但大洪水年份,特别是在古代水利设施很差的情况下,洪水可一直淹到一些大山的山脚,这个特征在银屏山区的散兵镇就显得十分明显。历史上往往山脚线就是湖岸线。并且不难发现,凡是树能生长的最低地方就是水位最高线,因为大水上来树会被淹死。而在这种情况下,我们的先人就只能上山"筑木为巢、筑巢而居"了。

父:传说中的"有巢氏"就是这样出现的。怪不得人们那样尊崇他,奉为中华民族人文始祖之一了,巢湖市区有一个有巢氏公园。

子：是的。不仅于此，在美国纽约中央公园还有一个有巢氏的雕像。近期，王国刚同志出版了长篇小说《有巢氏》，生动地反映了人类之初那段筚路蓝缕的历史，下次回来带给您看。

父：好。拍成影视剧更好看。

子：那第三个关系呢，就是特定的山湖格局形成的特定的水旱特征。

首先是构建了一个独特的小气候。巢湖以西是秦岭—大别山一线的山脉，这些山地在一定程度上阻挡了来自西南方向的暖湿气流，使得巢湖流域冬季的湿润程度有别于其他亚热带季风气候区的城市。

同时，长江、淮河丰富的水资源为巢湖流域提供了充足的水汽，使得巢湖地区的降水较为充沛。而水汽蒸发又使空气温度升高，使得沿湖夏季的气温相对较高，但并不会过于炎热。冬季又可以减缓气温的下降速度，使得沿湖的冬季并不会过于寒冷。

另外，巢湖流域虽然属于内陆，但海洋对其也有重要影响，其中之一便是水汽输送。夏秋之季经常有台风影响，但多以外围为主，少有直扫的情况。

父：我记忆中是这个情况。台风是经常有，湖面上强风也不少，但还没有全局性的、毁灭性的。

子：我清楚记得，2012年秋季，秋雨绵绵，强台风几次从江苏、浙江登陆。8月11日夜里，狂风大作，市气象局一位同志给我打电话说，经过紧急会商，确认今夜台风"海葵"有极大可能横扫庐江，务必做好各项防备。这位同志话语沉重，自言自语说道，庐江这次怕是躲不过了。我一夜未眠。但蹊跷的是，台风竟擦肩而过，向西200多公里，穿过金寨一线而去，给当地造成很大损失。

父：这次台风我还有点印象，当时的报道很多。

子：还有的一个常识是，地貌形成地形阶梯，诱导特定季风。由于巢湖周边特定的地形，山与湖之间的纵深并不太大，林地并不太密，尤其是缺乏原始森林，因此，入湖河流并不太长，来水量也并不特别充沛，致使湖水蓄积量也就在20亿立方米左右。

父：蓄水量取决于来水量，来水量取决于山林量。巢湖山林空间不大不小，巢湖也就不大不小了。

子：是这个理。

从气候上来讲，由于我们这一地区处在江淮丘陵地带，气候典型上属于亚热带湿润季风气候区，冷暖气流经常在这里交汇，极易产生降水。所以巢湖流域年降水量在1000毫米左右，水量丰沛，因而是鱼米之乡。

但"三面青山一面湖"的特定地形，又使夏秋之季的副高控制、腾挪空间小而危害大；加之沿湖土质黏性较强，降水多停留于地表，不易下渗，所以每当遇到持续的强降雨天气，就易发生洪涝灾害。同时，由于本地区部分区域地处丘陵台地区，灌溉不便，容易发生干旱。由此带来水旱灾害易发、持续时间较长且有旱涝陡转的特点。

总起来说，在环巢湖流域这个上万平方公里的大地上，由于特定的地理条件，形成了特定的气候，虽不是"天府之国"，但亦是适宜人居的沃土。说件高兴的事，前不久,合肥获评"中国气候宜居城市"。这是首个获此殊荣的省会城市。因此,可以这样说,巢湖流域,有山有水,不大不小,不冷不热,台风进不来,大灾天气少,气候刚刚好。

四

父:基本上是,谁不说俺家乡好。不过,由于山水空间不算大,水旱灾害很容易陡转。我们这一代人就经历过不少这样的年份,特别是20世纪90年代反复发生的大洪水;2019年前后持续的大旱,2020年又急转为特大洪水。即使是大洪水年份,水退后往往又还有干旱,丘岗地上用不到水,"家住巢湖沿,望水干死田"。

看来巢湖流域自身的耐灾性和抗灾的韧性要进一步培育。这需要下大功夫研究问题产生的原因。这里既有客观因素难以改变,又有人为原因可以适当干预,比如造林绿化总是能起些作用的。

子:对的。气候、水旱条件决定着森林植被的生长,森林植被反过来影响气候和水旱。我们可以顺着这个思路走。历史上巢湖周边森林植被很好,有原始人类活动遗迹,如和县猿人、银山智人等;矿产也很丰富,集中在三大区域。那时雨量充沛,湖面很大。这些,我分别来说一说。

说远些,往远古讲,巢湖市区附近的平顶山完整保存了晚古生代至中生代地层信息,曾为"金钉子"的候选地。

父:"金钉子"? 有段时间炒得很热,现在好像没什么声音了。这有什么特殊意义?

子:"金钉子"是地质学的专业术语,是"全球界线层型剖面和点位"的俗称。简单说就是各个地质历史时期的标准模板。目前全球有67个"金钉子",中国有11个。我们这个地方位于巢湖市北郊平顶山、马家山一带,之所以能够成为"金钉子"候选地,主要是因为这里完整地保存了距今25亿年到19亿年间地球生物复苏的丰富信息,拥有菊石、牙形石、鱼类、双壳类、爬行类以及巢湖龙等多种化石。这儿拟建地质公园,我去调研过。

父:那可是宝贝,要保护好。

子:是的。在二三十万年前,银屏山一带就有人类活动。20世纪七八十年代,在银屏山西侧一洞穴发现了距今20万年前的银山智人。这个地方现属银屏镇的岱山村,离巢湖仅10公里左右,村南紧邻裕溪河。这可了不得! 银山智人的发现对研究中国人类起源和环境演化有着重要意义。另外,银屏山的石灰石资源更是十分丰富,品质很好。

父:这个我知道。银屏山、凤凰山等的石头开出来可烧高标号水泥,建造毛主席纪念堂的水泥就是采用巢湖水泥厂的;运到合肥做建筑材料质量是最好的,可以毫不夸张地说,现在合肥大楼、道路砂石主要来源于散兵;块石做防浪堤、建环湖大道,我们村就去散兵买过多次。也许挖得多,也就造成林地减少、山体破碎。这也难吧,一方面建设要砂石材料,一方面要保护山林。你在庐江工作过,那里矿山更多,肯定也是这个情况。

子:是的。前些年这方面是有教训的。过去一味发展资源型经济,统筹山川保护和矿山修复做得不够,甚至有不合规的开山炸石。

庐江是中国有名的矿业大县,已探明的矿产有33种。相传春秋时期欧冶子在冶父山铸剑。现安徽省博物馆收藏的镇馆之宝——吴王剑就出土于庐江。庐江自唐朝以来就开采矾矿,新中国成立后特别是改革开放以来陆续开采铁矿、铜矿、铅锌矿等。

历史上庐江对开采矾矿有严格的限产规定,为的就是保护资源,防止过多占用林地、农田和污染河流。这些年在开发建设中,庐江一直注意保护山林,也由于庐江矿山大多为地下矿,因此山林植被总体保护较好,2017年还被评为全省"十佳环境友好县"。当然,在此过程中也有少数占用山林、河水变坏等问题,特别是"黄屯河何时变清?"成了一时之问。不过,前些年加大整治力度,2008年前后,一次性关闭庐南小矿山几十座。这两年主要是进行矿山修复,一些矿坑从满目疮痍变成郁郁葱葱。"金山银山"与"绿水青山"相得益彰。

父:这就好。去年(2021年5月),我看到你随市委虞书记去庐南调研矿山修复的新闻,修复投入一定不小吧?

子:是的,这些年庐江在这方面的投入很大,特别是矾矿工业遗址打造令人期待,明年一期将能建成。

父:矾矿知名度大,过去我们家里水缸净化水就用矾矿的矾,明年去看一看。

子:好的。说了庐江,再说肥东。在肥东桥头集那儿有磷矿,由于过度开采的原因,也造成类似的问题。

父:桥头集离我们家近,20世纪七八十年代,那里有磷矿、磷肥厂等,红火得很,当时我们还很羡慕。听说现在大多关闭了。

子:是的。环视巢湖一周,矿山就集中在庐南、巢东、肥东这三大块。而要解决这三大块的问题,除了关停一批、有序开采一批外,最重要的就是注意保护、修复了。当然,全流域都有植树造林和保护的任务。

同时,还要看到环境修复内容很多,我有两篇文章(附录一、附录二)您可看看。

父:好的。不过我们沿湖老百姓习惯于在湖边种芦苇,对栽树倒不很重视,不如山丘区老百姓。

子:应该都重视吧,可能各有各的重点和擅长。栽树历来是各地的好传统,合肥绿化一向抓得是好的,这也支撑、维系着巢湖湖泊的生命。巢湖流域自然植被以落叶阔叶林为主,兼有落叶阔叶和常绿阔叶混交成分。经过长期人工造林活动,人工林树种已逐步替代原生植被。

具体来说,新中国成立以后,合肥造林有这样几个阶段和特点:

合肥历史上曾经是一个缺绿少林的城市。大蜀山的山林更是被日寇烧毁殆尽,至今山上没有一棵百年古树。1949年全市只有林地647公顷,城区仅有零星树木1.3万株。新中国成立后,才开始大规模植树造林活动。大蜀山复绿也是从那时开始的,涌现了一大批以李世文为代表的造林模范。1951年建成全市第一座公园——逍遥津公园,同时在城墙基础上营造环城林地。市域范围通过国营人工造林,森林植被逐渐恢复。这是新中国成立后造林的第一个高峰期。

父:李世文我知道,大蜀山公园北侧有他的铜像,我们到大蜀山游玩时看到过。

李世文铜像

表里河山 林水相依

子：是的。这是对造林者的崇高褒奖。1972—1977年，造林进入一个新的高峰期。在此期间，庐江创造了造林辉煌。据相关志书记载：

1970年以后，全县大力开展治山造林运动，掀起轰轰烈烈的群众性植树造林高潮。1972年，全县新造林面积7.99万亩，其中杉木5.1万亩，是历史上造林面积最多的一年。

1974年，全县共植树造林3.69万亩，获得全省先进林业县称号。其间，庐江人民破除了"杉木不过江，过江不生长"的旧观念，大力营造杉木林，使庐江杉木从无到有，从零星分散到集中连片，取得了良好的生态效益和经济效益。1974年，中央新闻纪录电影制片厂拍摄庐江《大力营造杉木林》的新闻纪录影片，发行全国。

父：这个情况我知道。当时全省有个说法"南有庐江，北有涡阳"。听大队干部说，那几年，春节三天年一过，书记、县长就带领群众上山植树。

子：是的。我在县里工作时经常听到这个美谈。庐江现在的绿色本底就是那时打下来的，也正应验了"绿水青山就是金山银山"的发展理念。现在庐江正依托这些大力发展民宿经济，火爆得很呢。比如冶父山有个"银杏树下"民宿，就是围绕当年种的三棵银杏树做的文章。

父：前人栽树，后人乘凉。

子：合肥第三个造林高峰期是1989年，省委、省政府实施"五年消灭荒山、八年绿化安徽"的行动。

父：这个行动我记得，是省委原书记卢荣景提出来的。当时，巢湖市一个农民看到电视直播后，特地打了一把铁锹送给卢书记，期望他带领安徽人民把安徽的山山水水治理好。

子：是的，我当时是新闻记者，写过这个报道，给您讲过这个趣事，至今您还记得。在"五八"绿化中，1997年全市实现绿化达标。城区绿化在20世纪70年代以后逐渐走上稳定健康快速发展之路，1977—1985年市区每年平均植树22.08万株，大蜀山形成独具特色的郊区森林；1990年在原环城林带基础上完成环城公园建设，成为合肥市最靓丽的城市名片。1992年，合肥市与北京、珠海一起被授予首批"国家园林城市"。1993年，合肥市明确提出建设"森林城市"。2000年2月，全国绿化委员会正式批准合肥为"城乡绿化一体化建设试点城市"。同一时期，江淮分水岭绿化取得持续性突破性进展。

父：这是一件大事，深得民心。听原来在肥东八斗卫生院工作的一个亲戚讲过。

子：江淮分水岭地区一岭分南北，水往江、淮两边流，从西向东，横贯肥西、长丰、肥东三个县，由于峙陡坡度大，加之多为膨胀土，下雨时水存不住，只能种些旱杂粮，历史上农民生活不得温饱。肥东八斗之名现在演绎为因才高八斗的曹植到过此地而来，实际是有民谚，"收成不过八斗"，是干旱饥荒之地之意。

解决这个地区缺水问题，不仅是解决民生问题，也是建立环湖绿色屏障的需要。1997年，省委、省政府提出"把水留住，把树种上，把结构调优，把路修通"的号召。合

江淮分水岭林带（合肥市林园局余明荣提供）

肥市"十二五"规划在岭脊区植树,建立140公里长的江淮分水岭脊线森林带,使岭脊沿线每侧2公里内的森林覆盖率提高到60％,并且形成高刘、小庙、三十岗、董大水库周边等森林板块。

父:听说成效很明显。

子:这是一个浩大的工程,前后共造林43万亩。这不仅涵养了水源,保护了水土,还营造了一个抵御东北风寒潮的防护林带,营造了一个巢湖流域独特小气候的绿色长廊,这对巢湖保护是一个重大贡献。

父:就像是三北防护林。

子:对。这方面的关系我们过去研究得不够,还是在编报"山水工程"项目时,我们才有如此惊人的"发现"。

第四个高峰期是2010年以来,市委、市政府再次提出创建国家森林城市的发展目标,开启了森林合肥建设的崭新篇章,全市上下大力推进绿化造林建设,城市绿化建设进入快速发展的新阶段。主要领导更是亲力亲为,有同志给我介绍说,2011年时任市委书记孙金龙同志,八周六次主持植树造林工作会议和参加有关活动。

通过多年努力,合肥城乡面貌焕然一新,人居环境不断改善。截至2021年,合肥市森林覆盖率已达28.3％,人树相依、林水相存的城市森林生态系统初步形成。

更重要的是,这个森林系统其实就是巢湖的水源林、涵养林。

父:是的。巢湖周边的水源林、涵养林有不少,比如洪家疃小黄山的马尾松,那还是20世纪六七十年代栽的。

子:对。绿化一开始就是消灭荒山,后来认识到水源涵养的重要,于是,在湖边种一些适生树种,如柳树、杉树、乌桕等,再后来搞"十大湿地"建设。现在水源涵养林已达20万亩,占全市总林地面积的十分之一。2019年,我们在派河口试种中山杉获得成功。我有一篇文章讲述了试种过程(见附录三),您可看看。

这些林木对巢湖水系产生了极其重要的影响。有专家分析,除地形和地貌等特征外,其水源分布特征与植被生态构成存在密切关系。比如,巢湖市银屏山区植被丰富、林木茂密,汇源产流,是巢湖的清水之源;市区大别山余脉与江淮分水岭地区森林覆盖率稳定提高,对河流有正影响,削减了入湖污染负荷;庐南、肥东矿山整治初见成效,遏制了对河流的直接污染。

父:合肥的绿化确实不错,但现在还不能停步。

子:是的,有这样的谋划。从对巢湖治理的贡献度方面来讲,主要是要形成两个大环,建好一个风景名胜区,整治修复好三大矿区,持续推进林业建设。相关内容我也写过一篇文章(见附录四)。

父:哪两个大环?

子:一是实施山林水源涵养与生物多样性保护带生态恢复。这包括以森林生态系统为主的大别山—江淮分水岭—巢庐山区水源涵养与生物多样性保护带。为此,需要修山育林。工程性措施主要是,对巢湖、肥东、庐江等地已停采的矿区进行修复;实施森林质量提升工程,逐步更新改造江淮分水岭地区杨树40万亩,现在已更新4万亩(其中3.8万亩改种薄壳山核桃),每亩改造市县财政给予3500元补助;加强上游地区水土保持,完善大别山区水环境生态补偿。

二是实施以湖泊生态系统为主的环湖生态保护带。具体措施是休渔养湖、修复湿地、节水养田、乡村整治、治河清源、空间管控。这里的核心是以一级保护区为轴心的空间管控。牢牢守住巢湖生态环境的底线,坚决制止侵占湖面和一级保护区的行为;加快环湖十大湿地建设,构筑绿色发展屏障。

父:建好一个风景名胜区,就是巢湖风景名胜区了。可是听说规划到现在还没有批?

子:是的。巢湖风景名胜区早在2002年就先期启动建设,但由于种种原因,规划一直没有获批。在此情况下,有建设界限不清等问题,有开山炸石等行为,2019年被"长江经济带大保护"暗访曝光过,教训深刻,现在已整改完毕。明年初这个规划有望获批。

父:这就好。不能再出问题。

子:修复三大矿区:一是巢湖风景名胜区的矿山修复,主要在巢湖市,总投资20多亿元,前4期计划总投资10.6亿元。二是庐南的矿山修复,计划总投资14.1亿元。三是肥东桥头集的矿山修复,投资4亿元。

当然,修复也有门道,我写过一篇文章(见附录五)您可看看。

庐南"川藏线"（左学长摄）

父：花大钱了，可要保证质量。

子：放心，现在各项监管都很严。

持续推进林业建设，就是一如既往地搞好国土绿化。现在市里在大力度推进骆岗生态公园和园博园建设，园博园国庆可开园；规划建设引江济淮"百里绿廊"，在"一河清泉水、一条经济带"的基础上，打造"一道风景线"。

父：这几大工程建好后，老百姓有更多好玩的地方了。

子：不止于此，更重要的是按"长藤结瓜"理念，在湖西营造了一个52公里的绿色长廊，在相邻的湖的西北结了一个12.7平方公里的"绿瓜"。而这些正好弥补了一开始就聊过的湖西边绿的"缺口"，营建了新的流域生境，未来或可改变附近的小气候。

父：这么重要？很有意义。

子：是的。同时，在此过程中，还要稳妥处理好整治农地非农化、粮田非粮化等问题，持续巩固、拓展绿化成果。

父：这可是一个大问题，不能"翻烧饼"。听说有的地方在砍树甚至填塘。

子：极少数。中央有要求，应该统筹考虑粮食生产和重要农产品保障、农民增收等的关系，同时给整改留出一个过渡期。

表里河山　林水相依

父:中央的要求很好啊,要完整、全面、准确地落实。

子:是的,要防止落实过程中的"合成偏差和谬误"。今天的小结是:山、林与湖、水是一个大逻辑关系,休戚相关、共生共荣。治水要有大格局,"山水工程"要有大思路,需要统筹规划、系统实施、久久为功。

父:对。

 附录一

把巢湖紊乱的生态系统调过来

(2021年3月13日)

习近平总书记指出,山水林田湖草是生命共同体。3月5日,在参加全国"两会"内蒙古代表团审议时强调,"要统筹山水林田湖草沙系统治理,实施好生态保护修复工程,加大生态系统保护力度,提升生态系统稳定性和持续性。"

对照习近平总书记的要求,回顾、总结巢湖综合治理的实践,不难感到,由于历史和现实的种种原因,巢湖的生态系统不仅由相对复杂变为简单、脆弱,而且由稳定有序变为紊乱无序。要实现巢湖治理的根本性好转,必须在生态系统的功能恢复上下功夫,将已紊乱或部分紊乱的生态系统重新恢复起来。这是巢湖综合治理的大逻辑和现实选择。

巢湖生态系统的紊乱,按照"山水林田湖草是生命共同体"的要求来看,可分为两大块问题:一块是山、水、林、田、湖、草各系统本身固有的问题;二是各系统之间的有机连接和良性循环问题。

从"山、水、林、田、湖、草"本身的系统看,每个子系统本身都受到了破坏,原有的内部链条都受到了影响。

如"湖中鱼"。新中国成立初期,巢湖有鱼类98种;建闸前尚有鱼类65种,隶属于11目19科,并且种群结构相对合理,"大鱼吃小鱼,小鱼吃小虾,小虾吃浪渣",有效地维持了水体活力。但由于巢湖闸、裕溪闸兴建带来的江湖阻隔,各类污染的累加,过度的捕捞以及不太精准的鱼类放流(如一度向湖内投放了过量的青鲲),致使巢湖鱼类目科数减少,种类数量明显下降(到2013年,调查到鱼类47种),种群结构出现趋小等问题。突出的是大型经济鱼类呈现严重小型化现象,而湖鲚(短颌鲚)等小型鱼类占据了绝对优势。湖鲚类(包括毛草鱼)等优势群体的过度繁殖,处于湖泊鱼类末端的种群死亡之后不仅会形成新的污染,而且在其生命周期又大量地消耗水中的浮游植物等,客观上助长了蓝藻的生成,影响了水质的净化。

又如"岸上草"。巢湖历史上湖内湖外有大量的湿地,植物种类多种多样。由于湿地面积的大量减少,带来了湿地植物种类的锐减,现在一眼望去多是芦苇,而大片

的莲、香蒲群落已难以见到。并且沉水植物的面积极小,几乎消失殆尽,与挺水植物的生长搭配比极不合理。

再如"空中鸟"。由于生存环境的变化,特别是巢湖沿岸大面积的湿地消退,最常见的景象是"两水夹一堤",除了水还是水,致使鸟类无法栖息,只能远走高飞。据2020年调查,在巢湖周边共发现鸟种130种,虽有所增加,但与历史最好水平比相差很大,且多以冬候鸟和旅鸟为主,大规模的种群已不多见,本地栖息的水鸟较少,种群也发生了新的变化。一句话,结构形态发生了严重的紊乱和退化(这方面的研究还不够深入)。

从"山水林田湖草"大系统来看,掉链、蜕链、脱链的问题尤为严重。由于某一个系统的紊乱、退化,带来了整个系统的变化和退化。

如开山炸石带来了林木蓄积量的减少,由此带来了水土流失,而泥沙淤积又侵占了湖面,挤压了湖中水生植物的生长空间。人进湖退、围湖造田,造成了湿地的锐减,湿地的锐减严重影响了鱼类资源的保护,导致鸟类种群、数量的减少。发展航运的需要,抬高了常年蓄水位,淹没了湿地生存的条件;而因防汛的需要新建防洪大堤,客观上又阻隔了鱼类、虫类、蛇类等的洄游、繁殖通道……

如此等等,不一而足。可谓一乱百乱,一降百低,由此巢湖的生态系统变乱了、变简单了,其危害性和影响力可想而知。综合治理巢湖,必须树立综合系统观念,注重从生态系统的大格局修复保护上下功夫。

首先,要将"山、水、林、田、湖、草"各子系统修复好、保护好。要努力使每个子系统都能恢复到基本本原,最起码能达到建闸前后的水平。为此,要修山育林,治河清流,补湿引鸟,休渔养湖。

如巢湖禁渔后带来了生态新变化,鱼类单位捕捞量增长较快,鲢、鳙质量占比增加;浮游植物(藻类)密度和生物量有所下降,生物多样性指数总体上升。

为此,需要组织开展禁捕效果跟踪评估、水生物多样性调查监测和鱼类栖息地评价,研究低龄鱼类(湖鲚、银鱼、白虾)和4龄以上鲢、鳙鱼的生态调控方案。需要加强鱼类资源保护,科学设置鱼类繁殖保护区、增殖放流区、水生生物恢复区、生物多样性保护区等。需要科学实施增殖放流,科学确定放流种类,合理安排放流规格和数量,有效改善巢湖鱼类种群结构单一化、个体小型化。主要是在西部湖区投放以控藻性、滤食性为主的鱼类(鲢鳙),在中、东部湖区投放以土著类为核心的鱼类,提升生物多样性指数;还可增殖放流肉食性鱼类,以适当降低湖鲚等种群,达到生态调控目的。

其二,要将"山水林田湖草"各环节联结的链条打通、链上,实现补链、延链。一个大湖的生态系统的形成需要上万年乃至几十万年的锤炼,每个系统之间的大的比例关系是大自然的造化。"天意不可违",这个天意就是自然规律。我们现在的任务是要找到在大湖健康生态系统中的各要素的比例,从而进行必要的强链、补链,防止出现过度修复和修复中的顾此失彼。

如湿地是湖泊重要的基础性系统,但巢湖湿地面积到底多大才最适宜需要精准

表里河山　林水相依

计算。还有,历史上巢湖沿岸特别是伸向湖中的嘴石处有大量的沙石,有一段段美丽的"阳光沙滩"。这些连同沼泽、芦苇等是鱼类和低等动物的繁育所在,现在少石缺沙肯定对这些群落的繁殖带来影响,无疑需要创造条件因地制宜逐步加以恢复。"沙"也是巢湖生态系统补链、延链不可或缺的一部分。

其三,在贯彻落实习近平总书记关于山水林田湖草是生命共同体要求的同时,还要看到这个共同体与人的关系,正确处理好人与水、人与湖的关系。

必须认识到,人与湖更是生命共同体,城市发展必须与大湖的休养生息紧密相连,城湖共生是一个必须落实的另一个大的战略性问题。这就需要在搞好湖泊本身修复的同时,落实好习近平总书记的"以水定城、以水定产"的要求,努力实现城湖共生。唯此,一个初步良性循环的湖泊生态系统才能最终形成,巢湖综合治理也才能逐步实现预期目标。

 附录二

让巢湖生态系统复杂起来

(2021年3月7日)

习近平总书记指出,山水林田湖草是生命共同体。要在生态建设中树立系统观念,坚持尊重自然、顺应自然、保护自然,坚持宜林则林、宜草则草、宜荒则荒,统筹推进山水林田湖草综合治理、系统治理、源头治理。近日,中央有关部委正在开展第四轮"中央财政支持山水林田湖草沙一体化保护和修复工程项目"申报工作。我市也是项目申报单位之一。牢固树立山水林田湖草系统观念,坚持系统修复观,对巢湖综合治理十分重要、尤为迫切。

巢湖是我国五大淡水湖之一。昔日巢湖湖面壮阔、水草丰茂,鱼虾种群多、结构合理、产量高,既是鸟类栖息地,也是鸟类迁徙通道……然而,经过人类近现代剧烈活动,巢湖水面缩小了,湖岸内侧芦苇不见了,沙滩也没有了,鱼类种群变少、变小了。由于"两水夹一堤"(一边是湖水,一边是圩田或水塘),鸟类也失去了"天堂"。如此下来,巢湖给人的观感,除了水,就是水。一句话,巢湖生态系统变得简单了。由此带来的恶果是巢湖生态系统脆弱,自我净化能力严重不足、水质变坏。巢湖病了,而且病得不轻。症状既在水质变坏(这只是表),更在系统衰减(这是本)。

为此,现在巢湖的治理思路,一方面要抓控源截污,强化四源治理,"不让一滴污水进巢湖",不在巢湖伤口上再撒盐;另一方面,要着力恢复原有的生态系统,让巢湖的生态系统再逐步恢复起来、复杂起来。这是治湖的标本兼治之策,也是落实习近平总书记"山水林田湖草是生命共同体"要求的具体行动。当务之急,要抓好以下几件事:

第一,进行本底调查,了解、掌握巢湖整个生态系统情况,明确系统治理方案。在

巢湖治理的初始阶段,坚持问题导向,从每一个具体的污染问题解决开始,用小切口的方式推进治理,实现量变到质变的提升是正确的。但现在不能仅局限于、满足于此,必须在这基础上,跳出点上的污染看治污,从更大范围、更高层次找准问题的症结,特别要从"山水林田湖草是生命共同体"的理念来找湖泊之伤和治理方向,然后形成系统方案,逐一加以推进。

从巢湖生态系统来看,巢湖之伤至少表现在以下几个方面:

一是伤在少了水动力。巢湖闸、裕溪闸建成后,巢湖常年成了控制性的水库型湖泊。水缺乏流动,泥沙淤积,江湖鱼类种群难以洄游繁殖。

二是伤在少了湿地。历史上巢湖内侧有30万亩湿地,现在由于航运需要抬高水位,内侧湿地大多数已被摧毁殆尽。湖的外侧原来也是湿地,后来被开垦种粮。

三是伤在鱼种减少、种群退化。

四是伤在少了鸟类。不仅种群减少,而且一些稀有种群甚至绝迹。

五是伤在沿湖山石开采,导致森林、植被减少。

六是伤在少了沙滩。巢湖有多处伸到湖里的石嘴,如芦溪嘴、红石嘴、槐林嘴等,附近湖滩当年有大量的黄沙,沿湖岸线更有美丽的阳光沙滩,现在都已荡然无存。

除此以外,还要清醒地认识到,影响湖泊健康的因素千个万个,但最根本一个,是人水矛盾。历史上的问题是人进水退、围湖造田,最近的案例乃是贴近湖滨的城镇建设。必须将"以水定城、以水定产"落到实处,解决城镇化发展与水环境容量承载适宜问题,实现城湖共生。这样,巢湖治理才有根本出路。

现在的巢湖治理,无疑要对以上问题对症下药,否则,就犯了"头痛医头、脚痛医脚"的错误。要坚持对标对表,缺啥补啥,补链、延链。这里的"标"就是"山水林田湖草是生命共同体"。这里的"表"就是原先未被破坏的地表。补链、延链,就是要修山治河、增殖放流、种绿引鸟,恢复原生态。

这些年这些方面已引起了重视,有些工作已开始做,如十大湿地建设等,但做得还很不够;有些工作尚未引起重视,还未破题。这些无疑都需要加快推进。为此,我们在申报的材料中,提出了修山育林、节水养田、治河清源、修复湿地、休渔养湖、乡村整治、空间管控及智慧监管等8类措施(一开始还有水力调控、蓝藻防控,计10类措施)。

第二,尽可能恢复,坚持能走多远就走多远。一次在肥西调研时,严店乡乡长的话给我留下了深刻的印象。他说,近几年,肥西沿湖一线的拆迁已拆到"明清线"了。何为"明清线"?原来明清时期是人口爆发的快速时期,我们的先辈纷纷走向湖边,来到沙滩、芦苇之中,围湖造田,开垦种粮。现在的环湖大道一线就是当年先辈们下湖的最后之处。现在,粮食产量高了,城镇化加快了,加之有巢湖综合治理的要求,于是沿湖一线特别是肥西、肥东大多数村庄便被拆到明清线了——从哪里来回到哪里去。

由此可见,恢复巢湖的生态系统,确实要有让湖泊休养生息、尽可能还历史本来面目的气魄。同时还要看到,只有湖泊的生态系统逐渐恢复起来,也才能更加复杂起

表里河山　林水相依

来;而更加复杂起来,湖泊的本初生态系统也才能真正恢复起来。

这几年,实行退耕还湿、十大湿地建设、禁止开山采石等,无疑都体现了这一要求。现在的问题是要更加明确退出和修复的范围。我们编制的文本里提出了"一湖两带"的概念。"一湖"就是巢湖湖泊本身。"两带",一是以森林生态系统为主,大别山—江淮分水岭—巢庐山区水源涵养与生物多样性保护带;二是以一级保护区为核心的环湖生态保护带。实践证明,这是符合巢湖治理实际的。同时,各项修复措施要加速,特别是对巢湖水生态、水草种植、鱼类禁捕后的变化以及优化等工程,要加快实施。

第三,在恢复生态系统中还要求得最大公约数。实事求是地说,巢湖不可能回到过去的状态了,甚至回到20世纪五六十年代时的状态都很难,那要付出极大的经济代价。但能恢复的还是要尽可能恢复。同时,在恢复的过程中,要注意兼顾历史与现实、治湖与发展等的需要,努力追求最大公约数。

如巢湖的湿地建设是需要的,为此最有效的办法是降低水位,冬春季节晒滩,为芦苇生长创造条件,但这又与航运相冲突,而我们正在打造国际内陆港。怎么推进?可以通过探索深挖航道的办法加以解决。为此,已开展"基于湖泊多目标综合利用的生态水位调控方案"课题研究。相信,"十四五"会有一份好的答卷。

第四,加强修复前后的生态环境变化的监测。一个生态系统的变化是长期的累进的结果,观察是否趋向良性发展需要大量数据支撑。这就需要加快"数字巢湖"的开发与应用,注意既跟踪点的变化,又密切观察系统变迁。这样才能得到科学的结论,为进一步治湖提供科学依据。

 附录三

巢湖中山杉生长记

(2022年8月14日)

中山杉,杉树中的杂交品种,既具有杉树原有的诸多优点,又有其自身没水能生、可吸附水中营养盐等特点,故被称为"树坚强""环保树"。树名前冠"中山"二字,足见其不同寻常之处。前年春巢湖派河口引种了一片中山杉,这源于一次昆明学习之行。

巢湖与太湖、滇池是国家"九五"时期就确定的重点治理湖泊,号称"三湖治理"。近些年来,三湖治理各有所长,相互学习交流也较频繁。2018年12月,我带队去昆明学习滇池治理,第一站就是在滇池边靠近市区处,看到一大片长在水中的中山杉。

热情的同行介绍说,中山杉是原产北美落羽杉,属落羽杉、池杉、墨西哥落羽杉三个树种的优良种间杂交后代,由江苏省中国科学院植物研究所经多年试验研究选育而成,现已推广全国各地。昆明滇池成片种植的中山杉蔚为壮观,已超万亩百万株。长期生长在水中的中山杉,生长几乎不受影响,在污水环境中长势更为旺盛。它不但

能充分吸收二氧化碳并释放氧气,还能吸收氮、磷等营养物质。试验研究表明,中山杉对水体中全氮的去除率是13.6%,对碱解磷的去除率是45.3%,这些都对富营养化的滇池水体起到了较强的净化作用。

昆明的同志还介绍,在栽种成活以后,他们从岸边向林中修了木栈道,使其成为市民水中漫步看林的极佳风景。此一行动与成效引起我们的浓厚兴趣。此前我曾在中央电视台《新闻联播》中看到重庆市万州区已经在沿江消落区营造了约1500亩中山杉示范林,绿化岸线长度近40公里。于是,回来后即决定在巢湖岸边选择一处试种。经过一系列论证、选址等程序后,2019年3月15日,一块占地21亩、总数1458棵的中山杉林出现在派河湿地。三年半后,这一片林经过特大洪水、蓝藻打捞等考验,已茁壮成林。

8月12日下午,我去调研蓝藻防控情况,顺路去看这片林带。林带位于派河口之北、岸上草原之南。开车从"万达鼓"向南,一会就看到左侧湖边一条长形树林,那就是在这儿顽强生长的中山杉。从环湖大道下来,径直往湖里走,周边是大片的原生湿地。受今年降水少干旱的影响,湖水水位较低(当天下午中庙水位8.63米),湿地比原先增大,走进林边要比原先远,中间要跨过野生菱角塘等。

当我站在这一片中山杉前,不禁喜出望外:中山杉全活了,而且长得好! 目光所及,这片林带长100多米,顺湖岸线栽了四五行,都已扎下根,长得枝繁叶茂。目测树的高度有5米左右,胸径在13厘米左右。烈日之下,成排的中山杉挺拔直立,树形高大,呈圆锥形,犹如威武不屈的水中勇士,直挺在巢湖边。由于长得快,一些树的行距已显模糊。树叶很有特点,看似有棱角,在如火的阳光照射下,绿中带(金)黄。更令人称奇的是,很多树结了果子,枝头上长得密的看似一串串葡萄,引来鸟儿前来啄食。看到这场景,我分外高兴。这"不速"之树可来之不易,她经受住了两次生死大考。

湖边远眺

表里河山　林水相依

第一次是2020年的特大洪水。虽然我们明白引来的中山杉得耐水淹，因此，当时种植的区域就选择在8.5米的水位线下（巢湖的防洪警戒线是10.5米），目的就是"试水"，但心里又很纠结，既想有水来，又怕来得猛，毕竟第一年试种。令人意想不到的是，2020年的大水确实来得太猛。当年巢湖水位超保证水位12.5米达19天，超警戒水位10.5米达78天。整个汛期，中山杉有40多天被淹没水中。据巢湖研究院观测：7月20日，中山杉被淹4米左右；9月21日，仍被淹1米左右。汛期每当我从那儿路过时，都深深地为中山杉捏一把汗，心里暗自祈祷：中山杉，你要坚强，今年可要挺过！8月7日晚，负责此项目的省巢管局副局长蒋大彬给我发来航拍照片，说"长势可以"。我回复："但愿今年能过关。"果然，水落杉出，中山杉不负众望。大水过后，1458棵仅丢失87棵（应是被风浪冲走了）。

第二次是2021年的蓝藻打捞。去年蓝藻暴发时，由于水位高，蓝藻一下钻进林间芦苇、杂草中。蓝藻水华长期聚集，就会腐烂变臭。情急之下，相关同志在清理水中杂草时欲向中山杉"开刀"。8月9日晚接到报告，我立即制止。对此，这位同志回复解释说，"主要是湖水标高超过9.0米时，东风一来，就将蓝藻吹入杉树林。"还说，"今年深秋，要想办法拿出防御实施方案。"秋后盘点，还是倾倒、折断了一些中山杉。我对此痛惜不已。尽管如此，两年下来，中山杉总成活率仍达73%。

今年春天，又在原地将损坏的补种。4月30日晚，大彬同志告诉我："今年补种的中山杉长势较好。"我回复："要立保护牌，今年夏季蓝藻防控期间严防损坏。"

今年蓝藻未大暴发，假如大发生会怎样？正在现场的此处蓝藻防控"片长"告诉我，"不会了，今年我们采取了新的措施。"他指着林后一条深沟介绍道："为了避免蓝藻进入中山杉林中，今年在林后岸前新开了一条比林带略长的深沟。沟的南北两侧与巢湖相通，并预设若干推流器（小水车）。当蓝藻贴近林中时，就开动推流器，让沟里的水与巢湖相互流动，这样就会减少林下蓝藻聚集。"我赞许说："这个办法好。"还强调说，"蓝藻防控不能轻易动树的点子，要想兼顾的办法。在巢湖综合治理中，蓝藻水华打捞是末端治理，栽植中山杉吸附氮磷是前端治理，二者都很重要，不可偏废。""是的，""片长"不好意思地说，"去年要不是你及时制止，这片林会被毁掉不少，当时挖掘机都开来了。以后再也不会了。"说到这儿，大家都发出会心的微笑。看到林下长出很多杂草，我提醒他们，今年秋冬季要将杂草清除。大家点头称是。

从林边退后走向岸来，回望水天一色、林水相依、城湖共生的美景，心里不禁涌上丰收喜悦。我对随行的"印象滨湖"负责同志说，巢湖治理前期主要是在治理上下功夫，各种办法都想尽了，未来可以多做些"治理+"。比如，待这片林再长几年后，就可学习昆明做法，修一个木栈道，将岸上的人们引入林中，让市民亲湖近林，欣赏这临水美景，享受巢湖治理的成果。大家一致称好。

返程路上，我给蒋大彬同志打了电话，分享这成功的喜悦；忆及其中的艰辛与担心，也是百感交集。共同的感受是，正是因为有各级领导和科技工作者的支持，有广大市民的理解，这片小树林才会从无到有，在巢湖扎下了根。记得2019年4月中旬，

中山杉

当刚刚试种的中山杉发芽,我给一位领导发了短信。领导对此很赞成,并回复"能否扩大种植面积?"我说:"可以,但有些担心,怕成活率低。"现在,这一担心已成多余。高兴之余,我提醒大彬同志,未来应适时适量推广种植。他说,已将此树列入湿地、防浪林建设树种正面清单,未来会有更多的中山杉落户巢湖。

中山杉是美丽的使者、环境的卫士。夏天一片浓郁,冬天一片棕红。当冬天来临之时,相信这片林地一定会成为网红打卡点。到那时再来看吧!

 附录四

把巢湖两带屏障修复好

(2021年3月27日)

"陷巢州,长庐州"。民间传说巢湖是地陷形成的。现代地质学证明,巢湖是断陷构造湖,湖型狭长,从空中鸟瞰,像一鸟巢。

这一个向下凹陷的鸟巢,四周高中间低,水从高处流下来。而在四周,由西向南,再向东、北,分列着大别山及冶父山、银屏山、四顶山、栲槎山等低山、丘陵;沿着巢湖的西北、北、东北方向,则是江淮分水岭地区。这是环绕巢湖的天然屏障,护绕巢湖的第一道"大箍"。在沿湖内侧一线,历史上则是大片湿地和水田。这是护绕巢湖的第二道"大箍"。

近期,我们在编制"巢湖流域山水林田湖草沙一体化保护和修复工程"计划时,惊

表里河山　林水相依

喜地发现,要将巢湖综合治理好,首要的是将这两道"箍"箍好。这是系统考虑综合治理措施的结果,是学习贯彻落实习近平总书记"山水林田湖草是生命共同体"论述的重要成果。

然而,现实告诉我们,这两个"箍"有缺口,有断裂,有损伤,有侵占,有流失,现在是到了按历史面目、自然状态修复的时候了。

先看第一道"箍":外围几到几十公里处的山与冈。一是上游的水土保持有问题。这里主要是大别山区。虽然无大规模的开山毁林问题的报道,但水土流失仍很严重。一个重要的佐证是,杭埠河口的沙洲越长越大,几近一个小岛了。二是东南方向的巢湖市银屏山区,由于种种原因,一段时期出现了过量的矿山开采。这种状况一直到2019年"长江大保护暗访"曝光后才按下停止键。三是横贯东西的江淮分水岭地区虽然栽有大面积的杨树林,但之后由于政策不明朗,一些地方出现了林木退化、群众砍伐等问题。综合起来看,绿色屏障出现了问题。

再看第二道"箍":内圈沿湖湿地。历史上巢湖内侧有30万亩湿地和与之相衬的湖滨缓冲带。由于两闸建设,30万亩湿地荡然无存;由于防洪需要建设的环湖大道,使湖滨缓冲带被分隔甚至被挤占;由于人口增长、粮食生产的需要,湖的外侧大量湿地被改种为水稻田等。由此,湖的内圈生态屏障被大大削弱。

由上分析不难看到,推进巢湖综合治理,首先要将这两大屏障恢复起来、修复保护好,实施"两带"修复。

从外侧看,要实施山林水源涵养与生物多样性保护带生态恢复,这包括以森林生态系统为主的大别山—江淮分水岭—巢庐山区水源涵养与生物多样性保护带。这需要修山育林。工程性措施主要是,对巢湖、肥东、庐江等已停采的矿区进行修复;实施森林质量提升工程,更新改造江淮分水岭地区杨树20万亩;加强上游地区水土保持,完善大别山区水环境生态补偿。

从内侧看,要实施以湖泊生态系统为主的环湖生态保护带。具体措施是休渔养湖、修复湿地、节水养田、乡村整治、治河清源、空间管控。这里的核心是以一级保护区为轴心的空间管控。要牢牢守住巢湖生态环境的底线,坚决制止侵占湖面和一级保护区的行为;加快环湖十大湿地建设,构筑绿色发展屏障。

修复以外围山冈、内侧湿地为主要内容的巢湖两带屏障,这是巢湖综合治理的大格局、工作推进的大逻辑,是对巢湖综合治理的深化。相信,按照这一要求推进下去,一定会形成巢湖综合治理新的大格局、质的大提升。

修山复绿　点石成金

（2021 年 6 月 6 日）

在习近平生态文明思想指引下，一场大规模的矿山修复行动正在神州大地展开。但对已被破坏了的山体如何修复，各地的做法不尽相同，资金筹措的形式也不一样。昨天，率队去江苏南京浦口，现场考察了利用采石坑兴建的蜂巢酒店等，深感先发地区的做法值得学习借鉴。

其一，任何情况下都不允许违规"开山采石"。这方面的教训十分深刻。特别是风景区等地更是要严禁。4 月 25 日下午，习近平总书记在桂林市阳朔县漓江杨堤码头特别问道："还有非法采石吗？""现在没有了。"总书记强调："最糟糕的就是采石。毁掉一座山就永远少了这样一座山。全中国、全世界就这么个宝贝，千万不要破坏。再滥采乱挖不仅要问责，还要依法追究刑事责任。"对总书记的要求，我们要铭记于心、真正落到实处。即使是合法开采区，也需要精心规划、科学开采，给未来修复创造条件。

其二，要坚持能修则修、自然恢复。根据原有的山川形貌，结合开采后的情况，最大程度地恢复原始风貌，努力保持自然生态的原真性、完整性。这也是最佳的修复方式和主要的修复目标。

其三，对破坏巨大已很难再恢复原形的少数地区，则应坚持实事求是的修复原则。这一方面要考虑资金需求，另一方面也要防止修复时带来的次生损害，不能干挖东墙补西墙的事。要明确修复的本意是降低、消除安全风险，恢复山体林木生长系统，减少、消除水土流失。

其四，不管什么路径的修复，都必须消除安全风险。一是消除地质灾害和安全的隐患，二是消除生态环境污染的隐患。这一点对非石灰石矿山而言尤为重要。

其五，在修复设计中，可考虑采取"修复＋开发"的模式。即，一方面，将矿山安全、环保隐患消除掉，将矿山山林修复好；另一方面，面向市场和乡村旅游、工业旅游等，利用原有地形地貌，结合进行新的合规建设。大的模式有：

浦口"蜂巢"宾馆修建式。即，先将坑口修复好，在此基础上，也不将坑口回填，而是利用坑口建设靠山半下沉式的酒店。这既修复了矿山，又节省了建设土地指标，还发展了观光旅游，可谓一举多得。

福建长乐纪念馆修建式。长乐在闽江沿山处原先也有一些开石炸山区，他们在修复时也没有一填了之，而是因地制宜规划建设了一些文化设施，如利用一坑口修复建设了郑振铎纪念馆。

南宁"园博园"修建式。第十二届广西园博会园博园内原有 16 处废弃采石场等，

表里河山　林水相依

在规划建设园博园时,设计、建设者本着"不推山、不填湖,保留现状植被"等低影响开发的建设理念进行规划设计,对现有的山水格局进行保护和梳理,成功地将废弃的采石场等作为规划建设的本底,避免了大挖大填,可谓"废物利用"典范。

庐江矾矿整体修复、工业旅游整体开发式。庐江矾矿自唐朝开采至十多年前,留下了丰富的工业、城镇历史遗存。在修复矿山的同时,正在同步推进工业遗存、历史名镇的联动发掘开发。待工程完成后,必将化腐朽为神奇,实现发展的新飞跃。

············

总之,无论是什么样的修复方式,目标只能是两个:一是尽快恢复"绿水青山",二是打通"绿水青山"与"金山银山"的价值转化通道。在修复过程中,首先要考虑修复,再考虑"修复＋",如有条件,则可以一步到位地考虑"修复＋开发"。这样做的好处是,既达到了修复的目的,还形成修复价值的溢出效应,同时能吸引更多的民企进入。

大美湿地初长成

时间：始于2022年3月，成文于2023年3月18日
地点：巢湖之滨家中（黄麓镇王疃村）

一

子：我们今天聊聊湿地，也就是芦苇、圩滩等之类的情况。

父：本来芦苇在我们老家湖边这一块还有一些，现在几乎看不到了。这几年你们在圩内种了不少，那就是湿地吧？

子：是的。湿地的概念有广义和狭义之分。狭义上一般认为是陆地与水域之间的过渡地带；广义上的定义为地球上除海洋（水深6米以上）外的所有大面积水体。1971年在拉姆萨通过的《湿地公约》将湿地定义为："天然或人造、永久或暂时之死水或流水、淡水、微咸或咸水沼泽地、泥炭地或水域，包括低潮时水深不超过6米的海水区。"

这些年，合肥市委、市政府力推环湖十大湿地建设，取得了很大成绩。但正如您所说，现在的十大湿地，有一些是堤外湿地，更多的是堤内圩田的退耕还湿、建湿。历史上巢湖原生态湿地面积很大，我记得是30万亩，可惜由于建巢湖闸、裕溪闸，控制、抬高水位，到20世纪70年代，所剩无几了。您记忆中的原生态湿地是什么样子？

父：两闸未建之前，江、湖是连通的。这既有大水年份江水倒灌淹死沿湖植物的问题（1954年就是这个状况），更有干旱年份、平水年份湖水回落，滩涂露出，芦苇能晒滩而生长好的情况。从我记事时，湖滩上的芦苇长势大概是这几种情况，我来概括一下，你看准不准：

第一，面积大。正如你所说大概有30万亩。

第二，环湖一圈都是绿。也正如你们常说的，像是镶了一条绿色项链，环湖四周都是。比如黄麓这一段，东到焖炀、中垾，西到肥东长临河，湖边一条线都断断续续长

了芦苇、柳树;对面巢湖市槐林、庐江县白山、盛桥更是有大片的芦苇。

第三,纵深大,一般有几十米宽,有的甚至能达到一华里。

第四,环湖有十多个湖嘴,仅在巢湖市这边就有芦溪嘴、槐林嘴、唐嘴等。每一处嘴就是一个大的芦苇荡。

子:是的,巢湖沿岸有"九头十八嘴"之说,除了您刚才说的几个嘴外,还有肥东的红石嘴、黑石嘴,庐江的齐嘴等。由于苇深汊多易于藏人,新中国成立前那些地方也出湖匪。因此,又有"巢湖九头十八嘴,嘴嘴有土匪"之说。当然,新中国成立后湖匪销声匿迹了。

我记得小时候第一次去芦溪嘴,看到几华里长的柳树林,林宽也有一华里,在那儿放养的大牯牛,不注意还找不到呢。我们几个小伙伴在那玩了一个上午,玩得可快活了。这个场景可在现在的槐林湿地找到一些影踪。对于这个历史状况,家住下杨村的一位网友在网上发过一篇文章。

父:他是怎么写的?

子:他写道:

这里曾经是一块宝地,它位于沿巢湖北岸中心位置,伸展于巢湖湖中,岸边的柳树林犹如一条长龙,随芦苇沿着圩堤蜿蜒。沙滩处的柳树湾,飞鸟栖集,每逢夏季雨水多的时候,这里是鱼儿产卵的地方。靠圩埂边的一块地,滩浅水清,茫茫青纱帐般,走入其中,淡淡芦苇清香,犹如仙界一般……到70年代末,这里的沙滩已经被夷为平地。更有后来在建设湖滨大道时,仅有的浅滩高地也被夷平,沿圩堤的芦苇、柳树也被砍光。至此,沙滩已不复存在,芦溪嘴也无芦苇。

好在人们对于自然认识的醒悟,特别是近些年来,国家对于生态环境的重视和保护,大自然又开始了芦溪嘴沙滩自然的造化,有关部门开始重视这里的生态恢复,沿岸又零星地开始栽种芦苇和柳树,使得芦溪嘴沙滩以及湿地又有了重生的希望。

父:是这个情况,写得很真实。

第五个特点是,由于林密、苇多,鸟儿就多,鱼鳖上岸产卵的也多。中秋节前后,借着月光,很多老鳖爬到沙滩上下蛋,这时候人们上前,用铁锹轻轻地将鳖一翻,准保就能"活捉"几只。

子:怪不得我们小时候经常能吃到老鳖。

父:第六个特点是,与沙有天然联系。凡是有芦苇的地方,附近都有沙。我们村东头卜城圩湖边是芦苇,西边芦溪圩湖边是沙滩。原先沙滩有好几米高、一两里路长,后来都运到巢湖卖掉了。

子:这个我熟悉。夏天,我们去沙滩上晒太阳,将沙洒盖在身上,那个烫乎乎、痒乎乎的感觉至今难忘。刚才那篇文章也讲了沙滩的情况:

这里沙滩总面积在三四平方公里,沙层厚度平均在三米之多,最厚处有七八米之高。这是自巢湖形成以来,几百年甚至上千年大自然的杰作。广袤的沙滩边被沙子磨得光滑的碎石和瓦片,遥远了这里历史的记忆。每次大风浪过后,岸边那大浪堆积的一条沙丘和白色的贝壳带,显示着沙滩的生命还在不断地延伸。每每春季,这里一簇簇野草小花,引来蝶舞蜂忙。天高云淡时,云雀在高高的天空盘旋高歌,江燕就在沙滩的贝壳间垒窝下蛋。时有慌张的野兔出没……这里是鱼儿产卵的地方。靠圩埂边的沿湖一个人工开挖的船塘,每天都有来往船舶停靠。稍远处整天都有前来装沙的拖轮,拖着长长的驳船。高处的沙滩有一家水产公司,建有几栋房子。每到捕鱼季节,这里的沙滩成了他们的晒场,大片大片的银鱼、白米虾,还有鳙鱼、草鱼、鲢鱼……隔很远便能闻到一股鱼腥味。这里曾经有一个一百多人的沙站,是来这里专门挑沙上船的。到70年代末,这里的沙滩已经被夷为平地……

岸边的树

父:我们村也有沙站,我们生产队也买过船运沙到巢湖,这以后沙都挖完卖完了。

要说湿地还有一个重要特点是,芦苇的利用价值大。在圩区的作用首先是防浪护堤。我们村的卜城圩原先芦苇不多,水一上来就将田冲了。后来老人们商量,放弃几亩地,不种庄稼,改栽芦苇,这样水一上来就起大作用了。另一个特点是可做芦席。炯炀鲍圩是远近闻名的芦席加工村,1978年我家在村边盖的房子,就在那儿买的芦席。

子：芦苇的好处确实很多，水生植物中经济价值最大的莫过于芦苇。据测算，每公顷（15亩）芦苇滩地只要稍加管理，即可产芦苇15吨左右。而每公顷芦苇所提供的纤维量相当于4公顷针叶林所提供的，1吨芦苇的出浆率相当于2立方米木材的出浆率，其经济价值是相当可观的。不过，我们记事时，我们村芦苇好像就不多了，就只在芦苇荡那一块。您记事时是什么样？

父：那时更少。这可能与我们村的地形有关。我们村环湖这一段是由东北向正西走的一个半弓形，正对着风浪，因此，东边风口处，风大浪高，芦苇立地条件差；西头西风吹过去，又将沙吹来了。村里是在1951年前后栽芦苇的。记得是你三伯（王春富）带人去鲍圩，挖来芦根栽下的，栽下后还要派人看护。

子：看护？

父：是的。防止小孩放牛时不注意，牛将嫩枝吃掉了。芦苇一开始长得很好，可惜刚栽下去没几年，就遇到了1954年的大水，大水毁掉后又移栽，这又长起来了。后来，两闸建成后又有些影响。不过，还有一些，没有完全淹死。最大的影响是修环湖大道，为了取土方便，将这片芦苇荡挖掉了。可惜！

子：我记得那片芦苇荡有好几十亩，小长河的河口一直伸到那儿，穿荡而入湖。湖靛长上来时，就从那儿将藻水抽上来，放到沙滩上沉淀，再挑去做绿肥。可惜现在就是一片湖水了。

父：整个巢湖湿地失去的主要原因，一是1954年的大水，大部分被淹死，后来恢复得慢；二是两闸建成后，为了航运、饮用水源、农业灌溉等需要，巢湖水位抬高，芦苇等又被淹死。这是无奈之举罢。所以前几年听你们说要搞什么十大湿地建设，我还有一点怀疑和担心：湖的内侧怎么能种芦苇？芦苇耐淹吗，水上来了怎么办？后来知道主要是在湖的外侧搞退耕还湿，我就放心了。

子：这点我们知道，市里的决策很慎重，清楚地知道巢湖湿地的特点，以及不同于其他湖泊的地方。

父：这很重要，不能盲目地干。巢湖湿地与其他湖泊有什么不同？

子：鄱阳湖与长江连通，没有闸站控制，所以湿地面积占比很大。近期（2023年3月）我专程去鄱阳湖进行了考察。

父：说说看。

子：鄱阳湖是中国最大的淡水湖，为五河入湖、一口注江，是一个过水型、吞吐型、季节型的湖泊，其自然特征是"高水是湖，低水似河；洪水一片，枯水一线"。

鄱阳湖湿地1992年已被列入国际重要湿地名录，洲滩湿地面积达2787平方公里，是我国淡水湿地中生物资源最丰富、生物量最大、生物多样性最高的湿地生态系统，是众多珍稀候鸟（水禽）的越冬栖息地和珍稀水生动植物的生息场所。但目前面临两大问题：

一是退田还湖不彻底。历史上鄱阳湖围垦湿地的活动尤为强烈，1998年后退耕还湖使湖区蓄洪面积增加867平方公里，但有近一半退得不到位。

父：1998洪水后，国家可是下了大决心，搞平垸行洪、退田还湖、移民建镇。现在退得不够，是一些群众有故土难离心理了。

子：还可能有生产、生活带来的不便。

二是秋冬枯水对湿地生态产生重大影响。具体是，湿地生态系统退化。沉水植被严重衰退，湖泊生态健康面临挑战，2022年鄱阳湖湿地植被提前发育，湖底变成了"大草原"，百年难见。这次我们下湖看到的就是半枯半青的"大草原"。水生生物生存空间压缩。鱼类的索饵场、产卵场、育肥场面积逐渐缩小。去年快速退水造成近150头江豚被困，幸及时组织迁出110头。村民开车进湖，疯狂捡鱼，局部江段"十年禁渔"成果几乎"毁于一旦"。候鸟越冬栖息地功能明显衰退。如白鹤觅食范围一退再退，92％的白鹤不得不散离到堤外的藕池、稻田中觅食。若不及时采取有效措施，后果将不可逆转。

父：这么严重？那非得采取断然之策。太湖呢？

子：太湖比巢湖浅，因此湿地生物长得好，环湖一里处多是芦苇等。

鄱阳湖干涸的湿地变"草原"

鄱阳湖水位下降,落星墩"水落石出"

父:十大湿地建设是大手笔,怎么想起来建的? 原先可没这概念,没听说过。

子:十大湿地的规划建设,一开始是林园部门动议提出的,得到省、市主要领导的充分肯定,后来越做越大,越做越好。当时有这样几个考虑:

一是治理巢湖的需要。2017年中央环保督察之后,巢湖、合肥被"点名"了,特别是蓝藻水华频发问题严重,人民群众不满意处甚多。为了治理巢湖,市级层面穷尽一切办法,市直各部门都在动脑筋想办法,积极为巢湖治理作贡献。林园部门从构建山水林田湖草沙生命共同体的要求中找到自己工作的着力点,并提出了更大规模推进湿地建设的建议。省巢湖管理局和市直其他部门都赞成推进适度的退田还湿。

父:也对,这些地方本来就是湖面和湿地,明清时期才大量开垦。现在有条件,是到还账的时候了。

子:其实,古人早就讲清了这几方面关系。西汉贾让提出治河三策,经后人发展补充,形成不与水争地、分水放淤、束水攻沙的学说。其中头一条就是不与水争地,可见我们现在的做法是对的。

二是有一定的存量依托,充分运用原有的成果。在这十大湿地中,原先已有一定基础的是包河派河口湿地,巢湖市的月亮湾湿地、槐林嘴湿地等,并非完全另起炉灶。我清楚地记得,1991年大水后,在巢湖中埠临湖处栽了大量的柳树,现在都已成林了,还种了大量的芦苇;更早之前,1984年前后,团省委等还在这儿搞过集中种树活动。这一块的湿地就是那时种出来的。只不过,现在在这基础上扩面、串点连线了。

父:对,这样的活动我们多次参加,我们村沿湖就多次栽树。

巢湖市柘皋河(孙村)湿地(宋阳东　张大岗摄)

子:第三是抓住了2016年灾后重建的机遇,在十八联圩等处规建湿地。

同时,水利部门从2017年到2020年底,实施了巢湖环湖防洪治理工程,主要建设任务为环巢湖堤岸线中尚未达标和存在安全隐患的堤段、崩岸严重的岸段以及支流河口段,总投资18.6亿元,其中一部分为防浪林建设。这其实就是湖内湿地。

父:这个好。不过,要保证成活率。

子:当然,设计时就充分考虑到。据市水务局提供的材料:防浪林台共8处,长

40.35公里,涉及包河区、肥西县、庐江县、巢湖市段。防浪平台高程9.5~10.5米,宽30~100米。新建防浪平台面积约23.35万平方米,修复、提升加固防浪林平台面积约120.4万平方米。新建防浪林平台上以种植垂柳、杂交柳、杞柳、中山杉等为主,地面撒播草籽促进绿化恢复。修复、提升加固防浪平台以种植芦苇、柳树为主。这些防浪林不仅起到了防洪作用,还把邻近的湿地串起来了,如肥西严店段、巢湖市烔炀段等。

2018年,这十大湿地连同城市十大公园建设,作为市林园部门的工作重点被提出,叫作"双十工程"。

这一提法得到省、市主要领导的充分肯定和大力支持。时任省委书记李锦斌同志在赴德国考察途中,叮嘱时任市长凌云同志合肥要抓好的"四个一"重点,其中之一就是十大湿地建设。王清宪省长到安徽上任不久,就于2021年2月6日专程调研,推动十大湿地建设。

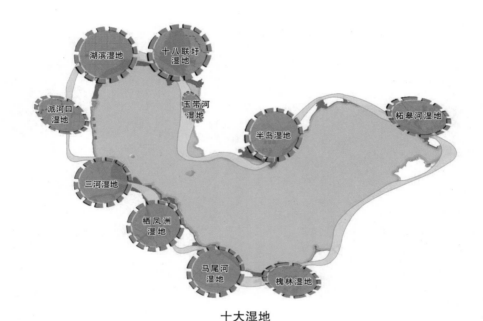

十大湿地

父:省领导这么重视,工作肯定就好干了。

子:是的。正是在各级领导的重视支持下,到2022年年中,十大湿地基本建成了。具体过程是,2018年,正式启动环巢湖十大湿地保护修复工程。2020年以来,派河口、湖滨、三河、槐林、柘皋河、栖凤洲、马尾河、玉带河、半岛等9大湿地先后建成。2022年7月底,随着肥东十八联圩湿地三期项目最后一道工序的落地,环巢湖十大湿地全面完成建设与修复。十处湿地犹如一条"翡翠项链",为巢湖架起了一道天然的生态屏障。

父:真不错,也很不容易。

子:现在回过头来看,这十大湿地建设有这样几个特点:

一是大规划、大投入。整个规划面积100平方公里,累计投资58.5亿元,建成后是全国最大的人工湿地。

二是注重从内侧抓起。坚持自然恢复与人工修复相结合,湖外不好做就做湖内,在兼顾保护良田、粮食生产的同时,注意采取生态补水、封育、退耕还湿、还林、植被恢复、保护野生动物、移民搬迁等措施,千方百计扩大湿地面积、增加环湖绿量。本来历史上这一片地方就是巢湖的一部分或者是湿地,后来由于人口急剧增加,只得人进湖退、围湖造田,现在只不过是因为粮食生产能力大幅提高,顺水而返,还历年围湖欠账,还历史本来面目。

父:这是巢湖湿地的最大特点与其他湖泊湿地的不同之处了。

子:对。这方面合肥的力度确实很大。前些年,有一次严店乡原乡长告诉我,现在他们的拆迁已拆到环湖明清线以下——老祖宗从哪儿开始围湖造田,就又从哪儿再退回去。这些年,共实施退养1.5万亩,退耕4.7万亩,退居7005户,恢复修复湿地6.5万亩。

三是注重兼顾各种功能,充分发挥湿地的潜力和综合功能。特别是十八联圩生态湿地蓄洪区的建设是个创举。

四是注重及时总结经验教训、适水而生。2020年大水后,针对一部分湿地作物被水淹死的情况,制定了正面和负面清单,列出了适宜种植的耐水、适水植物等名目。并规定各县市区不按清单执行的,财政部门一律拒付相应款项。我有这样一篇文章(附录一)您可以看看。几年下来,共种植乔木41万株、灌木335.4万平方米、水生植被906万平方米。

父:这个做得好。湿地就是要注意耐水淹,不能和城里绿化一个样。

子:是的。五是注意发挥市、县各方面的作用,充分调动社会各界积极性。市人大常委会出台了《关于加强环巢湖十大湿地保护的决定》,市政府建立健全了湿地补偿机制,制定印发了建设计划任务清单、管养技术规范等。

六是在湿地建设初见成效后,推动"湿地+"建设,让广大市民共享绿色生态产品成果。十大湿地建成后,首先显露的是生态效应。如今,建成的环湖湿地群正在实现改善水质、蓄水防洪、维持生物多样性等主要功能。但周边的可容性、可达性、可观赏性旅游产品还不多,有人戏称巢湖周边为"一湖剐(寡)水"。市民在湖边游玩甚至面临如厕难的问题。针对这些,虽已采取相应措施,但还远远不够。

三

父:听说十大湿地建设中,十八联圩是最大的。为什么要建这么大的湿地,又怎能得到上级的肯定?

子:这个湿地建设说来话长。您知道,南淝河穿城而过,一路下来,从施口入湖。河的西边是市区,东边就是肥东的十八联圩。

十八联圩,顾名思义,是将18个圩口连起来的一个大圩,原是肥东沿湖最大的圩

大美湿地初长成

群,占地面积27.6平方公里,有4万多亩耕地,1.4万人生活在那里。2016年夏天发生大洪水,十八联圩溃破。

灾后如何恢复重建? 一开始准备将村民搬迁后,适度搞些商业开发。但时任市主要领导站得更高、看得更远,不同意这样做,而是下决心将这块田改作生态用地,明确提出不搞大开发,共抓大保护。当时有些同志很不理解,思想一时转不过弯来。

父:这要做思想工作。

子:是的。其实这方面的开发冲动,我过去在庐江工作时也有过。庐江同大巢湖边有一个胜利圩,千把亩,其中一部分是1975—1976年毁湖滩柳树围湖造的田,后来也经常受淹。2007、2008年前后,我们准备修环湖大道,可是手头缺少资金,于是,就准备与一家企业在这搞商业开发,将开发赚的钱用来修路。万幸的是,后来修路的钱从别的渠道筹到了,此议才搁置。现在这里是环巢湖栖凤洲湿地的主体部分。芦苇都是本地土种,夏天长得可高了,有二三米高。现在大家都认为当年保留这块湿地是对的,可那时也不是人人都能想通的,都有个思想转变的过程。

初冬时的栖凤洲(2023年11月20日　同大镇政府提供)

父:确实。不是什么时候都能看得那么远。

子:我们根据市主要领导的意图,坚持从实际出发,在原有规划基础上,将十八联圩从三大功能上进行定位:

一是生态湿地。这不难理解,原先这里就是湿地甚至是湖区,明清开始人类活动范围扩大,人进水退,现在是还历史于本来面目。

二是南淝河生态旁路净化系统。过去市区每天有百万吨已处理过的尾水,流进河中再淌入巢湖。深度除磷技术未应用之前,这尾水虽已达标,属一级A排放标准,但仍相当于湖泊水质劣Ⅴ类标准。也就是说,每天仍有百万吨尾水在低污染巢湖。必须想办法再将这些尾水净化。这就需要将尾水引导至圩内湿地"转"一圈再排出去。当然,后来采用深度除磷技术后,水质有了新的提高。2023年,城区污水处理厂实际出水总磷指标为0.08 mg/L,相当于巢湖四类水指标了,但与巢湖理想的三类水指标还有差距。

三是蓄洪区。在2017年版的全省水利规划中有一句,在此处"相机建设蓄洪区"。但实事求是地说,一开始肥东有同志有想法,怎么将水引到我们这儿? 其实这是防洪大局,也是通行做法,省领导支持。时任省长李国英一次来调研,问这儿的防洪标准是多少? 县里一位同志一脸不高兴地说,市区那里是百年一遇,这里是五十年一遇,还要求将防洪标准定为一样。省长当即予以否定。

后来,按照这三个定位,我们"摸着石头过河",拉开了十八联圩湿地建设的帷幕。

父:思想转过弯,工作就好做了。

子:是的。在这之前,早在2016年10月,肥东就启动拆迁工程,完成56个自然村约2422户12000人口的搬迁工作,流转土地3万多亩,完成约1万亩鱼塘经营权回收工作,共投入资金20多亿元。这为后来的湿地建设创造了极好的条件。

父:肥东花了大钱。

子:是的。十八联圩湿地于2018年3月开始建设,共分三期。

已建一期工程投资约0.5亿元,涉及面积226公顷(3400亩)。主要建设内容为基底清理、湿地构建、芦苇杂交柳等植物栽植、水系及进出口改造等。

已建二期工程投资约3.6亿元,涉及面积578公顷(8670亩)。主要建设内容为进出水干渠建设、水系构建、多水田湿地修复、水生植物栽植等。

三期工程于2022年7月20日建设完成,投资约3.5亿元,涉及面积431公顷(6450亩)。主要建设内容为出水泵站、生态渗滤岛建设、乔灌木和水生植物栽植、健康湿地营造等。

原先还有一个四期工程,现在被单列单建,名为"十八联圩生态湿地蓄洪区工程",后面还要说,这是我们从上面争取来的,计划2024年5月完成。

十八联圩工程建设目标远大、周期较长,但这到底符合不符合中央精神? 对巢湖治理有多大功效? 我们一开始心里也没有底。

令人万分高兴的是,2020年8月19日,习近平总书记来此考察,进一步为我们指

大美湿地初长成

明了前进方向。

父：那天的情况我们都看电视了，十分振奋。

子：是的。本来在我国，有林业部门定义的湿地概念，有水利部门定义的蓄洪区概念。但将生态湿地和蓄洪区两个概念连起来，形成"生态湿地蓄洪区"的概念却是没有的。而这一概念正是在我们这儿形成的。

父：怎么讲？你说具体些。

子：我清楚地记得，习近平总书记是8月19日下午5点多到的。那天40度以上高温，烈日炎炎之下，总书记草帽都未戴。他冒着高温酷暑，察看十八联圩行蓄洪情况，站在大堤上远眺八百里巢湖，发出了重要指示。

第二天（8月20日）中午（11:20），新华社发出了一条短讯："习近平：让八百里巢湖成为合肥最好的名片。"这令我们激动不已，特别是电讯稿中的导语，标出了十八联圩生态湿地蓄洪区这个新名词。

导语是这么说的："19日下午，正在安徽考察调研的习近平总书记来到合肥市肥东县十八联圩生态湿地蓄洪区巢湖大堤罗家疃段察看巢湖水势水情。"

请注意听，这里有个"生态湿地蓄洪区"的名词，这个提法在我国可是首次。进一步明确了我们前进的方向，增添了工作动力，我们干得更有劲了。

说来高兴的是，在这之前，我们曾去国家发改委、水利部争取了一个十八联圩治理子项目。后来就被定名为"十八联圩生态湿地蓄洪区"项目，并被列为国家150项重大水利工程之一。这也是国家同类型第一个项目，我们倍感自豪。工程投资估算9.7亿元，涉及蓄洪面积2370公顷。虽然单列单建，但与十八联圩生态湿地蓄洪区总体规划一致。

四

父：原来如此。这确实是极大的鼓舞！也真不容易。那在习近平总书记考察调研推动下，十大湿地建设一定干得更好了。几年下来，成绩斐然吧？

子：是的。2022年7月，除了这个项目外，环湖十大湿地全面建成。湿地串珠成链，筑牢巢湖水安全、水生态重要屏障，成为合肥市生态文明建设的一项标志性工程和靓丽名片，湿地生态效益逐步显现。具体表现是：

一是湿地净化功能不断提升。十大湿地日均净化能力达120万吨，氨氮污染物削减率20%以上。

二是调蓄洪水能力显著增强。十大湿地在2020年累计蓄洪2.69亿立方米，最大限度减少了入湖水量，有效保护了主城区安全。

三是农业面源污染有效减少。通过实施退耕退养退居还湿，大幅减少了种植业、养殖业和居民生活污染，对巢湖水质改善起到了积极作用。近年来，巢湖年均近40

亿立方米Ⅱ类水流入长江,为长江大保护作出了重要贡献。

　　四是生物多样性更加丰富。调查显示,截至2023年底,巢湖水环境一级保护区范围内植物达826种,国家重点保护植物16种;鸟类311种,环巢湖新纪录26种(2022年17种、2023年9种),东方白鹳、青头潜鸭、黄胸鹀等珍稀濒危鸟类陆续现身巢湖湿地,由"稀客、过客"变为"常客、住客"。八百里巢湖风光无限,绘就出一幅人湖和谐的壮美画卷。

肥西三河湿地(安徽大学虞磊摄于2023年11月)

　　尤为可喜的是,红嘴鸥越来越多了,未来也许会成为和滇池一样的风景。去年11月,我还专门为此写了一篇文章(见附录二),您看看。

　　父:写得不错,应该这样做。

　　子:还有庐江黄陂湖湿地现在恢复得也很好,回流的鸟也很多,再给您看我写的另一篇文章(见附录三)。

　　父:黄陂湖是巢湖的子湖,现在恢复成这个样子很不容易,还要继续努力。

　　子:是的。正是因为这个骄人成绩,合肥荣获"国际湿地城市"称号。这是十分开心的事。2022年6月,合肥与武汉等七个城市成功入选"国际湿地城市"。这也是合肥首张耀眼的国际名片。合肥现有国家重要湿地1处,建成8处省级以上湿地公园,湿地保有量11.82万公顷,湿地保护率达76%。不仅如此,合肥还先后荣膺中国首批园林城市、国家森林城市。前不久还获得国家气象局授予的"气候宜居城市"称号,这在地级市和省会城市还是首例,十分难得。

大美湿地初长成

2023 年 12 月 25 日，新华社发《何以百鸟来"巢"》

父：成绩可喜，下一步怎么做？

子：主要是持续建设、继续完善，重点是十八联圩生态湿地蓄洪区项目要按期完工。还有，芦溪嘴湖内湿地等的恢复已被列上日程，需要适时开工建设。

后一工程已完成项目建议书编制，主要建设内容就是，通过对水系的梳理、地形的重塑、生境的营造、植被的恢复与丰富，构筑、重现当年的情景。我曾提出将当年的沙滩线找出来，围绕这条线来恢复。因为这个滩地虽然现在很小，没在水中，但沙基很牢，未来还会有大量湖沙聚积，部分重现芦溪嘴当年盛景是可能的。现在正是按照这个思路来做。

父：这个想法好。据我们平时观察，这里的风浪和别处不大一样。

子：是的。沈吉等著的《湖泊学》对此处的吞吐流、风生流有详细的描述，与我们的观察一致。

同时，下一步，继续推动"湿地＋"建设。2021年元月，我们专程去杭州西溪湿地进行了考察，准备借鉴他们的做法，搞一些这方面的旅游产品，满足市民玩在湖边的需要。如在十八联圩湿地，已成立专门的公司，专司这项工作。这方面我也写过一篇小文（见附录四），您可看看。

父：这是当然。湿地对城里人是很有吸引力的。对了，最后问你一个问题：湖内能否恢复些湿地？

子：这个问题我们讨论过多次。2019年9月7日，我们将著名湿地专家武汉大学的于丹教授请来，顺湖边走了一圈，进行湿地修复指导。

于丹教授长期从事湿地修复科研和大面积推广，他带人在梁子湖种下20万亩水草，使这与天然水草一起形成了覆盖湖底的"水下森林"，让梁子湖成为长江中下游水质最好的湖泊。于教授快七十了，那天天很热，中午也未休息，但他兴致很高，我陪他一路走一路看，他提了很多很好意见。

父：他怎么说？

子：于教授十分谦虚，戏称"自己也就认识几棵草"。他说，巢湖现在尚不是草型清水态湖泊，而是藻型浊水态。如何有效恢复和重建沉水植被，已成为巢湖治理的重大课题之一。在当前的情况下，巢湖内侧也不是不可以种些水生植物的。可按照先易后难、先急后缓和从小水域到大水面、从封闭水域到开放水面的实施思路，分区分批开展不同层级水生植物种植试验。

父：这很有道理。不能太性急，要综合考虑水位、风浪等影响，不然，栽下去就会打水漂。

子：对。于教授建议，具体试验种植水域为：

大美湿地初长成

一是现有的少数以防浪、挡藻为主要目的的半封闭水域,如渡江战役纪念馆前,其内部的半封闭水域具有沉水植被恢复条件。沉水植被生态功能最高,但又是最难种、最难活的。恰恰巢湖现在最缺沉水植被。他建议,可将这里作为"巢湖综合治理沉水植被种植实验区"。

二是烔炀河道、派河口等水域具有先行试验条件,可选择多种类水生植物种植或复合套种,如河道种植沉水植物苦草、轮叶黑藻,围堰湿地套种挺水植物荷花等。

三是双桥河口、严桥三河湾等少量近岸带浅水区域,具有挺水植物和沉水植物生长条件,可以种植苦草、荷花、芦苇等。特别是要将莲作为巢湖的一个先锋物种种下去,1米左右的水深种粉莲,2～3米的水深种红莲等,形成苇海荷塘、鸟类天堂。

父:这些建议都很好啊。那天于教授还说了什么?

子:于教授反复强调,外来物种引进一定要慎重。他举例说,伊乐藻就是,太湖曾经种过18万亩,但它长起来后,在温度超过30度时根就腐烂,一腐烂整个形成一个漂华层。漂华层上到水面后,局部水的富营养化就非常严重。因此,有专家说,太湖18万亩伊乐藻死亡,直接导致了太湖富营养化的开始。

他还说,湖边菱角要清除,因为"七菱八落",到农历八月底菱角就开始腐烂黑水了。水花生(革命草)要清除,但水鳖要保留。

父:噢,对的,他的经验真丰富。这些意见采纳了吗?

子:大部分采纳了。当然,大面积恢复需要一系列条件,特别是要降低水位,而这又牵涉到航运等,牵一发动全湖。有关部门正在进行这方面的论证。

父:满湖是草当然好,可要恢复当年的场景谈何容易? 关键是水位的控制,怎样才能恰恰好? 这确实需要反复论证、谨慎推进。

子:是的。正如巢湖研究院原院长朱青所言:巢湖水位高低及过程控制,与控湖能力和防洪排涝、蓄水灌溉、航道水深、环境容量、湿地出露等功能需求关系密切。防洪减灾期望水低,灌溉蓄水期望水高,航运发展期望水深,水质变清期望水动,湿地出露期望水落,彼此之间协调困难并矛盾尖锐。受目前排洪和引江能力不足制约,湖区长期处在怕洪不敢引、怕旱引不来的纠结困境。当前湖水位调度主要服从防洪、蓄水和航运,很难更多兼顾水质改善和生态修复。

随着引江济淮的通水和对江泵站的加快推进,为破解洪水关门淹、解除湖区半封闭、构建流域水循环奠定了基础,也为冬春季节湿地出露创造了条件。为此,开展集防洪、蓄水、航运生态等功能利用为一体的多目标需求下生态水位调控研究,不仅十分必要,也十分迫切。

父:那就抓紧做呗。

子:是的。根据最大公约数原理,课题组根据引江济淮通水、湖区航槽启动疏浚、对江泵站建成等时间节点,按照先易后难、先急后缓的原则,提出渐进式实现水落、分步骤促使滩出,示范推进湖区湿地建设的方案。

第一步,提升现有环湖湿地质量,并将冬春季湖水位降至8.0米左右。

第二步,将冬春季湖水位降至7.7米,构建防波堤和布设水生植物。

第三步,将冬春季湖水位降至7.7米以下,进一步扩大湿地自然出露面积,争取达到40平方公里左右。

父:这个目标值得期待。

子:我们今天聊的内容可否作这样小结:巢湖的湿地已大面积在湖的外侧退建,有效促进了巢湖的综合治理,但湿地的综合功能还需着力提升。而这正是巢湖综合治理的下半篇文章之一。

父:可以。

 附录一

十八联圩规划修改的"最大公约数"意义

(2021年2月28日)

十八联圩湿地规划修改了。近期肥东县和相关部门正按照这个规划加紧推进,争取今年能有较大的进展。

包括十八联圩湿地在内的环巢湖十大湿地建设一经提出,便得到省委、省政府的充分肯定,得到社会各界的热切关注和大力支持。习近平总书记2020年8月19日在肥东十八联圩生态湿地蓄洪区巢湖大堤罗家疃段考察调研时指出,"要坚持生态湿地蓄洪区的定位和规划,防止被侵占蚕食,保护好生态湿地的行蓄洪功能和生态保护功能。"习近平总书记的讲话为生态湿地蓄洪区建设一锤定音,功能定位一清二楚,极大地振奋了我们建设的热情,明确了工作方向。

在持续、大力度推进十大湿地建设过程中,我们仔细、反复咀嚼习近平总书记的讲话要求,在提升规划过程中,将原先规划的行蓄洪功能提高到首位。如十八联圩原规划建设的三个定位是"生态湿地、南淝河旁路净化系统、行蓄洪区",现在我们便将第三个功能提升为第一个功能。不仅于此,还规划在肥西、庐江、巢湖再建4个行蓄洪区,同步兼建生态湿地。

在持续、大力度推进十大湿地建设过程中,我们认真学习习近平总书记关于保护耕地、发展粮食生产的重要讲话和中央、省文件,在提升规划过程中,将原先设计的多种植物栽植相当一部分改为水稻——这一特殊的湿地作物,并实施绿色种植。

巢湖历史上湖的内侧有30万亩湿地,现在由于建闸抬高水位而荡然无存了。湖的外侧历史上也多是自然湿地,但明清人口急剧增加时出现人进水退、围湖造田的问题,生态湿地成了水稻田等。现在要恢复巢湖已被破坏的太过简单的生态系统,一个十分重要的措施就是退耕还湖、还湿、还林、还鱼。但这又遇到基本农田保有量和保护粮食产量的矛盾。

大美湿地初长成

由此,在规划完善中,我们一方面着力恢复原有的生态建设系统,通过少量的工程性措施,完成大面积的水系沟通等。另一方面,将原先准备退出来改种的水生植物又反过来改种水稻。只是现在的水稻不是过去的种法了,现在实施的是绿色种植。即在种植模式上,一年只种一季稻,加种一季红花草。这样可以有效降低化肥、农药的使用量,因而实现了农业面源污染防控的任务。对于减少产量带来的效益降低,由市、县两级财政给予每亩650元的补贴。这样一来,未来的水稻田,看似与过去的水稻田一致,但今非昔比,这不仅是"绿色稻",还是水质"净化稻",也是未来其他湿地作物的"等生稻"(即,当粮食产量供大于求,基本农田也可调出时,就可以回过头来退耕种植芦苇等湿地作物)。

在谋划了这两方面的大规划调整后,我们及时于9月18日提出了坚守"两项清单"的要求。一是树种、植物正面清单,简化、优化树种、植物配置,选择"一方水土养一方树"的乡土树种、植物。二是耕地保护红线清单,立足现有地形地貌,不破坏土壤耕作层,不搞大规模土方工程和水系连通。在这之后,又提出未来种植的水生植物多以"绿色稻"为主。

上述举措,其目的就是要保证习近平总书记关于湿地建设、关于耕地保护、关于粮食生产等各项要求都能落实,以求得一个最大公约数。这个规划的调整使我对如何推动实现最大公约数有了新的认识。

现在基层同志在推进某一项工作时往往陷入非此即彼的被动,往往无所适从。究其原因还是缺乏辩证思维所致,谋划工作时没有更好地将各项因素统一起来考虑,思考问题的方式也是机械的、直线型的,不善于系统把握、整体组合,不善于追求最大公约数。

何为最大公约数? 最大公约数是指两个或多个整数共有约数中最大的一个。如28的约数有1、2、4、7、14、28,42的约数有1、2、3、6、7、14、42,而28和42的最大公约数是14。最大公约数的经济社会学意义就是,找到两个或多个事物的共有点,求得最大最有效的解决方案。将此概念运用到经济社会领域,体现的是一种融会贯通的政治智慧。实践证明,用最大公约数统一思想、推进工作、化解矛盾,会使复杂棘手的事情变得简约易行。十八联圩规划的调整就体现了这一定理的运用。

最大公约数定理告诉我们:一是多种问题都得到了解决,能找到一个共同的答案,而非无解;二是问题解决的方案最优,而非多解;三是方案的选择、确定要反复探究。十八联圩湿地规划和建设不正是如此? 如果从单一要求来讲,这一块地,历史上是一片大湖、一块水草丰茂的湿地,近现代是万亩稻田,2016年、2020年因为破圩和行蓄洪需要,又变成一片汪洋。现在是能够回到过去某个单一的形态,但其他需求就不能满足了。那能否将这些要求有机统一实现呢? 习近平总书记肯定的生态湿地蓄洪区的定位就解决了这一问题。这就是建设十八联圩的最大公约数,也是这次修改规划的原因。

当然,要求得最大公约数绝非易事。需要对各类要求的精准理解,需要对总体建设的兼容性把握,需要智慧谋略也需要集成提高。在这一过程中,领导者的认识统一、智慧谋略是重要的,需要在思想认识、目标设计和路径选择中,找出能够形成共识的方案和措施;而规划师的认识、谋略,工程建设者的认识和行动也都十分需要,缺一不可。

 附录二

让巢湖的红嘴鸥成为滇池般的欢景

（2022年11月24日）

近日,数千只红嘴鸥在巢湖半岛国家湿地公园上空集群飞舞,场面十分壮观。

看到这则新闻,我十分高兴,这说明"十大湿地"建设取得了显著成效,人们爱鸟护鸟的意识进一步增强,巢湖岸边正成为鸟的乐园。但红嘴鸥未来会否年年应约而来并且逐渐增多,甚至一部分由候鸟变为留鸟? 这需要研究。

昆明的红嘴鸥举世闻名。凡是去过滇池的,在秋冬季一定会看到成群的红嘴鸥。当你向空中抛下一把鸟食,那众多红嘴鸥扑食的壮美场面,一定会让你兴奋不已。但红嘴鸥并不是滇池原始的大群候鸟,而是昆明人37年前盛情挽留下来的。

我在滇池考察时听昆明同志介绍:红嘴鸥,又称"笑鸥""钓郎""水鸽子",体形、毛色与鸽子相似,嘴和脚皆呈鲜红色,身体大部分羽毛是白色,喜集群,每年冬季都会从西伯利亚等地南迁。昆明红嘴鸥大量飞来是因鸟的习性,更有人为因素。那是37年前的1985年11月。当时,飞来了一些红嘴鸥,这引起市民和市政府的重视。市政府发布了保护通知,拨款设立投食点;由云南大学成立课题组,给16只红嘴鸥戴上鸟环开展环志研究;成立了相应的民间保护组织,实施喂养、护卫行动等。如此一来,环境友好,人鸟相宜,每年红嘴鸥越来越多,现在每年已达4万只。

巢湖的情况与滇池类似,历史上会有此种鸟类但不太多,现在飞来数千只,如果我们能采取昆明类似行动,那一定会形成更加壮美的鸟景。我把此想法转告市林园局、巢湖市政府、巢湖研究院负责同志和安徽大学教授等,建议他们立即研究、采取相应的行动,得到热烈响应。

第二天,巢湖研究院唐晓先同志发来信息:红嘴鸥在中国分布非常广泛,数量众多,被IUCN评为无危物种。它夏季在内蒙古以北地区繁殖,大量越冬在中国东部及北纬32°以南所有湖泊、河流及沿海地带。在巢湖最早的记录见于20世纪70年代安徽大学王岐山教授《合肥地区鸟类研究》一文,它主要以小型鱼虾类为食。这几年由于巢湖全面禁渔,种群数量迅速增加。经2022年上半年调查,红嘴鸥见于巢湖周边各种湿地生境以及湖体内,最大的群体位于三河罗大郢湿地,种群数量最多时有3500只,其他数量较多的还有巢湖半岛三珍渔场500只、三河荷花园500只,在中庙

还有一群30多只游客投喂而不畏人的红嘴鸥。这些大群越冬红嘴鸥在2022年2月28日迁徙离开巢湖,零星的个体最晚一直到5月7日才离开。2022年下半年最早记录到红嘴鸥的日期是10月7日,11月上旬在罗大郢湿地已统计到1500只,目前数量还在增加中。红嘴鸥已经成为巢湖数量最多的一种越冬候鸟。这让我十分振奋。

通过这一件事,我还感到,巢湖综合治理还有很多工作要做,"下半场"的课题才刚刚开始。就拿吸引红嘴鸥返巢来说吧,首先,应悉心观察、跟踪调查,掌握迁徙规律,把握落脚地点。其次,学习昆明37年来一以贯之的系列做法,着力保护,营造生境(包括提供食物)。再次,应适时推出相应的喂鸟观鸟活动,实施"共抓大保护,适度湿地＋"。这样,就可能使红嘴鸥越来越多,蔚为壮观;甚至部分可成为留鸟。

类似的例子也很多。如繁殖于日本北海道的丹顶鹤原为夏候鸟,由于当地人士持续在冬季定期投喂,给予其稳定的食物来源,部分丹顶鹤已经放弃迁徙的本能,成为当地的留鸟。

更重要的是,通过这些活动的实施,能让广大市民参与湿地建设和候鸟保护,加快打造巢湖这个合肥最好的名片,共享人鸟和谐的美景、人鸥共嬉的快乐。

(12月15日补记:11月29日下午,我召集安徽大学周立志,安徽农业大学田胜尼、安徽大学虞磊,巢湖研究院唐晓先、市林园局罗法龙同志等开会,研究如何"迎接红嘴鸥"。12日,罗法龙同志发来短视频说:巢湖监测到的老鼠河口红嘴鸥。上周,他们在这附近投放了食物。果真,成效立竿见影。)

附录三

再造"黄陂夏莲"盛景

（2022年12月11日）

"黄陂夏莲"为"庐江八景"之一。《康熙·庐江县志》收录了潘谧所撰的《庐江八咏·黄陂湖》诗句:"湖水清且闲,临流发佳趣。晓岸叠春山,夏荷落秋露。险浪惊食鱼,崩沙警飞鹭。少女歌采莲,双双荡舟去。"

随着时代的变迁与大自然的造化,茂密的芦苇已渐次取代了"接天莲叶"与"映日荷花"。1991年一场空前大水,再致使湖边芦苇遭灾而严重萎缩。这些年,市、县两级加大投入,实施以退渔还湿为重点的水利建设、生态修复工程,取得了初步的预期成效。11日下午,我专程去黄陂湖进行了调研。

车行黄陂湖大道,欣喜地看到:黄陂湖环湖大道通车了,黄陂湖闸近期可下闸蓄水了,网箱养鱼等不见踪影了,代之而起的是碧波荡漾的湖面和风吹摇曳的芦苇,更有成群成对的水鸟不时飞来……当年设计的美好蓝图正一步步变为现实。

下一步如何做?我在与周天斌、陈伟、钱中军同志交谈中提出如下建议:

首先，把握"共抓大保护，适度湿地＋"原则。湖内，就是"封山育林"，不要有建设，现有的埂堤只要不阻水就不宜倒腾，让自然之力发力，使其休养生息逐步恢复。湖外，可选择堤外若干村庄，结合美好乡村建设，统一打造"观鸟小镇"。

其二，统筹城乡防汛抗旱与生态湿地建设关系。黄陂湖闸建成使用后，为此创造了必备条件。应当明确，对于黄陂湖来说，长期高水位浸泡是生态灾难，长期干旱湖沟见底也是生态灾难，需科学确定保持黄陂湖生态基流的水位上下线并适时调控。

其三，把握植物恢复的重点。从历史和现实出发，当前主要的是恢复芦苇，同时在一些地方可以恢复种植莲藕。根据净化水质的需要，还可以栽培其他一些沉水植物和浮水植物。

其四，把握鸟类生境和宣传的重点。现在黄陂湖鸟类已经增多，特别是小天鹅数名列全省第一，有专家建议以此作为黄陂湖鸟类观测、宣介重点，将黄陂湖打造成安徽、合肥的"天鹅湖"。这个意见值得考虑。

其五，在湿地外的建设，应尽量采取隐蔽化、减量化的形式推进。即使是观鸟平台的建设，也应学习新加坡、我国香港等国家和地区的做法，注意匠心独具、浑然天成，不显山露水，不花里胡哨和突兀。更反对搞大建设，防止干扰鸟类活动。

其六，学习浙江杭州西溪湿地的做法，走政府主导、企业化运作之路。为此，可成立投资公司，可设计统一logo，可注册统一商标，可开发公共鸟类旅游产品，可推出宣介的短视频、音乐美术作品等。甚至可以委托西溪湿地公司投资、建设、经营。

其七，继续与高校、科研院所合作，进行湿地鸟类观测，将黄陂湖打造成中国有影响的鸟类观测科研基地。

其八，强化黄陂湖湿地的管理，特别是要规范钓鱼行为、打击捕鸟毒鸟等不法行为。

 附录四

翘盼"白鹳飞舞"十八联圩

（2021年6月13日）

今天是端午节。肥东十八联圩二期项目里正在栽植"绿色水稻"。如何营造人水和谐、打造生态湿地蓄洪区，推进、实现生物多样性境界的实现？是我们思考、推进的重点。在此过程中，我们广泛学习、借鉴外地的经验，十八般武艺都用上了。6月8日《人民日报》上一则《打造白鹳宜居稻田湿地》的新闻稿引起了我的注意。我将此稿转给高斌友、姚飞同志和安树青老师。我以为，日本丰冈市的做法，我们可以学习借鉴。

位于日本兵库县的丰冈市立八五郎户岛湿地保护区，以野生白鹳栖息地和"白鹳飞舞"农产品闻名遐迩。此处通过保护与保留、适应与改造、哺育与培育，走出了一条

生态发展与粮食高质量生产相统一的良性循环（见附件）。这对于我们正在建设中的十八联圩生态湿地蓄洪区具有借鉴作用，可以实行"拿来主义"。

——保护与保留。与中国的情况大体一致，野生白鹳在日本一度难觅其踪，为了挽救这一物种，甚至到了人工饲养的地步。当一只野生白鹳从国外飞来，当地人以到来的日期将其命名为"八五郎"。当"八五郎"停留在稻田里悠闲地觅食，当地居民表示"这么美的风景，应该保留下来"。我不知道日本的"八五郎"与中国的东方白鹳是否是一个家族。与其相一致，东方白鹳一度因为湿地大量消退、栖息地生态环境破坏，来巢湖越冬的越来越少。近年来，随着湿地的恢复，在巢湖已连续三年观测到成群的东方白鹳来此越冬。未来，要吸引更多的东方白鹳来巢湖越冬，就必须加快湿地建设。

——适应与改造。要将"八五郎"留下来也非易事。首先是要有水田。于是，丰冈市政府与当地农民协商，将原田块的一半用作水田作为白鹳栖息地。其次，白鹳属于大型涉禽，不会游泳，必须站着啄食。对它们而言，方便觅食的水深在10~20厘米。为此，他们便将水田的水深维持在15厘米左右。反观我们在湿地建设中，似乎偏重湿地植物的栽培，对如何营造鸟类生存环境考虑不周，更没有对特定鸟群生长环境营建的考虑。要恢复、维持生物多样性，必须像丰冈人那样独具匠心。

——哺育与培育。"八五郎"来了，为了进一步优化白鹳的生存环境，丰冈市采取了以下措施：一是设立湿地保护区，包括保护区在内的圆山川下游地区及周边水田被列入《湿地公约》国际重要湿地名录。二是建有一幢两层的管理楼。三是推广"白鹳哺育农法"。在插秧前，尽量推迟水田的放水时间，以便让更多昆虫在水田中留存；使用有机肥料，让水田里有更多的自然饵料。如此哺育措施，怎教白鹳不想它？由于有了近自然状态的哺育，千呼万唤的"绿色水稻"被培育出来了。目前，丰冈市已有超过6000亩的水田采用这一办法种植大米，用这种方法产生出的大米、蔬菜等农产品被认定为"白鹳飞舞"品牌。该品牌大米比普通大米价格高出三成左右，但因品质上乘，深受消费者欢迎。——多么美好的商标，多么动人的生态、生产协同发展比翼双飞的故事。

联想到十八联圩，我们这儿也许成不了白鹳的栖息地，但可成为越冬地。然而，当白鹳来临时，我们准备好了这样的生境吗？准备不好，它们就要继续"雁南飞"，会一直飞到香港。在打造越冬地的同时，我们为什么不可以运用"反弹琵琶"的原理，创出类似"白鹳飞舞"的"十八联圩大米"品牌？如此文章，大有可为。

最新统计数据显示，濒危鸟类东方白鹳的全球总数量已经达到9000多只；去年已有上百只来巢湖越冬。这是了不起的进步！未来会有多少呢？这也许要看各地生态环境建设的竞争与角力，而在这竞争过程中又会撬动、反推更多经济效益的增加。无疑，这就是我们追求的"绿水青山就是金山银山"的良性循环目标。

日本丰冈市立八五郎户岛湿地保护区
打造白鹳宜居稻田湿地

位于日本兵库县的丰冈市立八五郎户岛湿地保护区,以野生白鹳栖息地和"白鹳飞舞"农产品闻名遐迩。该湿地保护区占地3.8公顷,地处丰冈市北部圆山川河口附近,距离日本海仅3公里。这里既有淡水湿地,又有半咸水湿地,周边山村与水稻田、河川、大海有机连接,凸显湿地生态系统的多样性。

20世纪,由于生态环境破坏和湿地减少,日本境内的白鹳数量越来越少。自1971年起,野生白鹳在日本已难觅踪迹。为拯救白鹳,丰冈市从1965年开始人工饲养白鹳。2002年8月5日,一只野生白鹳从外国飞来。它在空中翩翩起舞的样子,令很多人着迷。当地人以它到来的日期将其命名为"八五郎"。

2005年初夏,"八五郎"再次飞回该市,停留在户岛地区的一片水稻田里。群生的雨久花绽放出一朵朵紫色的花朵,白鹳在其间悠闲地觅食,犹如一幅画卷铺展开来。许多当地居民表示,"这么美的风景,应该保留下来"。

按原计划,那片水田要被改造成旱地。为了促进白鹳保护,丰冈市政府与户岛地区的农户协商,双方最终决定将一半水田按原计划加高变成旱地,另一半水田则用作白鹳栖息地。2007年,丰冈市与兵库县联合对水田进行科学化改造,以便为白鹳提供充足的自然饵料。水田的水深被维持在15厘米左右,以方便白鹳在其中觅食鱼类、蛙类及其他水生昆虫。

2009年4月,湿地保护区正式落成。"如果'八五郎'不在丰冈停留,就不会有这个湿地保护区。"为感谢这只白鹳,丰冈市政府将其命名为丰冈市立八五郎户岛湿地保护区。2012年7月,包括保护区在内的圆山川下游地区及周边水田被列入《湿地公约》国际重要湿地名录。

湿地保护区内建有一幢两层的管理楼,用以开展科普教育,并供游客观光使用。在这里,人们既可以远眺湿地整体生态景观,又可以通过展览了解丰冈市保护白鹳的历史。孩子们围坐在一起观看记录白鹳生活的录像。录像中,当地人用镰刀切割湿地里的苇子和宽叶香蒲的片段,让他们体会到保护湿地需要人类积极参与的道理。

为进一步优化白鹳的生存环境,丰冈市还积极推广"白鹳哺育农法":在插秧前,尽量推迟水田的放水时间,以便让更多昆虫在水田中留存;使用有机肥料,让水田里有更多的自然饵料。目前,丰冈市已有超过6000亩的水田采用这一方法种植大米。用这种方法生产出的大米、蔬菜等农产品被认定为"白鹳飞舞"品牌。该品牌大米比普通大米价格高出三成左右,但因品质上乘,深受消费者欢迎。

(《人民日报》2021年6月8日18版)

大美湿地初长成

鱼翔浅底万物苏

时间：始于2023年3月，成文于2023年3月25日
地点：巢湖之滨家中（黄麓镇王疃村）

子：今天我们聊聊巢湖的鱼，这方面您很熟了。

父：我从小在湖边长大，40岁时下湖捕鱼，五六十年前的情况我知道一些；这几年的情况只知道个大概，相反，你更清楚了。

子：是的，五六十年前情况你清楚，我听您多说；这十年特别是禁渔前后的情况我知道，我多说。两个合起来，大体能还原这一时期的巢湖渔业发展史。

父：这倒也是，也很有趣。

子：您的捕鱼技术很高。记得小时候，每当春天下雨时，一夜雨声后，第二天一早，准能看见家里天井里，有很多鲫鱼、黄鳝、泥鳅等在蹦跳，那是您去关田阙（堵住田的缺口，防止春水跑掉）顺捎的战果。中午烧出的鱼真好吃。您还记得第一次下巢湖时是哪一年？有风浪吗？怕不怕？

父：记得。实行"大包干"后，政策一放开，农业生产一下就发展起来了。人一勤田地活就变少了，劳动力就出现富余，人们纷纷外出打工。我当时已40岁，无手艺，不能外出打工，于是就想到"靠水吃水"，下湖打鱼。这样，你三伯帮我们买了一个大划盆（300元钱），我和你春贵老爷就下湖捕鱼了。我虽然在湖边长大，水性好，也会在塘里捉鱼抓虾，但下湖捕鱼还是第一次。为了生活，也只得边干边学了。先是捕虾抓蟹，后来拉网捕大鱼，越干越大，越干越好。

子：那时有蟹？

父：是的，政府用飞机放的苗。最多一天可张（意为捕）30～40斤，一斤卖八毛钱，收入很不错。

子：下湖捕鱼是致富的一个门路，政府鼓励发家致富。当年买划盆的情景我还记得。划盆两头尖、中间宽，桐油刷得光亮，这些都很难忘。下湖捕鱼，家庭收入也随之增加了。我记得夏天白米虾拉上来要卖，叫妹妹去，她还不好意思呢，是与屋前小妹一道去叫卖的。现在回想起来，这一段经历真是难忘，也是无价的财富。

父：是的，苦是苦点，但能挣到钱，你们上学也不愁学费了。

子：可是这个时期我们总怕大风，担心下湖捕鱼遇到大的风浪。记得那时我在上初中，您一下湖我就担心刮大风。晚上放学回家，眺望湖边，急着等你们归来。你们回来后，将捕获的鱼放在天井，活蹦的鱼带来满屋的鱼腥。这个丰收的场景和气息至今难忘。

父：湖上遇到风浪是很可怕的事，我们遇到过几次，但上苍保佑没有事。最主要的原因是，我们才下湖，胆子小，不跑远，一般只离岸边五到七华里，看到天不好，立即赶回来。

子：那我们村子有人遇到过险情吗？

父：有的。那是实行生产责任制后的一个初冬日，记不清哪一年了，十一二月份吧，一整天下大雾，能见度不及100米，没风。我们村两个人、九疃村一个人，各自划着划盆捕虾，回来时看指南针，哪知方向恰恰认反了，跑到对面散兵南湾。天快黑了，很危险，幸亏被当地人发现。一位姓孔老人带村民将划盆拖上岸，并安排在他家住了一晚，第二天才返回。

子：家人急死了吧？

父：那肯定。那时候通信不发达，一直到第二天才联系上。这算是幸运的，比这更惨的是在这之前的一次，西北大风将杨谢村四个正在打鱼的划盆刮到南湾。划盆被打到石岸，两个划盆被打散，人落水里受冻，四个人死了两个，真是惨得很！

子：每个打鱼人家都有一本抗风浪史啊。近期，我在网上看到当年一个打鱼人写的文章，写得很好，我挑重点读给您听：

巢湖渔民的记忆
肖中平

记得1992年，我和岳父买了一条8吨的水泥渔船，开始了准渔民捕鱼生活。那是1993年的秋季银鱼网开捕季节，大概是开湖第二天，我和岳父把渔船开出鸡裕口，在离岸大约有三华里的水面，将银鱼网撑开，然后向西方开始推银鱼网作业。

大约下午2点，我们的船到了黄麓镇芦溪嘴湖面，这时天气很闷热，水面仍然很平静，银鱼此时特别多。

不知不觉中，我突然发现我的左右已经没有了渔船……我发动了两台柴油机，加大油门往王疃窑厂方向急驶。

但没有开出几分钟，天突然黑了下来，湖面近处是白色，远方已经黑色，黑色区域正在向我们逼近，凭经验知道黑色区域就是大浪来了。此时狂风大作，暴雨倾盆而下,雨点有蚕豆粒大,斜斜打在脸上,非常地痛。一道耀眼的闪电,几乎同时就是震耳欲聋的炸雷。

这时狂风暴雨,能见度极差,勉强只能看到船头,只有凭感觉往岸边开。就在这时浪到了,西风浪,船往岸行驶,正好横着浪,船摇摆得厉害。浪越来越大,浪尖已经白头,一道一道地卷来,撞击在小船上。如果再横着浪航行,小船就会被卷翻。我把右边柴油机的油门加到底,抓紧舵杆向右推,顶着大浪航行。巢湖的大浪有个规律,其中有三道最大的浪,夹着三道沟,老远就能看到,阴森可怕,老渔民都知道,一定要避让这三道大浪。

眼看前面又有三个大浪卷过来,浪尖飞着白花。下过巢湖的渔民都知道,浪已经是大白头,最危险的时候到了。船头被这组大浪抬得老高,浪头过去又掉进浪沟里,船头撞击大浪上发出"轰咚轰咚"的声响,整个船都在打颤。大浪过了船头再到船尾,船尾先是被高高地抬起,又重重跌入深沟。

就在这时,我突然感觉到船尾下跌,右边舵杆也猛然向下,一点力道没有,像踩空了一样,发动机转速迅速加快。我心里想坏了,凭经验应该是螺旋桨掉了。在这关键时候如果螺旋桨掉了,那就是大麻烦,单台发动机根本控制不了船,双舵都难操控,何况单发动机。万幸的是虚惊一场,刚才是因为大浪漫过了右边发动机的皮带盘,三角带遇水打滑,大概两分钟后,右边发动机慢慢才恢复正常,但功率大打折扣。

不知不觉天空渐渐放亮,雨也没有那么大,浪渐渐地小了,已经隐隐约约能看到岸边的轮廓,最危险的时候已经过去,我和岳父终于松了一口气。

父:写得好,很传神,是这个情况。不过,幸亏他的船有动力,要是划盆那就更危险了。

子:是的。下湖时不是有天气预报吗? 怎么不知道有风要来?

父:天气预报哪能那么准? 不过有经验的老农会看天象,能注意到短时的天气变化。思鉴三爹就教过我们很多这方面知识,比如午后发暴,云层一箍箍地上来,那就要赶快往岸上跑;风浪来了后,不能抛锚、甩钩,不能横着风,要在船尾拴个板凳或者框等。

子:这些都是难得的抗风浪经验。

父:是的,这是用汗水乃至生命换来的。

子:你们下湖捕的鱼中,主要是哪些类?

父:什么都有,但更多的是"四大家鱼"、白米虾等。具体的就是鲢鱼、鳙鱼、翘嘴鲌、湖鲚、银鱼、白米虾等。

按照你们现在的分类,主要是凶猛肉食性鱼类、一般肉食性鱼类、滤食性鱼类、草食性鱼类、杂食性鱼类,还有泥鳅等小型鱼类。

子:是的。您逐一说说。

父:可以。先说凶猛肉食性鱼类。巢湖里有一种鱼叫鱤鱼,很凶猛,是追鱼吃的鱼,长形、尖嘴,我们捕到过,有6～7斤重,在市场还看到有卖10多斤的。鱤鱼腥,气味很重,要晒干蒸着吃。鱤鱼性暴躁,动静很大,网到后不要动,一动它就会猛摆动,将网甩破。不动,放半小时不到,它会急死,这时就可收网了。可惜,两闸建好后,鱤鱼越来越少了。

子:也不完全是。告诉您一个好消息,近期巢湖渔业生物资源调查,又发现了鱤鱼。这是照片。

右为鱤鱼,巢湖渔业生物资源调查发现(安徽省农业科学院水产所梁阳阳提供)

鱼翔浅底万物苏

父：太好了。这说明禁渔有效果了。凶猛肉食性鱼类还有一些，代表性的是白丝鱼（学名翘嘴鲌）、红梢（学名蒙古鲌）、青梢（学名达氏鲌）、桂鱼（学名鳜鱼）。

翘嘴鲌很凶猛，鱼鳃戳手，如果塘里有一条，就可能将其他鱼吃得差不多。多长在巢湖芦柴间的水中，柘皋河口一片，清河口一片，春季产卵时在湖边能很容易发现，但渔民一般不捕，更不能用电瓶打。

青梢，最好吃，煮着吃最好。一次，网捕到一条一斤多重的，舍不得卖，送给你三伯了。

子：这些鱼攻击人吗？

父：我没感受到过，也没听说过。

子：那一般性的肉食性鱼类有哪些？

父：也不少，如青鱼、银鱼、湖鲚、鲤鱼、鲇鱼等。

青鱼又叫混子，分为乌混和青混。乌混能长30~40斤重，伏在泥窝里不动，一般要用滚钩打。白混又叫青草鱼，吃草和螺蛳等，我打过一条白混十来斤重。听说，二十年前，巢湖放过不少青混，不知现在怎样了？

子：这些青混放养后，吃螺蛳很厉害，对渔业生态的影响还在评估。近期渔业资源调查，已发现了青混。

巢湖渔业生物资源调查发现的青混（安徽省农业科学院水产所梁阳阳提供）

父：湖鲚虽然是小型鱼类，但也是肉食性的，所以味道鲜美。

子:湖鲚,我们最熟悉了,最直接的称呼是毛草鱼,古称刨花鱼,传说是鲁班修建中庙所刨的刨花所变。

父:哪有这回事?这是湖中长出来的。湖鲚又分为两小类:一类就是毛草鱼,个体小,体重一般不超过20克,一龄生;另一类又叫湖刀,个体较大,体重可达150克以上,两龄生。

子:毛草鱼晒干后蒸着吃最香,特别下饭。富煌三珍还用它来做酱,市场上很畅销。

父:是啊。不过,既好吃价格又高的是银鱼了。银鱼有大小之分。小银鱼,又叫太湖银鱼,巢湖"三白"之一,规格较小,体重一般不超过10克,1龄生,有春、秋两个繁殖期。大银鱼,又叫面鱼,体长在10～15厘米。大、小银鱼外形相似,主要区别在于大银鱼舌上有齿,而小银鱼则没有。

面鱼一般出在芦溪嘴东我们村这一片,杨谢村附近有一小片,巢南的人都来这里捕呢。捕面鱼是从冬至一直到大寒。大寒季节时,下大雪,刮北风,那时面鱼头发红。面鱼怕冷,往岸边沙里钻,都沉在底下,下的网只有尺把深,我们最多一次能捕几十斤。面鱼价格一直较高,20世纪90年代初一斤要卖一块多,而毛草鱼只卖一两毛钱。

子:现在价格更贵了。在中庙十八沓有卖油炸面鱼的(从瓦埠湖买来),十块钱三条。

除了这几种鱼,还有哪些您印象深?

父:那多得很。你带来的关于巢湖鱼类的书上,有不少我们捕过,我指给你看:

这是鸡腿鱼(学名花滑,下同),用沉网捕,一天能捕30多斤,一斤能卖一块钱。

这是屎肛屁(学名中华鳑鲏),肚里尽是杂质,一般小的不吃。

这是大蝈笼(学名银鮈)。那是小蝈笼(学名蛇鮈),又叫棺材钉,不好看,不吉利,捕到了甩掉。

这是桂鱼(学名翘嘴鲌),过去多,现在少了。

这是刀鳅(学名中华刀鳅),过去沿岸沟塘多,晒干蒸着吃,现在少了。

这是鞋帮鱼(学名圆尾斗鱼),灰楚楚的,捕到不高兴,甩掉。

这是汪丫鱼(学名黄颡鱼),刺卡死人,家里人疼宝宝不让吃,现在卖得还挺贵。

这是鲇胡(学名鲇),戏水快,50度坡、丈把高,它都能戏上去。所以说,鲇胡戏竹竿。

子:这么多,真长知识了。不过,湖鱼好吃,捕鱼很辛苦吧?

父:也不完全是,乐在其中吧。下网时充满期待,收网时鱼跳人欢啊。

子:怎么下网,网有多种吧?

父:渔网有五六样,主要是飘网和沉网。

飘网,是将网扎在浮子上。浮子原先是用霸王草做的,后来用泡沫。网是轻脚,1米多深,2～3华里长,主要捕鲢鱼、白鱼等。

子:这么长?那划来划去的多累。

鱼翔浅底万物苏

父：是的。这就是你们讲的耕湖牧渔吧。

沉网，就是网沉到底，网两头拴泡沫，上面用旗子作标志，一般1米深以上，长度20参(条)，一条几百个浮子，20参2华里长。秋季到湖心捕，水有4~5米深。也捕这些类鱼。

还有三层网，尺寸由小到大，共三层，放在2米深湖中，大小鱼一网捞，厉害得很。庐江盛桥做这种网。

张刀鱼、面鱼的，也有专用网。

除了用网捕鱼外，还有用滚钩的。我们村没有人干，邻村有。大风不下湖时，在家将滚钩磨快磨尖，很累人。滚钩又分飘钩、沉钩，门道多着呐。

三

子：真不简单，也真不容易。我知道在这些鱼类中，鲢鱼、鳙鱼为巢湖中最重要的滤食性鱼类，生长迅速。但这两类鱼具有洄游习性，由于江湖阻隔，所以无法在湖泊中自然繁殖，只得人工育苗、放养。

父：是的，这个放养很早了。20世纪70年代就有，现在已持续几十年了。

子：这个持续放养，有个很好听的名词：鱼类增殖放流。目的是调节巢湖鱼类种群结构，加快恢复巢湖渔业资源。据我了解，这是从20世纪70年代开始的。目前巢湖中的鲢、鳙均依赖于人工增殖放流，增殖放流对其种群的贡献率为百分之百。同时，根据巢湖水文特征及主要鱼类的产卵繁殖特性，省巢湖管理局选择主要入湖河流河口洄水区、水质较好的浅滩区建设人工产卵场。2020年在全湖共设置人工鱼巢22处，约10万束。

父：渔民捕鱼，多亏有了增殖放流。这几年还放吗？

子：放。省巢管局去年就实施了巢湖渔业资源保护与增殖放流项目。项目实施期限两年，自2022年1月至2023年12月。项目内容与规模是：在巢湖湖区投放滤食性鱼类1000吨，目的是提升滤食性鱼类种群结构比例，优化鱼类种群结构；投放巢湖土著鱼类种苗1220万尾，投放洄游性鱼类4万尾，目的是提高巢湖鱼类生物多样性，促进生态系统健康与稳定。同时，结合长江十年禁渔行动，开展巢湖和裕溪河鱼类资源动态监测。鱼类放养经费为1221万元。

父：投的钱还不少，并且是连续多年。

子：放流的具体物种是：① 滤食性鱼类，鲢、鳙。② 土著鱼类，团头鲂、细鳞斜颌鲴、翘嘴红鲌、翘嘴鳜。③ 洄游性鱼类，胭脂鱼。

父：胭脂鱼？巢湖很少听到了。

子：胭脂鱼为江湖洄游鱼类，主要分布于长江干支流及湖泊，以长江上游数量为多。巢湖历史上有胭脂鱼分布，由于江湖水工阻隔，胭脂鱼在巢湖中资源极低或已灭绝。胭脂鱼是底食性鱼类,主要以底栖无脊椎动物和水底泥渣中的有机物质为食,也吃一些高等植物碎片和藻类。自然条件下,每年2月中旬,性腺接近成熟的亲鱼均要上溯到上游产卵,在巢湖中不能自然繁殖。胭脂鱼为国家二级保护动物,属珍稀濒危物种。放流胭脂鱼,有利于提高巢湖鱼类生物多样性,改善底质环境。

父:听说,胭脂鱼和鲢鳙等的减少,与巢湖闸、裕溪闸的建设有关系。但闸上也建有鱼道,怎么不能发挥作用?

子:是有鱼道。但效果不怎么明显。巢湖闸鱼道始建于20世纪70年代,后随巢湖闸加固扩建工程移址重建。裕溪闸原先也有鱼道,但作用发挥不够。新桥闸没有鱼道。

父:那应该恢复发挥作用啊。

子:是的。我前不久去考察拟建中的鄱阳湖水利枢纽。在这个枢纽中,规划预留了鱼道。工程建成后,在工程调控期,左岸、中间和右岸设置的3线4条鱼道以及右岸设有的1孔生态水闸,能充分满足鱼类进出湖区的需求。同时,枢纽设置的6孔60米大孔闸(其中4孔并组)可使江豚自由出入。

父:这很好。我们应该学习借鉴。

子:我们也很重视鱼道建设和作用的发挥。据了解,最新一轮巢湖闸鱼道改造工程已于去年11月开工,建设内容包括新建鱼道生态监测系统、鱼道诱鱼喷淋系统、防护工程,更换鱼道启闭机,对闸门进行防腐处理、对鱼道结构表面进行防碳化处理等,项目投资402万,预计5月底完工。

裕溪闸鱼道重建工程已于2018年8月完成。新桥闸鱼道工程,我于2017年5月24日曾主持召开一次会议,形成如下一段会议纪要:"为改善牛屯河及巢湖流域的水生态环境,请设计单位在两闸(节制闸和船闸)建设总体布局中预留鱼道位置。"

已建成使用的巢湖闸鱼道(2023年12月)

鱼翔浅底万物苏

四

父：巢湖是个"聚宝盆"，也是当地农民收入的主渠道之一，怎么说禁捕就禁捕，并且一禁就十年？

子：禁捕的原因主要是鱼类资源越来越少，需要让湖泊休养生息。我手头有一份材料：

20世纪五六十年代，巢湖水质良好，巢湖水生植物覆盖率为10％～20％，巢湖与长江的水系连通性较好，此时有记载鱼类94种（其中4种命名有误，实为90种）。鱼类资源量丰富，1952年巢湖的鱼产量为700万斤。

但由于过度捕捞、江湖连通受阻、栖息地环境恶化等原因，自1960年之后，巢湖鱼类资源量急剧下降，直至1973年才有所回升，1979年达到650万斤。

禁捕前夕，由于滥捕等原因，巢湖鱼产量每年约2500万斤，但毛鱼、银鱼等小型鱼类占比超过70％，鱼类整体规格较低，物种趋于简单化和小型化，并且种群结构趋于低龄化，野生洄游性鱼类几乎绝迹，鱼类多样性较低，这不利于巢湖鱼类群落稳定及可持续发展。

父：这个我知道。巢湖里的大鱼原来很多，后来越来越少；相反，毛草鱼却越来越多。这不一定是好事。

子：是这个情况。巢湖整个渔业资源是一个大的生态系统，这个系统是一个完整的生物链，要环环相扣，少了哪一环都不行。

父：是啊，老百姓形象地说"大鱼吃小鱼，小鱼吃虾米，虾米吃浪渣（湖靛）"。

子：这个说法很精辟，形象地描绘了鱼类生物链中各家的关系。禁渔前，首先是在这方面出问题，也就是大的鱼类种群逐年下降，小的鱼类种群逐年上升，特别是毛草鱼等。

父：是的，20世纪90年代初，我亲眼所见，一次，在东西管村湖边，老百姓用船拉，一条网百把米长，三四米深，小眼，一网拉近万斤毛草鱼。我正好路过那里，帮忙摘了会鱼，他们给了我一小蛇皮袋。真不得了，这是"湖中无老虎，毛鱼称大王"了。大鱼少了，小鱼小虾就大丰收了。

子：对这个情况及其背后的原因，很多同志不很了解，因此，对于毛鱼、银鱼年年丰收，大唱赞歌。我就看到当年的媒体报道说，今年巢湖银鱼又大丰收，说明巢湖治理更好了。其实正好讲反了。

父：是反了。那第二个问题呢？

子：第二个问题是，鱼类种群急剧减少。

新中国成立之初，巢湖闸、裕溪闸未建之前，巢湖有记载鱼类94种（其中4种命名有误,实为90种),可禁渔前已不足50种,几乎减了一半,现在才恢复到60种左右。

尤为可怕的是,洄游性鱼类几乎绝迹。有专家告诉我说:白鲟(拉丁名 *Psephurus gladius*),是长江特有鱼类,是一种江—海洄游性鱼类。根据《巢湖鱼类区系研究》文献记载,在1959—1963年的巢湖渔业资源调查中,采集到白鲟;根据《安徽省长江水系重点水域渔业资源调查报告汇编》专著记载,在1973年的巢湖渔业资源调查中,采集到白鲟。此后,在巢湖中再无白鲟记录。2003年,白鲟在四川宜宾最后一次出现,此后再无记录。2020年初,中国水产科学研究院长江水产研究所首席科学家、研究员危起伟等人在国际学术期刊《整体环境科学》发布的一篇研究论文中宣布:长江白鲟灭绝。随后,世界自然保护联盟(IUCN)于北京时间2022年7月21日更新濒危物种红色名录,宣告白鲟灭绝。

父:灭绝?太可惜了!

子:是的。我手头还有一份资料:2006年,在马尾河口发现过一条中华鲟,体重1200克,发现时已死亡。2014年9月1日,在烔炀成功拯救一条中华鲟,体重600克。虽然重视保护和抢救,但却越来越少了。

父:鱼类减少这么多,长期下去真可怕,怪不得要禁渔。那为什么非要禁十年呢?

子:这是由鱼类繁殖规律所决定的。专家告诉我,小型鱼类生长一个世代约一年,如小毛鱼、虾等;大型鱼类一个世代要三五年或更长,如鲢、鳙等在自然条件下,四到六年才性成熟。也就是说,要观察鱼类资源恢复情况,必须要看两到三个世代才能确定,这样就得十年左右时间,不然得不出科学结论。

五

父:有道理。环湖老百姓大多都懂这个理。其实,在这之前,巢湖就实行"捕养结合"。20世纪60年代,分散实行过封湖禁渔制度。1983年正式实施封湖禁渔制度,规定一年中上半年巢湖封湖禁渔,同时规定开湖期间根据每种鱼成熟期的不同,科学确定5个鱼汛期,渔民在规定的时间,使用规定的渔具,捕捞规定的鱼类。这些做法渔民都是认同的。现在实行十年禁渔,渔民也是支持的。

子:是的,我正好赶上这个时期,在市政府分管这项工作,给我印象深的是这样几点:一是党委、政府决心大。二是坚持以人民为中心,财政补偿资金多,就业帮扶大。三是坚持依法治渔,禁渔措施有力。

父:说具体些。

子:我手头有份材料,您有空可以看一看:

2019年元月1日起,巢湖东半湖实施禁捕;2020年元月1日起,巢湖全湖禁捕,暂定十年。

2019年以来,我市禁捕水域共退捕渔船3464艘,捕捞渔民2209户、5638人,已全

鱼翔浅底万物苏

部录入长江流域重点水域退捕渔船管理信息系统。其中,巢湖市1137户、3039人,庐江县258户、588人,包河区326户、716人,肥东县206户、411人,肥西县282户、884人。

退捕渔民就业自2020年11月以来保持动态清零,实现退捕渔民养老、医疗保险参保率100%,低保和住房保障率100%,转产就业率100%。纳入低保58户77人。

截至目前,我市共落实禁捕退捕资金7.77亿元,已支出6.92亿元,其中,直接补助渔民4.65亿元(户均21.08万元),就业保障355.15万元,养老保险保障1.379亿元,渔船拆解及执法装备配置等经费8515万元。我市直补渔民资金总量、户均补助金额均位列全省第一。

2021年1月至今,我市禁捕退捕工作进入巩固阶段,主要开展禁捕巡查和专项行动,打击非法捕捞、非法垂钓等涉渔违法违规行为。

父:这方面的情况我听到的多,老百姓反映确实不错。

子:是的。《人民日报》2021年2月5日发表了长篇通讯《一户上岸渔民的小康账本》,讲述烔炀镇唐嘴村董劲松夫妇上岸的故事。他家三条船补贴拿到11.5万元;夫妇两人办理了养老保险、居民医疗保险;还分别在市、镇实现了再就业。

父:这是邻村的事,大家都知道。禁渔当然会有新变化,有利于鱼类生长。可我也听到这两年春天湖面会飘来一些死鲢鱼,这是怎么回事?

子:禁渔至今才四年多,但已发生积极变化。3月24日上午,我专门请几位专家座谈,了解这方面情况。安徽省农业科学院水产研究所梁阳阳同志说:

禁渔后巢湖鱼群正处于急剧的鱼类资源竞争调整期,尚处于不稳定状态。具体讲,一是鱼类资源量恢复挺好,鲢、鳙翻了一倍不止,翘嘴鲌迅速恢复(一倍),但小型鱼类(鳉刀)明显减少(-40%)。这个变化符合调控预期。二是对监控到的鱼类,发现强的更强,弱的更弱,可能由于小型鱼类空间没有迅速被中间带鱼类填上,监测到的物种数反而略有下降,这可能是鱼类生长时空不匹配缘故。由于鱼类生产情况监控需要一两个世代,现在还不好下结论。但有一点肯定的是,禁渔的成效正朝着预期目标发展。明年是禁渔后的第五年,应有一个初步结论。

父:那鲤鱼怎么会有一些死亡呢?

子:据梁阳阳同志介绍,底层鱼类正在进行结构调整,一是大型鱼类增加了,这就是"僧多";二是底层鱼草、螺蛳变少,这就是"粥少"。两者加起来,就是"僧多粥少",一些鲤鱼被饿瘦、饿死了。他给我看了一张饿瘦的鲤鱼照片,瘦得不成形了。也有专家认为,由于大鱼数量增多,出现鱼老体衰,有鱼病也是可能的。

不过,经中国科学院水生生物研究所、安徽农业大学、安徽省农业科学院等专家调查后研判,认为死亡原因为越冬综合征。

父:这是结论性的意见?

子:是的。据梁阳阳同志介绍,鱼类为变温动物,冬季鱼类通常停止摄食,越冬期间的基础代谢对鱼类能量消耗大,开春后鱼类体质下降,免疫力和抗应激能力下降。

春季水温上升,水体内细菌大量增殖,此时如果遇到"倒春寒",表层水温低、底层水温高,底层水上浮,易将底部的细菌带到水体表层,在温度回升之后大量繁殖。水温的突然变化也会加大鱼类的应激反应。体弱、体表有伤、应激反应严重的个体更易被细菌感染,鱼类出现局部出血、水霉等细菌性疾病,导致鱼类大量死亡。

父:分析有科学依据。

子:越冬综合征常在春季暴发,也叫春季鱼瘟,带来鱼类大量死亡,这在养殖水体和自然水体中常见。根据研究团队调研、走访和媒体报道,2023 年"倒春寒"严重,入春以来,越冬综合征造成鱼类死亡现象,在养殖池塘和大水面湖泊(安庆石塘湖、岳阳南湖、武汉南湖、南昌瑶湖等)中大量发生。

2023 年是巢湖禁捕的第四年,鲢、鳙、鲤等体型较大,在巢湖中少天敌捕食,老、弱、病、残等体质相对较弱的个体较多,易在越冬综合征暴发时死亡。此外,2023 年倒春寒气候,冬季较长,鱼类也更容易发病。

父:原来如此。可能还有一个原因,那就是过去也有死鱼情况,只是那时允许捕鱼,看到半死半活的鱼浮上来,渔民高兴还来不及呢,顺手牵鱼——送上网的丰收。禁捕后,没人敢下湖,正常的死鱼也就越聚越多,这需要及时清捞。

子:您这个观点很重要。

父:本来就是嘛。那未来禁渔会怎么做?

子:有这样几点打算:

第一,持续加强监控,防止反弹,巩固禁渔成果。现在大家感觉禁渔成效明显,有人便对是否有必要禁渔十年产生了疑问。这是不可取的。有关部门和专家指出,现在,水生生物的多样性水平仍比较低,长江流域重点水域的水生生物完整性仍处于"较差"等级,属于六个级别中从好到坏的第四级(禁渔前为最差的"无鱼级");渔业资源水平仍然较低,如太湖的资源量只达到正常资源承载力的 63%;禁渔十年可以有两到三个世代的休养生息,时间短了达不到预期成效。因此,必须坚定不移推进十年禁渔工作。

第二,开展巢湖渔业资源监测及其评估。2021 年元月起,已委托监测单位逐月开展,重点监测鲢、鳙等增殖放流鱼类、短颌鲚等小型鱼虾类及其食物链上下游关联鱼虾类种群数量与结构变化。近期已出监测评估报告。

第三,禁渔后期根据鱼的种群、数量等变化,在报批后,试验开展必要的多余鱼类的移除。如现在鲢、鳙均有部分个体达到生长拐点,之后生长速度将会减缓。禁捕并不能完全恢复巢湖的自然状态,由于巢湖闸和裕溪闸的阻隔,巢湖中的鲢、鳙不能自由进入长江繁殖,其洄游习性也决定其无法在巢湖中自然繁殖,只能在巢湖中自然老去。因此,宜适时合理地捕捞老化个体,带走水体中的营养盐等。当然,这要经过论证和批准。

鱼翔浅底万物苏

六

父：原来担心禁渔会影响市民吃鱼，现在好像市场上并不缺鱼，而且价格也合理。

子：是的。这些年人工养鱼产量很高。禁渔的缺口很容易通过加大人工养殖来弥补。我手头有个资料可以说明这个问题：2014—2018年，巢湖渔业产量分别是：24563吨、25225吨、25246吨、13106吨、14799吨，占全市当年水产总量的比例分别是：10.45%、10.50%、11.56%、5.90%、6.45%。禁渔后影响并不大，特别是其他方面的渔业生产弥补了这一缺口。

市统计局近日发布最新统计数字：2022年，我市渔业产值达到102.26亿元，按可比价同比增长5.9%。特别是去年全市水产养殖面积在减少的情况下，水产品总量达到23.8万吨，同比增长4.26%，水产品总产量保持稳定。这其中稻渔综合种养发挥了很大作用。

父：这很好，老百姓吃鱼不受影响。政府肯定想了很多办法。

子：这些年政府对水产养殖和加工很重视。给您说两个例子。

先说稻鱼综合种养。我们老祖宗很重视稻鱼混养，这些年各地都探索出了新的模式，种粮、养鱼两不误。我有一次去长丰造甲，在村头，一位70多岁老大爷告诉我，他家种了10多亩水稻，并在田里养龙虾，亩均纯效益5000元左右。他还喜滋滋地说，屋后一个贫困户也被他带动种养脱贫了。这坚定了我们在全市推进的信心。截至去年底，全市稻渔综合种养面积已达111.77万亩，小龙虾总产量11.72万吨。

再说富煌三珍。这个企业发展很快，产品在市场上很红火。

父：富煌三珍是我们家乡企业，村里有不少人在那儿上班，原先是富煌钢构为解决家属就业办的，养小龙虾之类，现在做得很大。

子：是不小，我前几天刚去调研，这个企业养殖加工美国鮰鱼。

美国鮰鱼属鲶科鮰属，与长江华鱼是一属，肉质白嫩，鱼皮肥美，无肌间刺，兼有河豚、鲫鱼之鲜美，而无河豚之毒素和鲫鱼之刺多，一直为欧美消费者所青睐。2007年初，他们从美国密西西比河流域一次性引进F_2代斑点叉尾鮰鱼苗30万尾，进行逐年选育与培育。

父：这在当年很有眼光，也很有气魄。

子：是的。为防止引进的品种退化，2011年，他们又和相关单位进行斑点叉尾鮰新品种"江丰一号"培育，取得了成功。"江丰一号"生长速度快，抗病力强，解决了因美国原种无法引进而导致品种退化等问题，成为农业部重点推广养殖的水产新品种。

公司目前年繁殖鮰鱼、四大家鱼等鱼苗近2亿尾，并在全国多处建立养殖基地，去年年销售额4.5亿元，其中出口141万美元。

父：是出口创汇大户了。正好弥补禁渔后的市场空缺。

子：是的。近期，他们正在开发第二代新品种，力争"十四五"期间，掌控并销售全国鮰鱼苗种总量的20%（约2亿尾）；本部采购并加工全国鮰鱼总量的20%（2～2.5万吨）；本部销售鮰鱼占到所有餐饮调味鮰鱼的20%（2～2.5万吨）。他们的目标就是，打造超级大单品，将"一条鱼"的文章做足。

父：想不到一条"洋鱼"做成这么大的文章。

子：很了不起。几年前，我在全省农展市长推介会上，专门推介过这斑点叉尾鮰鱼。这次我看了他们的小包装商品，感觉很好。公司为此专门请了一批年轻人，围绕鮰鱼类产品开发即食方便类产品，把产品开发成"烤鱼"专用，特别适合年轻人在外露营时用。

父：现在的渔业生产和加工可是今非昔比，对外开放很重要啊。当然，也不是什么鱼种都能随便引进的，即使引来的也不都能在湖里放养。这有严格的规定。

子：完全正确。斑点叉尾鮰鱼就只能人工饲养而不能在湖里放养。除此之外，省巢湖管理局还列了一个"巢湖禁放外来水生生物"名目，其中有：克氏原螯虾、福寿螺、红耳彩龟、大鳄龟、鳄雀鳝、麦瑞加拉鲮、清道夫（下口鲇）等。

父：这很好。我们在湖边看到了这样的宣传牌。

子：是的。我们这次交流可否作如下小结：鱼是湖泊的主人，也是湖泊治理的风向标。巢湖自古是鱼米之乡，未来，一定会重现鱼翔浅底、鱼肥人欢、万物复苏的盛世美景。

父：可以。

 附　录

我的妹妹在读到初稿"卖虾"这一段时，有感而发写下以下这一段文字：

时光流逝，往事如昨！那个"屋前小妹"其实是"屋后二妹"，她辈分低我一辈却大我两三岁，性格温和，吃苦耐劳，因她家中兄弟多，很早就辍学了！我那时家中虽然不很富裕，但是温饱有"鱼"，从来没有辍学的压力，在四十几年前的乡村也算幸运！

老爸捕虾一般是下午四点左右回到岸边，原先都是老妈亲自去叫卖的，后来实在是太忙了，暑期的一天，她老人家敏锐的目光扫到了聪明俊朗的大哥、二哥，就叫他俩去，可是因为怕难为情，他俩执意不从；我向来看不得大家争执，虽然胆小腼腆，却愿意一试。因为二妹是个厚道的女孩，愿意带我，我跟在她后面不需要吆喝，而且我会称秤，口算快，几两乘以几毛很快就能算出来，另外得到了家人和邻居们的夸奖，尤其是大伯。

在张疃村有很多教师及退休干部、工人，他们经济比较活络些，傍晚时分买几两虾子，配上辣椒一炒便是一道鲜美可口的佳肴！那时每天每家有7～8斤的产量，我和二妹都很朴实，秤的分量足，有时几分的零头也不要，7毛1斤，每天收入有5元左右，相当可观。

鱼翔浅底万物苏

　　大哥二哥他俩也很友好懂事，在家包揽家务，在下午三点左右还要做饭菜，还有汤，我会带着饭菜去岸边送给老爸吃，同时接过虾子，然后立即会同二妹去张疃村，虾子真正是鲜活乱蹦的！有一天小弟要和我一起去，我们在岸边将饭菜拿出来，趁老爸吃饭的间隙爬到划盆里，划盆居然在水面跑起来了，我大惊失色，大喊大叫，老爸立即放下碗筷，迅速游到盆边……身手敏捷！

　　再说说二妹，虽然少时辍学未能好好读书，但后来嫁给了同村的小华，生了一对好儿女，儿女都非常优秀，读书好、工作好！每每从老妈口中得到的消息都是令人羡慕的，我也很为她高兴，从来没有听说过她生病之类的坏消息。大约在两个月前，听老妈说二妹走了！我唏嘘不已，感叹命运无常！……所以平平安安、健健康康就很好！

田依湖生命相连

时间:2023年4到5月,成文于2023年4月27日—5月27日
地点:巢湖之滨家中(黄麓镇王疃村)

一

子:现在已是4月下旬,一晃"五一"假期又要到了,农村又要进入大忙季节。今天我们聊聊巢湖周边的圩田。

父:是的,油菜、小麦快要收割了,还有蚕豆等都要成熟,水稻一季稻也开始育秧。田是农民的命根子,圩田我再熟悉不过了,可多聊聊。

子:圩田又叫围田,是中国古代农民发明的改造低洼地、向湖争田的造田方法。

沈括在《万春圩图记》中记载:江南大都皆山也,可耕之土皆下隰厌水,濒江规其地以堤而艺其中,谓之圩。意思是江南的耕地怕水,于是便在水边筑堤挡水,农民在其中种田,这就是圩田。杨万里则言:圩者,围也。内以围田,外以围水。盖河高而田在水下、沿堤通斗门,每门疏港以溉田。

当然,有学者认为圩田与围田是不同的概念。认为圩田原是营田制的产物,有计划地兴修圩田应得到执行,反之无计划的围湖造田(即围田)应受到限制。只是现在的人们并不在意二者字意的差异了。

父:你讲的我大体都懂。圩田的"圩"字很有意思。

子:是的。《史记·孔子世家》言:"孔子生而圩顶,故名丘。"意思是孔子头顶之骨隆起如"圩",像个小山丘,所以名叫孔丘。但唐人司马贞却解释圩曰"宎也"。"宎"古音通凹,于是他把圩顶读为凹顶。

但不管怎么说,"圩"这个字出现得很早了,只是一直到《康熙字典》才作一准确释义:江淮闲水高于田,筑堤而扞水曰圩。"扞"是"捍"的古字,"扞水"就是抗御洪水。

父:《康熙字典》我家原来有,你爷爷是私塾先生,可惜"文化大革命"时丢了。

子：很可惜。我们村的两个圩（芦溪圩、卜城圩）都是古代围的了，知道具体年代吗？

父：不很清楚。这两个圩围起来应该很早了，我们祖上200多年前从山东迁来，应该从那时开始围的吧。巢湖其他地方的围田时间更早了？

子：更早。我查了《合肥志》《巢湖地区简志》，以及太湖相关资料。对比周边，大体情况是：

长江流域的治水主要包括开河、修圩、筑堤、治河等活动，是一个循序渐进的过程。在这一过程中，如何大量获得旱涝保收的圩田始终是追逐的目标。如太湖流域古代先民创造了位位相接、棋盘化农田水利系统——塘浦圩田。这种将治水和治田相结合的水利体系，极大地促进了农业生产和经济发展。

而巢湖流域在湖边滩涂地修筑圩田，据吴守春同志考证，早在西汉时文翁（古庐江郡舒人、今庐江人，扩大都江堰灌溉效益第一人）入川前就有湖滩造田的记载。

但大规模围田应开始于三国时期。这个时期，东吴已建造"遇旱则积，遇涝则启""溉田三千顷皆膏腴"之铜城闸。

父：是含山的铜城闸吧，建得这么早？

子：是的。看到这个资料，我也很震惊。先人开发巢湖流域、控制牛屯河两岸，已是1800多年前的事了。

父：铜城闸至今仍在发挥巨大作用，当然不是当年的那个老闸了。

子：现在的闸是2019年拆除新建的，我们以前聊过。

在周恩平主编的《巢湖》一书中，有这样一则史料："孙吴推行屯田制，张承任濡须坞都督时，率领部曲五百人在附近屯田，还招募无地或没有耕牛的农民耕种新辟农田，派员专司其事。"这是已知在巢湖区域筑堤围田的最早记载，也是有目的开发巢湖的开端。濡须大体在今天巢湖下游裕溪河一线，与铜城闸相距不远，应互为有联系的水利建设、农业生产活动。

到了宋代，长江流域围田已有一定规模。故北宋名相范仲淹说："江南旧有圩田，每一圩方圆数十里，如大城，中有沟渠，外有门闸，旱则开闸，引江水之利；涝则闭闸，拒江水之害。旱涝不及，为农美利。"

父：历朝历代都重视围田垦荒。

子：也正是在两宋时期，巢湖流域的圩田新建进入全盛时期，此时濒临巢湖的合肥，有修复36圩之多的记载；庐江县有杨柳圩，周环50里。

而到明清时期围田达到峰值，但尚未到饱和线。如合肥有圩数，到清代已由36所增加到77所。清康熙十九年至雍正九年，庐江垦殖扩张之田地为83724亩，基本上都是圩田。此后，垦辟仍在继续。如道光年间新筑同大圩，垦田即达45000亩。

父：我们村周边的圩田大多是在这个时期开垦的。

子：有资料表明，在入清的200多年时间里，巢湖沿湖围垦面积就达62.8万亩。据光绪《庐州府志》记载，肥西县三河镇1855年以前，还只是河流入湖口的一个小沙洲。到1907年，它的位置却远离了湖滨，而现在与巢湖相隔已有十多公里了。

因此,陈恩虎同志在其所著《明清时期巢湖流域农业发展研究》中言,"巢湖圩田滥觞于三国,兴起于唐宋时期"(恢复于明初,笔者加),"鼎盛于康乾时期"。这个结论是正确的。

　　父:围湖的历史很长,也一直未中断过,直到前些年才停下来。

　　子:是的,庐江同大胜利圩就是这个情况。以下是同大镇李强书记提供的书面材料:

　　传说巢湖流域圩口,大多是由官宦、乡绅发起,围湖作圩造田。耕地除交给朝廷的田赋外,剩下的就是自己的。所以从明清开始发展成围湖作圩热,形成数量众多的数百亩、上千亩的中小圩口。

　　胜利圩位于杭埠河入巢湖口处,悬于同大圩之外,依傍同大圩,由龙兴圩、凤洲圩较大圩口和老兴圩、临沼村、鸡心滩等小圩口组成。《庐江地名录》云:"龙兴圩,清初建圩,原名龙心,后改龙兴。""凤洲圩,清雍正年间建,因位于龙心圩之右,故以凤洲相配为名,耕地869亩。"如今的凤洲圩,亦称丰洲圩,有祈盼丰收在望之意。"鸡心滩,此地为凤洲圩西南之外滩,呈鸡心状,故名。"

　　"大跃进"时,原北闸乡组织群众砍掉凤洲圩外滩上芦苇,作一口400余亩的跃进圩。

　　1975—1976年,北闸乡毁湖滩600余亩,作出1300亩耕地,并将龙兴、凤洲、老兴、临沼等圩联并成"胜利圩",意为围湖作圩、造田取得彻底的胜利。

　　2012年,修建环湖大道,将胜利圩一分为二。2014年,灵台村建设美丽乡村时,将胜利圩东南面的1300余亩圩田改建成栖凤洲湿地,重现了旧时芦苇丛生、百鸟云集的景象。

　　父:一个胜利圩,就是一部围湖造田、退田还湿史。几十年下来,正好一个轮回。

　　子:我在庐江时,就正经历这后一段时期。

　　父:生逢盛世。根据你们掌握的情况,巢湖沿岸有多少圩口?最著名的是哪些?

　　子:我手头有这样的资料。《庐州府志·水利》中有一文《天下郡国利病书》,上面有很详细的记载。我读给您听。

　　合肥前奠平陆,凡百里,左湖右山,而后亦广野,故有塘有圩。

　　庐江有山,东滨湖,而平田居其七八,故有塘,有堰,有坝,有荡,湖山并资以为灌溉,由是岁鲜不登。

　　巢西滨湖,东通大江。多圩田,其南多山,亦有堰,有坝,而塘之大小杂然相望。然当陇坂之间,为塘以灌,皆民私力自润……

　　现在的圩田格局,大体就是那时候奠基的。巢湖流域仅合肥市就有大小圩口260个,其中万亩以上的有26个,5万亩以上的3个。由于特殊地形,沿湖圩口多呈碟形,相对较小、较散,这几年推进高标准农田建设,实施小田变大田,改观很大。近期我看了庐江白山镇高标准农田整治项目,总治理面积9000亩,不光小田变大田了,而且清淤塘坝、疏浚沟渠、新建泵站,十分有利于机械化作业和规模经营了。

　　父:这当然好。过去我们也搞过格田成方、农田林网化,现在标准更高、内容更多,不可同日而语了。

田依湖生命相连

庐江圩区高标准农田(叶群慧提供)

子:修圩的意义在于创立粮食生产的基础。筑圩之法很有讲究,既有围岸,也有子岸;无论围岸或子岸,都需通过闸门以控制水量,保证排灌的最大效应。著名学者彭雨新说:"圩围成圩,使水内外有别;堤设以闸,使水出入循规。"古往今来,圩田体系规模宏大,其背后渗透、凝聚着中国古代治水的智慧和集体的力量,营造、维系着一个家族、一个村庄甚至一个乡镇的规制与组织结构。

正因为此,可以说圩田是有组织、有计划开发的结果,布局完整,圩圩相接,与河溪结合,形成了较完善的水利体系。圩田的背后是集体的力量。

父:是可以这么说。我们村的老百姓就是两个圩加一片岗地养活的。整天在一起干活,防汛时在一起迎风挡浪,自然都是一家人。也只有一家人,才能同心保圩。一道圩堤也是一条血脉铸成。

子:这话很经典。圩田是天然的种粮良田。古人说,圩田"不锄不耰,不粪不溉,自非百川甚溢之岁,公私所入视陆作三倍"。意思是圩田如果不是大水年份,庄稼不用怎么管,都比旱地收成高几倍。庐江老百姓说,同大圩插根筷子也能长庄稼。

但时间长了,地力也会衰减。田围下来了,要种水稻等,还有大量的事要做。首先是要保田,搞好水利建设,这个话题我们反复聊过。然后要清除杂草,改善地力,增强营养,将生田变为熟田、荒田变为良田。这是一个漫长的炼田过程,其间凝聚着一代代人艰辛的努力,也就是说我们脚下的这一块块土地是前辈们一分分耕耘出来的。

父:当然。良田不是一天就有的,我们家的圩田到我们手里已是良田,但也要定期除草,增添地肥,在种庄稼时做好地力培育与保护。

子:那怎么培育和保护?

父:首先是及时清除杂草。清杂主要是在水稻栽插后,用人工的办法去薅秧。

子:这个我知道,小时候我见过薅草。薅草的农具叫乌头,一根三四米长的竹竿,前头绑着锯齿状的铁耙子,人站在田边,顺着秧行将乌头伸进去,一拉一拽,将杂草带出来,这看似轻松,实际也很累人,我妈说一干这活她就头晕。

父:这算是巧活,但颈椎不好干长了就可能头晕。

子:保持地力很重要的还有一个方面,就是油菜、晚稻收割后部分秸秆烧掉回田。

父:我们村过去不是这样的情况。我们这里缺少柴禾,哪舍得烧? 山丘区的一些村可能会这样,他们那儿上山就能打到柴禾,所以放火烧荒,肥田、灭虫一举多得。我们这里生产责任制以后,特别是用煤、用电、用气做饭后,才有就地烧秸秆的。

子:那秸秆不能回田,积肥更重要了。

父:是的。积肥过去有这样几种途径:

第一,种绿肥,也就是种红花草。红花草,现在有一个好听的名字,叫紫云英。过去秋冬田种一季红花草,春上犁过来沤田肥田,那是真正的绿肥。一般是晚稻未收割前半个月到二十天先放点水,然后撒播红花草,割稻时水一放,干田割稻,同时红花草也长起来了。红花草不只是好绿肥,猪、牛都喜欢吃,但看着不让吃。前晚(4月26日)我看合肥新闻,槐祥公司在槐林种了几千亩红花草,这很对路。

第二,主要用农家肥。过去每家每户的人畜粪都收集起来用于种庄稼,但这还不够,生产队时就组织到城里公厕挑大粪。这类肥可是稀缺产品,要找人才能挑到。你三伯(王春富)在20世纪五六十年代组织村民去合肥掏干粪,再用船运回来。

子:这个场景电影《人生》中反映过。我1984年到巢湖工作,那时县委大院还是公厕,也看过这个场景。

父:可惜现在没有了,也不知城里的粪到哪了?

子:城里的粪污通过污水处理厂处理,最终变为污泥,但是不能作为肥料,弃之不用了。

父:真是可惜。

子:是的。我手头有个资料:合肥常住人口900万左右,按照每人每天粪污排放量0.7升,每天排放量约6300吨,每年200多万吨。也就是说,现在这200多万吨优质肥白白流到巢湖了。这个数据可通过现在的市区污水处理厂日产污泥2000吨得到验证。这不仅浪费了宝贵的有机肥资源,还增加了处理的成本,也影响了水质。因此,我建议企业和相关部门研究,基于源分离理念,创新城市市政排水体制,在雨污分

田依湖生命相连

流基础上再实施污水分流,实现城市粪污资源的农业再利用,既控制城乡生活污水污染,又将这几百万吨的好肥料抢回来。

父:这有些异想天开了。但是个大好事,可以从村镇污水处理厂先试。如果干成了,再推广开来,将是一个创举。

子:不容易做。因为我们现在的污水处理模式已形成,要掉头进行颠覆性的设计和建设,很多人转不过弯,难!

父:不要泄气,多宣传,再试点。

我们过去积肥还有一个很重要的渠道,每年春上打秧泥。就是在河沟中,人站在划盆上,两手拿着铁夹(无为三官殿生产的),先放下,再由两边向内夹住淤泥,拎上来放到划盆上,再划到田边,用锹甩到田里。

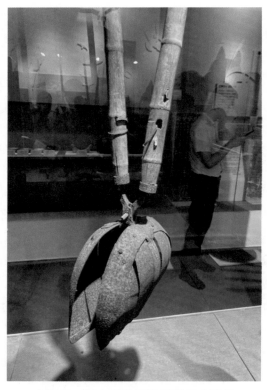

在湖州一村史馆拍到的同类铁夹产品

子:这是一个苦力活。

父:是的。当年生产队记工分,一般一个劳力一天6~7分工,打秧泥一天要加2分工,或者是奖励一斤米。一般都是男劳力干,女劳力干不动。

子:后来还有捞湖靛、挑氨水。

父:捞湖靛这是我们习以为常的事,很早就有了。湖靛是巢湖对圩区人民的恩赐。挑氨水是20世纪70年代的事,每次要到20里外的炯炀镇去挑,一趟来回要大半天时间,不仅路途远,而且氨水很冲人,靠近了很刺眼。

子:为什么要挑氨水?

父:听公社干部和农技人员讲,是我们圩田里缺少氮成分,所以要用氨水来补。氨水很管用,旱田、水田都可以用。棉田种植前,先撒到地里,再犁田。追肥也可以,将氨水放在下风口,挑一担水,放几瓢氨水和一和浇下去,黄棉花就变成了青棉花。

子:为什么要跑那么远? 黄麓镇没有吗?

父:没有。那时氨水生产量不大,还是要靠计划分配,是由火车拉到炯炀的,要到那儿去挑。

子:种田真不容易,圩田也不好种啊。

父:不管怎样,田还是被种出来了。只是20世纪六七十年代人口大膨胀,粮食总不够吃。

子:那怎么办?

父:想尽一切办法,争取粮食高产啊。

子:怎么想办法?

父:办法两条:一是大施化肥、农药,二是单季稻变为两季稻。

子:化肥、农药大量使用是从什么时候开始的?

父:化肥20世纪60年代初第一次搞"责任田"时就有,大规模用是从70年代中期开始的。那时的化肥不仅有氨水,后来还有尿素、碳酸氨、磷肥等,安庆石化就是那时兴建的,他们生产的尿素很管用。

子:农药呢?

父:农药使用更早些,20世纪50年代种棉花就开始有。一开始有DDT,1958年用1059、1605。1605毒性最强,治棉花棉蚜虫,将喷头由下朝上,一遍喷过来,虫子一扫光。

子:高毒农药毒性很强。记得晚稻秧栽下去后虫很多,要打农药。这些农药很厉害,将田里的泥鳅都毒死了,放养的鸭子吃了后竟有中毒的情况。

父:虽然是有副作用,但可以支撑水稻田一季改为两季。我们这儿20世纪70年代前水稻产量不高,并且都是一季稻。曾希圣当安徽省委书记时,1956年"论三改"推广双季稻;从70年代开始大规模种双季稻,搞杂交稻种植。当时,杂交稻种子是镇农机站倪干事(倪后玉)从海南引种的,1978年、1979年本地也能制种了。推广杂交稻后,粮食产量就大幅提高了,吃饭的问题在圩区也就基本解决。

子:正是圩田的恩赐,环湖地区吃饭问题比其他地区要好一些,我上初中时就有这样的明显感受。那时我们圩区的同学吃饭不成问题,岗区同学家里每当春荒时往

田依湖生命相连

往要向外借粮。但圩田长期这么种，也不堪重负，一系列环保问题出来了。

父：是的，正像你看到的，田里一些泥鳅都被毒死了，河流也被污染了。你还记得吧，村民原先喝的是河水，后来不能喝了，只得在村边打了一口井喝井水。

子：这个问题到20世纪末发展得最为严重，并且农田尾水淌进河里流到湖里，还将巢湖污染了。

父：有这么严重吗？

子：有的。据专家调查考证，在入湖污染中，农业面源污染要占大部分。这些污染成分和从城市工厂以及大气沉降形成的营养盐一起汇聚到巢湖，就会使蓝藻等疯长，巢湖就由贫营养状态变为富营养状态，这犹如一个人得糖尿病一样，湖靛就会大量积聚，形成水危机事件。

父：这两者肯定有关系，想不到关系这么大。

子：是的。

父：这么多年来，湖区田地占湖太多，巢湖只剩一片水了，就像你们说的是"一湖剐（寡）水"，有的地方确实需要退耕还湖；圩田也不堪重负，需要休养生息，需要养田。

子：对，在这方面古人早就这么意识到了。陈恩虎所著《明清时期巢湖流域农业发展研究》一书揭秘：在今天的和县西、含山县东原有一个东西距六十里、周百里的陷落湖，名为麻湖，明以后围湖造田，现已开垦殆尽。但由此带来的危害也是巨大的。和州嘉靖年间的七次大水，一次大水入城，万历年间的两次大水入城，都和麻湖围湖造田有直接的关系。难怪和州人民骂当年的主事者张良兴，是个"核之则不可稼而虚赋，逋丁日耗，累民日贫的祸国殃民官"，是个"徒知湖中之水可涸以垦田，而不知湖外之田将胥而为水"的大蠢材，结果"徒有利田之名，而无利国之实"。这两段话也不难理解，骂得很重，一针见血，教训不可谓不惨痛。

父：这值得反思。本来想为民造福，却落得这样的骂名，不值。

子：对啊，还有这样的例子。据康熙《庐江县志》载："庐江的新丰、新兴圩，系巢湖水滩。明嘉靖三十一年大旱，居民钱龙等见水涸滩出，告县开垦二圩，本年成熟。知县何汝璋踏验取租，次年申报巡抚起科秋粮米九十石。因属于蓄水区，嗣后湖水仍旧，滩圩淹没，赔纳粮草，民甚病焉。"头年垦田有收，因此次年需上交皇粮，哪知湖水破圩，"丢了夫人又折兵"。

有鉴于此，乾隆年间安徽巡抚纳敏覆奏："……巢县之焦湖，庐江县之排子等湖……，均有久经报垦入册完粮田地，其间最低处所，现遵例划明界限，不许再垦。"

父：这个规定得对。可是，府县"不许再垦"，后来还是控制不住。原因是人多，亩产量又不高，规定做不到。现在有条件了，可以适度做些退耕、减负的文章了。

子：是的。从大的方面来讲，主要是处理好田与湖、人与湖的关系，对原先是生态用地后来人进湖退的地方可实施退耕还湖。但这面积不大，也不易操作，因为一些田有基本农田红线控制。最主要的还是在减少农业面源污染上下功夫。

父：一家一户种庄稼怎么减？这可不是一两句话的事。

子：是很难。这些年，市里主要抓两个大方面的工作：一是推行12万亩绿色生产。二是配套实施测土配方施肥，推动农药、化肥减量使用。

父：12万亩绿色生产，这是一篇大文章，我听说了，政府要花不少钱。

子：是的。巢湖周边圩田盛产水稻，农民又很擅长双季稻种植，特别是庐江、巢湖市沿湖一线，但要保证双季稻产量就必须大量使用化肥、农药，这又带来了土壤板结和盐渍化现象，同时带来了严重的环保问题。怎么办？一方面国家要粮食、农民要致富，另一方面要减少化肥、农药使用，保护巢湖，这个矛盾怎么解决？市里就在广泛征求意见基础上，提出改变农业种植模式的思路，也就是变双季稻种植为一季红花草加一季水稻种植。这是一个两全其美的办法。

父：那每亩水稻总产低了，农民的收入可就要受到影响。

子：有影响。为了弥补这个收入差距，根据测算，市、县两级财政按每亩650元左右给种粮农民补贴。这个政策从2020年开始，一直持续到现在。市政府2021年2月还专门下发文件。我手机里有这份文件，我念给您听一听。这份文件来之不易，体现了党和政府对农民的关爱，对统筹粮食生产和生态保护的良苦用心。

父：这很好，千万不能损害农民利益。

子：不仅如此，近年来，我们还采取一些措施来提高种粮比较效益，比如共创"巢湖大米"区域品牌，发展优质大米生产销售等。

父：这是个办法。什么时候"巢湖大米"与"五常大米"一样有名，农民种粮收益就会提高很多。

子：对。另一个重要的配套措施就是测土配方施肥。这也是发达国家通行的做法。日本很早就对各类土壤进行测土配方分类整治，要求每公顷使用堆肥标准是，水田为10～15吨，旱田为10～30吨。而我们还没有做到如此精细。据调查，环巢湖地区农业种植中，化肥利用率只有41%左右，农药只有40%左右，过量、过频使用情况很严重，并且大部流失了，造成污染。特别严重的是，各圩田土壤情况不同，但施的肥、打的药基本一致，为此，这几年力推测土配方施肥。

父：说的是，犹如一个人得了"三高"，首先要查出来。

子：2019年全市全面推开，以县为单位，按每200亩为一个单元，测出土壤成分，形成土壤体检报告。

父：但光有报告还不行，还要有诊断书和对症的药。

子：对。过去的一大问题恰恰在这里。报告出来了，知道这个缺钾、那个缺磷，但去化肥厂买的却是通用肥。这不行！我们就与化肥生产厂对接，在农村搞配方肥生产和销售。为此，市政府还出台奖补政策，今年在巢湖流域推广配方肥应用，按照每

田依湖生命相连

亩14元标准对经营主体给予财政补贴,补贴面积达到了163万亩。这方面肥东工作走在前面,市政府2019年特地在肥东召开了现场会,在全市推广。

父:那今年总的效果怎样?

子:我近期沿湖跑了几个地方,感觉还不错。总的情况是:

第一,开展试验示范。截至2022年11月,全市共开展田间试验56个,其中粮食作物化肥利用率试验22个,肥效校正试验16个,有机肥料试验9个,其他试验9个。

第二,参照《测土配方施肥技术规程》(2016年发布)等标准,市农业农村局在全市共布设点位30740个(分三年完成,每年原则上1万个且不重复布设)。2021年至今已检测21660个土样。

第三,在省内权威专家论证下,根据2021年土壤样品检测数据,结合肥料试验结果,按照"大配方、小调整"原则,2022年制定69种肥料配方。同时,通过配方肥补贴政策,计划投入4848.48万元,推广346.3万亩,以财政补贴方式(一级保护区补贴每亩20元,其他区域每亩14元),在巢湖流域水稻、小麦和油菜中推广配方肥。

第四,对接生产企业,建立销售渠道。如肥东县对接红四方等,既生产平衡肥(氮磷钾比例一致的肥料)提供给农民作基肥,还遴选备案配方肥生产企业20家和经销网点93家,在全县实行订单生产提供配方肥,建立配方肥销售网络。截至目前,肥东备案企业已累计生产指定配方肥1.2万吨。巢湖流域12个乡镇、园区范围,通过直供到户或连锁配送的方式,已销售配方肥6000吨,覆盖面积20万亩。

父:这个好,既要有药方,还要有买到药的地方。

子:第五,引入耕地资源管理信息系统,布设调查样点,建立数据库。全市5个农业县市均完成测土配方施肥微信平台建设和最新养分数据更新,平台注册人数约1.7万人。同时,对种植大户实行一户一策。

五

父:但我听说还有不少问题,比如基层对测土配方施肥认识不足,影响长效机制的建立;小农户主动意识不强,影响配方肥推广应用,有的地方未能接受相关技术培训,也没有收到施肥建议卡,未施用符合当地要求的配方肥,实际推广面积比例并不高。

子:这些情况都存在,所以现在还是要抓点带面、持续推进。不过我这次看了几个好的典型,增添了对抓好这项工作的信心。

第一个是,庐江县为了抓好这项工作,2022年4月,专门成立了庐江县农业开发有限公司,负责管理与指导巢湖流域一级保护区等重点生态保护区域的农业绿色生产,涉及三镇一园22个村3万多亩绿色生产。其中优质稻+绿肥1.8万亩、优质稻+油菜0.5万亩。

父:将3万亩流转到这个公司?

子:大部分。

第二个是,光明槐祥在槐林镇武山、槐光新建环巢湖一级保护区水稻绿色种植基地5000亩,基地种植模式实行五改。

即基地种植模式由"一稻一油、一稻一麦"改为"优质稻＋绿肥(紫云英)";改直播稻生产为机械化育插秧,全程实现机械化;改施用化肥为有机肥替代,测土配方,精准施肥,化肥实现减量使用;改化学、农药防治为生物药剂、物理防治和生态调控防治,农药实现减量使用;改常规粮食生产为绿色、优质品牌大米生产,打造"巢湖大米"区域公共品牌和"槐祥大米""皖中有米"等子品牌,实现全产业链融合发展。

经过两年的种植证明,虽然亩产略有下降,但是生产出的稻米品质有大幅度提升,经济社会效益显著,生态条件、水质条件进一步改善,水渠内虾子、小鱼、田螺又回来了。

父:槐祥大米一直干得不错,这次又走在了前面。

子:第三个是,中化农业(MAP)按照六统一模式,即统一土地组织,统一技术方案,统一机械作业,统一金融保险,统一烘干收储,统一品牌打造,已在巢湖市流转6000亩,建设生态农业核心示范区,辐射带动300余户种植大户积极加入,推动巢湖市全流域现代农业发展,在减少化肥、农药使用,在保护环巢湖生态环境的基础上,打造长三角优质大米加工供应基地。

父:听你说,中化农业是央企,这样的合作模式范围可以更大些。

子:是的,正在推。

第四个是,在测土配方施肥技术研发及应用推广上,中科合肥智慧农业谷通过土壤传感器、土壤大数据、精准施肥服务系统等关键技术和系统的研发,构建面向测土配方施肥的精准施肥技术体系。该技术体系包括高通量测土机器人、微流控快检芯片、有效态快检试剂盒、空天地立体化土肥监测系统、土壤肥力分布图、配方手机APP等。

这个系统今年2月被张福锁院士等评价为国际先进。目前,已在全国尺度绘制土壤分布一张图,在区县尺度开展长丰县、新站区、包河区等多个区域土壤养分分布图建设,支撑当地农业局、土肥站等管理部门工作;配合长丰县农业农村局,开展面向70多家农业种植大户的测土配方施肥技术推广工作。这个技术体系是对传统测土配方施肥的革命性迭代。

父:这些工作都抓到点子上了,要有技术依靠和机械装备。

子:思路对头,工作成效就明显,这一方面保持了粮食生产的稳定,合肥去年粮食总产294万吨,连续多年保持在省会城市第六名;另一方面,巢湖水质连续稳定在四类水平,近期为三类。

父:双丰收了。

子:是的。今天我们从圩田的围田、熟田、榨田、养田还原了圩田的发展史,是否可以这样小结:圩田与巢湖相依相伴,是一命运共同体,这也充分体现了习总书记关于山水林田湖草沙是一个命运共同体的思想和要求。

父:可以。

田依湖生命相连

生而为要水利兴

时间：2023年5月，成文于2023年5月
地点：巢湖之滨家中（黄麓镇王疃村）

一

子：今天我们聊聊巢湖水利建设。一部巢湖史，就是一部水利发展史，也是一部人与水斗争的历史。

父：好啊。不过水不好斗，人与水斗得很苦。我从小就挑圩，当生产队长的首要任务就是防汛，每年汛期，风里来雨里去，鞋子每天都是湿的，时间长了，脚趾甲都泡烂了，苦不堪言。不过，现在水利建设搞好了，人们防汛轻松多了。

子：关键是要搞好水利。如果说黄河流域水资源匮乏，传统农业更多的还是靠天吃饭的话，长江、巢湖流域由于水资源丰沛，传统农业更多表现为靠人奋斗了。因此，晋代傅玄总结我们这个流域农业生产的特点是，"天时不如地利，地利不如人和"。李国英同志在安徽当省长时，一次调研环巢湖综合治理，提出了一个很重要的观点：生态，生态，首先要有生，然后才有生态。而这"生"就是水利。

回顾历史，不难看到，一部人类史，其实就是一部水利史。有巢氏的故事，广为传颂，耳熟能详。远古时期有巢氏，筑木为巢。这"巢"既是房屋，也是水利工程的一部分，主要目的还是不让水淹到人和猎之不易的猎物等。自三皇五帝到如今，可以说每一年都在搞水利，现在人们每一天都在享用世世代代累积的水利建设的成果。

父：是的。历史上贤明的统治者都很重视水利建设。

子：对。汉武帝"瓠子堵口"，康熙帝治黄河，至今传为美谈。同时，治水的思路要对路，不然南辕北辙就会出大事。黄万里是我国著名水利学家，他十分喜欢赵朴初先生为其《治水吟草》题的诗，把它挂在书房："上善莫若水，而能为大灾。禹公钦饱学，不只是诗才。"意思是善的最高境界类似于水，但水是能给人们带来灾害的。大禹治

水的故事流传,不只是因为它是好的诗歌题材。治水人的责任很重啊!

父:这关系到众多百姓生产和生活。圩田好做七月难过。我从小就开始挑圩防汛。那时圩口不大,我们村有两个,一个是芦溪圩,面积1000亩,又叫大圩;一个是卜城圩,面积700~800亩,又叫小圩。两个圩口加上一些岗地,养活全村一千多人。防汛时按圩田所在,分生产队各自为战。我们家所在的圩口是卜城圩,圩身较硬,面湖不长,发洪水时经常能保住;芦溪圩就难保了,全堤正对南风浪的冲击,石砌的防浪堤和湖埂经不住冲打,经常溃破。

子:这个情况我熟悉,小时候经常见大人防汛抢险。1983年,我正读师范二年级,放暑假在家,也参加了抢险。小的时候去湖滩玩,除了看到两人高的石墙外,还有断断续续散落一线被浪打倒的散石碎块。

父:那时候,我们就在想,什么时候将这些圩口连在一起,并用石块护砌起来就好了?不仅能联圩抗风浪,而且能跑路开车,一举多得。1991年大水后,开始兴建巢湖到中庙的环湖大道。2015年,新的环湖一周的滨湖大道建成通车。当这些工程完工后,巢湖的防汛才算有了着落。

子:代代治水年年治水。我梳理了一下,从古至今,巢湖的水利建设大体可分为这样几个大的历史阶段:

第一阶段,远古时期。筑木为巢,大禹治水。

第二阶段,汉唐宋元明清时期。人进湖退,围湖造田。

第三阶段,近代时期,主要用人力初步建起一些大型水利工程,当然有的工程已开始采用一些新的科技手段。

第四阶段,新中国成立后,大规模、全局性、根本性水利建设时期。这里又分为新中国成立到改革开放之前、改革开放到现在两个阶段,上马了一系列重大水利建设工程。

父:治水的历史确实很长,远古时期就不说了。我知道的,巢湖水利工程建设口口相传并且有文字记载的应该是三国时期了。

子:不只如此,西汉初期就有。2200多年前,"羹颉侯刘信在七门岭下阻河筑堰,曰'七门',引水东北,发展农耕,灌田8万余亩;又于东加筑乌羊、槽牍堰,谓之'七门三堰'"。这个水利工程就在今杭埠河舒城段,是汉高祖刘邦侄子刘信,选择在河流由山谷进入平原的"谷口"地段修建的。"七门三堰"和陂、塘、垱、渠、沟等有机配合,形成一个自流灌溉系统。今年,这个工程名列世界灌溉工程遗产名录。

父:这是巢湖流域的古代工程,这下在世界扬名了。

子:对。三国时期合肥地区是魏吴相争之地。为了战争等需要,孙权、曹操在巢湖流域都上了一批真正的有目的开发的大型水利工程。比如,孙吴在沿湖大力推行屯田,利用淤浅的滩涂、湿地修筑圩田。为防止土地受淹,逐步修筑堤防挡水。此后,湖堤不断向湖心延伸。唐宋时期,官府加大了滩涂开垦力度。此后历代均围湖筑圩、开垦滩涂,至清光绪年间已是"尽涸而为田矣"。

父：听老人说，裕溪河就是魏吴相争时拓宽整治的。还有，曹操开兆河。

子：这些有一定根据。据清《中庙志》记载，三国时，曹操率军屯巢湖流域，曾组织军民开挖，未果，只遗留故道。

民国三十二年（1943年），新四军七师湖东独立团为阻止盘踞盛桥日军向严桥解放区进犯，曾发动数万民众沿故道，挖成宽10余米、深2米左右的分段蓄水鸿沟。这一段历史，我在审定《中共庐江县党史》时印象很深。

1952年秋，经省政府决定，由芜湖专署主办（后改由省公安厅投资主办），开挖兆河，引水入巢，作为开发白湖的前期工程。当年12月动工，次年4月1日竣工通水。竣工后的兆河底宽15米，河长13.52公里。1955年12月至1956年12月，续将兆河河床拓宽为45米，使白湖与巢湖水道畅通，成为庐江县第一条人工河流。

父：大型水利设施主要还是新中国成立后，特别是20世纪五六十年代上的，虽很艰苦，但勒紧裤腰带上了一些大的工程。

子：是的。从巢湖流域来讲，在这时期主要是上了巢湖闸、裕溪闸，彻底解决江水倒灌、一淹一大片，湖水一泻而下、一旱湖底朝天的问题。

父：这两个工程是控制性枢纽工程，我们印象很深，虽然没有亲身参与建设，但当时就知道，并且很关注。

子：巢湖闸、裕溪闸两闸建设在五大湖中是最早的一批。两闸的建成，意味着从全流域的角度思考、调控防汛抗旱。这在当时财力很紧张的情况下，是十分不易的。

父：巢湖闸我多次去过。远远看上去宏伟壮观，闸名听说还是刘伯承元帅题的字，更具体情况我就不太清楚。

子：巢湖闸位于巢湖市区西南的巢湖出口与裕溪河连接处，是控制巢湖水位、调节湖容及满足通航需求的关键性工程，也是合肥市的第二道防洪屏障。

巢湖闸建于1959年，1962年竣工。那三年正是三年困难时期。枢纽工程包括节制闸、船闸、上下游引河及导流堤、封闭堤和拦河坝等，属大型水闸。巢湖闸原节制闸共10孔，每孔净宽5米，闸身总宽73.12米。船闸位于节制闸的右侧，通航能力1000吨，为三级航道。

2001年12月至2003年6月，省、市对巢湖节制闸及船闸进行了除险加固，在老闸左侧扩建6孔节制闸，单孔净宽5米，闸身总宽46.0米。巢湖闸拦蓄与调节闸上巢湖流域来水，多年平均入湖水量36.5亿立方米，为合肥市生活、工业、农业用水提供了有力的保障。

裕溪闸的情况，我们后面再聊。

父：两闸建好后，可发挥大作用了。好处至少有两条，一是巢湖能存水了，一般年份抗旱有充足的水源;二是江水不会再倒灌了,建闸后阻隔了江湖自然连通,再也不会出现1954年江水倒灌巢湖的情况,巢湖闸也就成为合肥市的第二道防洪屏障。

子:事非经过不知难,前人栽树后人乘凉。这两闸建设的意义现在回过头来看,看得更清楚了,虽然也有不同认识,但总体利大于弊。对于这一点认识,我们近期到鄱阳湖考察拟建的枢纽工程时感受更深了,同时更增进了对前辈大搞水利建设的敬意。

父:这是一段战天斗地的历史,后人应该牢记。听你讲庐江刚建了一个"舒庐干渠纪念馆",这很有意义。

子:改革开放后巢湖流域上的最大工程就是两河两站了。

父:应该是吧,那可是巢湖人民勒紧裤腰带干的,我都去牛屯河工地干过。

子:这个工程我们以前聊过。一开始规划是"两河两站",就是巢湖流域综合治理中的开挖牛屯河分洪道、整治西河小断面,新建凤凰颈排灌站、神塘河排灌站,主要是解决巢湖出水不畅"关门淹"的问题。工程申请世行贷款,后来由于国内配套资金不足,调整为"两河一站",神塘河排灌站缓建。一直到2021年,才将神塘河站建好,当初的规划才最终实现,巢湖人民多年的梦想一朝梦圆。"两河两站"建成后,形成了一主两辅的入江通道,发挥了巨大的防汛抗旱减灾作用。

不过形势发展得很快,原来的凤凰颈站现正拆除重建,到后年年中可以完工。

父:我听你说过,为什么要拆除重建?

子:凤凰颈排灌站位于长江北岸无为境内,是巢湖流域综合治理的骨干水利工程,也长期是安徽省规模最大的泵站(现引江济淮派河及蜀山泵站更大),其主要功能是解决巢湖及西河流域洪水出路和为巢湖提供抗旱水源。

凤凰颈排灌站是"七五"期间安徽省引用外资建设的重点水利工程,设计排涝流量为240 m³/s,设计灌溉引江流量为200 m³/s,具有自排、自引、机排、机引等四种运行工况和"排灌结合、站闸合一"的X流道新颖布局,荣获国家优秀设计金奖。

凤凰颈排灌站自1991年3月投入运行以来,多年年平均排洪水量5.8亿立方米,多年年平均引江水量1.7亿立方米,在抗击历次巢湖大水大旱中发挥了巨大减灾兴利效益。

父:掐指一算,1991年建成至今,已经32年。

子:正是。历经30多年运行,这个工程也逐步暴露出泵站进出水流道较窄、流速分布不均、水流压力脉动大、机组运行不稳等隐患,在2016年大水、2020年大水和2022年大旱实际运行中多次出现故障和异常。

父:这倒是个大问题,小修小补不行了。

子：是的。还有另外一个重要原因，那就是在当时的社会经济条件下，原凤凰颈排灌站引江功能主要为服务西河及巢湖周边农业灌溉，具有灌溉供水保证率较低（引江90％）、引江灌溉时间较短（一般1~2个月）的特点。随着巢湖流域快速发展和引江济淮工程建设，凤凰颈引江供水对象增加至淮河流域、引江保证率提高至95％、引江扬程增加1 m（考虑长江更低水位）、引江持续时间更长（大旱年连续运行11个月），对泵站运行效率和稳定性提出了更高要求。

这就是说，凤凰颈站一方面老了，另一方面能力不足了。鉴于凤凰颈泵站肩负巢湖流域防洪、城乡供水、工业用水、农业灌溉、生态补水和引江济淮等繁重任务，为确保可靠运行和万无一失，经长期论证和6次试验，决定在原址后退重建泵站，其中X流道单条宽度由7.4米扩大至9.0米，6台机组总宽度由44.4米扩宽至54米，拓宽9.6米。

2021年1月，经水利部批复，凤凰颈排灌站重建工程于2022年10月开工，工程投资8.08亿元，计划2025年汛前建成。

这里还有一个故事，到底什么时间拆除重建为好，我们提出了一个意见，后被采纳。这有一篇小文（附录一），您可看看。

父：你们反映及时，上级决策开明。那如果建设期间发生洪水和干旱怎么办？

子：这由已建成的工程来保障。

从防汛排涝来讲，新建的神塘河站、凤凰颈新站排洪能力加起来为每秒197立方米，与拆除的凤凰颈排灌站每秒240立方米流量，大体相当。

从抗旱引水来讲，虽然在无为沿江处暂无引水功能，但可利用新建的引江济巢段，从枞阳、庐江，将长江水引到巢湖。去年大旱时已经实施。

父：引江济巢已开始了。

子：是的。2022年，根据《关于开启枞阳站向巢湖、西河、兆河应急引调水的通知》要求，省引江济淮集团公司积极组织调度，于2022年10月22日17时枞阳泵站先后开启机组，同步调度庐江节制闸开启，并调度白山船闸开闸过流入巢湖。本次调水截至2022年11月29日，菜（子湖）巢（湖）湖线应急引调水枞阳泵站共抽引长江水1.35亿立方米，巢湖中庙水位从8.48 m（吴淞高程，下同）提升至8.72 m，有效缓解了巢湖流域干旱局势。

2023年已开展两次补水，年度累计补水约1.37亿立方米。其中2023年2月10日至2023年3月3日完成第一次补水，共补水9514万立方米；2023年4月10日至4月14日完成第二次补水，共补水4192万立方米。

父：这样做，老百姓放心。听说你们还拆除重建了几个闸？

子：是的。2011年区划调整时，原地级巢湖市一分为三，和县、含山划到马鞍山，无为划到芜湖。从巢湖全流域防汛抗旱整体考虑，省里决定，仍将凤凰颈站（地处无为）、裕溪闸（地处鸠江区）、铜城闸（地处含山）、新桥闸（地处和县）归属省巢湖管理局管理。为了进一步增强防洪能力，合肥对这几个闸进行了重建或改扩建。

父：裕溪闸是老闸，又特别重要，第一个需要改扩建了？

子:裕溪闸枢纽工程位于长江下游左岸,巢湖流域裕溪河入江口约 4 km 处。工程由节制闸、船闸、拦河坝、鱼道、上下游引河道、导流堤等组成。工程集防洪、排涝、灌溉及航运于一体。节制闸于 1959 年底开工,1967 年 5 月建成放水,共 24 孔(其中深孔 8 孔,浅孔 16 孔,单孔净宽 5.0 m,闸门为平面钢闸门,底板高程:深孔 2.5m、浅孔 5.0 m),设计流量 1170 m³/s,校核流量 1400 m³/s。

运行以来,由于地质条件差,加之先天不足,虽经多次加固,仍未根本消除险情,2012 年裕溪节制闸安全鉴定为三类闸,列入全国病险闸除险加固规划,为此,需进行除险加固。工程总投资 16920.31 万元。

主要工程建设内容为:移址重建节制闸、部分拆除老节制闸、重建公路桥、鱼道等。裕溪节制闸新闸为Ⅱ等大(2)型规模,(主要建筑物为 1 级,共 14 孔,每孔净宽 8.0 m,底板高程 3.0 m)。设计洪水标准为 50 年一遇,校核洪水标准为 100 年一遇;设计流量 1270 m³/s,校核流量 1475 m³/s。

裕溪闸除险加固工程于 2015 年 1 月正式开工建设,2021 年 12 月通过竣工验收。工程投入运行后,经过 2020—2022 年三个汛期的考验,工程运行正常。经统计,裕溪闸 2020 年全年泄洪 81.80 亿立方米,2021 年全年泄洪 50.30 亿立方米,2022 年汛前泄洪 37.18 亿立方米。特别是 2020 年巢湖流域发生百年未遇特大洪水,裕溪闸上下游创有水文记录以来历史最高水位 12.77 m 和 12.74 m,裕溪闸在超设计工况条件下,安全运行,争分夺秒,抢排洪水,主汛期共排洪入江 60.27 亿立方米,发挥了巨大的工程效益和社会效益。

在工程实施阶段,我几次去现场查看,帮助协调解决一些问题,按照时间节点督促计划工期的完成。

父:这个工程确实不能有任何闪失,特别是要按期完工,保证防汛能及时使用。

子:铜城节制闸工程为水工二级建筑物,建于后河、牛屯河、三汊河三河交汇处,为牛屯河分洪道的进水闸,在牛屯河分洪道的控制运用中起着重要的作用。汛期当长江水位低于巢湖洪水位时,铜城闸开闸分洪,宣泄巢湖流域洪水,设计分洪流量 455 m³/s;而当暴雨中心发生在牛屯河流域,闸下水位高于 11.81 m 时,则关闭闸门,以保证牛屯河本流域的防洪安全。工程于 1989 年 10 月份开工兴建,1990 年 5 月闸门就位挡水。铜城节制闸共 6 孔,每孔净宽 8.0 m,节制闸总长 64.6 m。

随着巢湖流域防洪格局调整和牛屯河功能定位的改变,铜城闸的运行控制和功用发生了巨大变化。根据铜城闸现状运行情况和安全鉴定结论,结合《巢湖流域防洪规划》和《牛屯河系统治理规划》成果,需对铜城闸按设计泄洪流量 1000 m³/s 进行加固扩建。

工程核定概算投资 8796 万元。主要建设内容是在老闸下游 70 m 处进行扩建。铜城节制闸新闸为Ⅱ等大(2)型水闸,主要建筑物级别为 2 级,次要建筑物级别为 3 级。共 11 孔,每孔净宽 8.0 m,底板高程 3.4 m;设计防洪标准采用 50 年一遇,校核防洪标准为 100 年一遇;设计排洪标准考虑与牛屯河设计排洪规模一致,为 20 年一遇,

生而为要水利兴

校核排洪标准为50年一遇;设计流量1000 m³/s,校核流量1140 m³/s。新建节制闸由闸室、两岸连接建筑物、消能防冲设施及公路桥等建筑物组成。

工程2017年11月10日正式开工,2020年11月25日工程竣工验收。这个工程工期抢得紧、质量抓得牢,在2020年防洪中发挥了巨大作用。

父:新桥闸在和县,是通江闸了?

子:是的。新桥闸水利枢纽位于马鞍山市郑蒲港新区白桥镇(原属和县)境内,和县江堤8+780处,系巢湖流域牛屯河入江口控制性建筑物。该枢纽工程由节制闸和船闸组成,主要功能为防洪、排涝、灌溉、航运等。节制闸建成于1978年,设计流量700 m³/s。船闸于1992年建成,位于节制闸左岸,按六级航道标准设计。

2017年汛后,对节制闸进行拆除、原址重建。新建节制闸为大(2)型水闸,设计泄洪流量为1000 m³/s,校核泄洪流量1150 m³/s,引江水灌溉流量200 m³/s。工程按期完工后,同样在抗御2020年特大洪水中发挥了巨大作用。

四

父:近几十年,在"两河两站"工程建设之后,最大的水利工程就是环湖大道了。

子:是的,这个情况我知道。环湖大道庐江段,我还是主推动者。环湖大道首先是原县级巢湖市开始干起来的。

父:那是1991年大水后。当年大水,巢湖沿岸上百个圩口几乎都溃破了,连中埠大联圩都未能保住,淮南铁路中断多日,合芜路被淹几个月,皖南人到合肥要绕道南京上合宁高速才行。灾后,巢湖市谋划推进环湖滨湖大道建设。

子:那时我在广播电台工作,在参加水利兴修会上得知这一构想,立即从一堆材料中抽出这一新闻素材,单独发了一条《巢湖市将修建一条从市区到中庙环湖大道》的新闻,后刊载在《巢湖报》上,没几天省电视台《安徽新闻联播》摘播了这则新闻。那时真盼啊!要是大道修好了,兴许防汛任务就减轻了。

父:是那么想。当政府要修环湖大道时,沿湖群众举双手赞成,都愿意出工出钱。

子:我记得这条大道从市区西坝口开始一直到中庙,长53.5公里。按照联圩成路、遇水架桥的思路,贴着湖边走,既是一条防洪大堤,又形成了一条新的交通干线,当时一开始设计投资不足1亿元,后实际投资1.7亿,除市区一段争取了上级资金支持外,大部分资金都是地方自筹的。而在这自筹资金中,农民除投劳外,还要按人口、田亩集资,确实不易。

父:是的。那时农民负担很重,黄麓还发生了一个极端事件,但大多数老百姓还是理解的,不埋怨,终于在1999年将环湖大道建成了。令人高兴的是,大堤建成后,防汛的压力就减少了大半,再也未发生临湖圩堤溃决之事。

子:是的。这个工程堤顶高程14 m,顶宽12 m,可防御12 m的洪水位以及5~6

级风浪。后来在这基础上,2008年,原地级巢湖市(2011年后是合肥市),顺着原环湖大道,利用一部分干堤,向后新建部分新路,再向两端拓展延伸,打通龟山隧道,架起南淝河大桥,2013年建成集防洪、交通、旅游为一体,连通合肥与巢湖的70公里长的滨湖大道。再后来,2011年区划调整后,合肥于2015年将环湖大道南北贯通,全长155公里。

在这一过程中,为了筹集资金,原地级巢湖市政府牵头,由居巢区政府在中庙出让一块地给省高速公路公司开发。这就是今天中庙高速云水湾的由来。

父:现在这条大道更漂亮了,原先环湖大道一部分改造成慢行系统,我经常看到很多骑行的人。

骑行车道

子:北段环湖大堤修好后,对南岸的庐江刺激、带动很大,我去庐江工作后筹划的第一件大事就是修环湖大道。总结北岸环湖大道建设的经验教训,我提出庐江的环湖大道要一步规划建设到位,不能修两次。为此,规划建设的是双向四车道加慢行系统。这个标准是整个环湖大道中最高的。

父:规划很重要,你前年带我和你妈去南岸转了转,感觉标准很高,这样未来就不要再修来修去了。

子:2015年环湖大道全线贯通,这样,沿湖防洪就有了坚实的底气,也才能经受住2016、2020年大水的考验。

巢湖环湖大道（苏玲摄）

父：巢湖的防洪问题基本解决了，但干旱还是经常发生的，蓝藻水华每年都有，湖靛泛湖令人头疼，这就要上引江济淮工程了。

子：是的，这是世纪工程，世界上目前在建的第二大水利工程，去年10月，引江济巢段通水了。

父：够快的，说说详细情况。

子：你知道，一道江淮分水岭，让南淝河流向巢湖再入长江，东淝河则北汇淮河。两条河最近处不到20公里，却不能交汇。三国时期，曹操试图开通一条运河，将这两条河连起来，以沟通江淮，一统华夏，但由于遇到的是膨胀土（夹杂高岭土等），"晴天一把刀，雨天一团糟"，"日挖一丈，夜长八尺"，最终因不明就里，只能望岭兴叹。

现在的引江济淮工程沟通长江、淮河两大水系，是跨流域、跨省的重大战略性水资源配置和综合利用工程。工程任务以城乡供水和发展江淮航运为主，结合灌溉补水和改善巢湖及淮河水生态环境，是国务院确定的全国172项节水供水重大水利工程之一，也是润泽安徽、惠及河南的重大基础设施和重要民生工程。

工程供水范围涉及豫皖2省15个市55个县（市区），总面积7.06万平方公里，供水人口5117万。规划设计引江规模300 m^3/s，入淮规模280 m^3/s。预计2030年引江水量为34.27亿立方米，2040年为43亿立方米。引江济淮工程等级为Ⅰ等，规模为大（1）型，主体工程输水线路总长723公里，可研阶段批复总投资912.71亿元，主体工程总工期72个月。

父：可与京杭大运河相媲美。

子：可以这么说。我所了解的有这样几个特点，一是航运功能的增加，二是整个线路的延伸。

父：过去没有考虑航运功能？

子：也不是没有考虑，是有争议。这个工程谋划了很多年，也争论了很多年，这是科学民主决策的需要。我在县里工作时，知道当时论证的方案之一，是管网输水型，就是将长江水通过管道送到巢湖再送到江淮之间，或者像南水北调工程一样，开挖一条并不宽的明渠，这样，工程只有一项输水功能。但后来听省里一位主要领导说，既然花这么大功夫上这样大的工程，那就不妨搞综合建设，要有运输的功能。

现在的规划，仅安徽段就建设二级航道167公里，三级航道169公里，利用二级航道18.9公里。二级航道可行驶2000吨船，未来这又是一条沟通江淮的水上大通道。尤其令人振奋的是，引江济淮航道向北通过沙颍河可到河南周口，向南通过芜申运河可到长三角，在中国版图上成为与京杭大运河平行的水上大动脉。

父：这个设计好，虽然造价提高了，但作用更大。

子：是的，引江济淮之所以有三段之说，那也是方案不断修改完善的结果。一开始确实是将重点放在引江济巢上，其目的也不排除加快巢湖水体交换、治理蓝藻水华的需要。

父：治理蓝藻要上这个工程？

子：作用很大。您知道上了巢湖闸、裕溪闸后，巢湖就像是被控制的水库，成半封闭状态，一年放不了多少天水。有资料表明，五大湖中，巢湖水交换周期是210.4天，即210天才能换一次水，一年还不到两次，而鄱阳湖是20.9天，即20天就能换一次水。这就是巢湖蓝藻为什么频发的原因之一。所以一开始上这个调水工程，确实有这方面的考虑。

但后来思路越来越宽，不仅要治巢，还要引水到淮河，治理皖北地区人民长期喝超标的地下水问题。于是，便有了引江济巢、江淮沟通、江水北送大方案。

父：原来如此。看来，这个工程不仅是巢湖流域的，更是全省的，还包括部分河南地区，效益大得很。

子：是的。仅引调水到皖北，就是一个大的德政工程，可解决皖北豫东几千万人喝水的问题。我个人认为，这甚至是这个工程的最大意义之一。

父：那对合肥、对巢湖意义最大的，还是引江济巢这一段。详细情况说具体些。

子：引江济巢段包括西兆河和菜子湖双线引江线路和过巢湖小合分线、巢湖湖区段航道，总长208.5公里（其中西兆线河道74.5公里，菜巢线河（航道）113.2公里，小合分线河道20.8公里）。

西兆河引江输水线路从凤凰颈引江枢纽引水，利用已疏浚拓宽的西河、兆河输水入巢湖。

菜子湖引江线路从枞阳引江枢纽起，经长河进入菜子湖调蓄，沿孔城河、柯坦河北上，过菜巢分水岭后，经罗埠河接白石天河进入巢湖；另设巢湖小合分线，在白石天河口附近接菜子湖线引江水和巢湖水，新开挖明渠输水至派河泵站枢纽。

135

巢湖小合分线

巢湖湖区航道有两条：一条是从白山口门—姥山—中庙,接合裕线至派河口,全长28.8公里。二是从马尾河口至28#航标处接合裕线至中庙,全长24.9公里,航道等级为二级。

父:有了引江济淮工程,长江水就能汇到巢湖了。

子:不只是长江水,在某些特殊的大水年份,淮河水也可以引过来。

父:是吗? 那合肥真是四水汇肥了。

子:是的。合肥这个名字很有意思,司马迁在《史记·货殖列传》中说:"……合肥受南北潮,皮革、鲍、木输会也。"《水经注》云:"夏水暴涨,施合于肥,故曰合肥。"可见在汉朝时合肥就水系发达,到三国曹魏时,曹操还在将军岭处修运河,想打通江淮另一便捷通道,前面说了可惜由于土质问题,尽管换了两位将军,也无济于事,只得作罢。只是1800多年后,中国共产党人才带领人民在这附近将运河打通。

父:这很有意思,将军岭是这么来的。

子:是的,至今在那还有曹操古运河遗址。新中国成立后为了贯通水系,为了流域的防洪抗旱,我们前辈作出了极大努力,取得了丰硕成果。而引江济淮这个浩大工程还是毛主席首先提出来的呢。

父:是吗? 第一次听说。

子:潘小平在《将军岭上》一书披露:

1953年2月20日，毛主席来到长江边的安庆，谈话中他突然发问：淮河的水位比长江的水位高多少？要不要把合肥附近的将军岭切开，在洪水季节把淮河的水调一部分到长江来，以减轻淮河下游的压力？

这一问石破天惊，时任安庆地委书记的傅大章，那一刻如雷轰顶。

虽然毛主席想的是引淮入江，但其实质是要将江淮沟通。这是曹操当年未完成的梦想，中国共产党人要做这篇大文章了。因此，在设计建设引江济淮工程时，便在江淮沟通段蜀山枢纽预设了一个泄水闸，当淮河水位高于巢湖时，可将瓦埠湖亦即淮水倾泻而下，流量是 360 m³/s。

这也由此标志着，合肥不仅怀抱巢湖这个全国五大淡水湖之一，还坐拥瓦埠湖这个全省五大淡水湖之一。巢湖、瓦埠湖成为合肥的"水口"，长江、淮河成了合肥的左右川流，合肥之名名至实归。

父：真了不起，今年就建成通水了，不仅是引江济淮，还可以淮水南下，毛主席的愿望实现了。

子：巢湖流域是个大的系统，现在讲合肥的水利建设，不能只讲原巢湖那一片，而是要放眼上下游、左右岸。

父：那是当然。

子：特别是20世纪50年代大别山区修建了淠史杭灌区，合肥修建了董铺、大房郢等水库，通过淠河总干渠、滁河干渠将水引到董铺、大房郢水库；再后来，70年代江苏、安徽修建了滁河驷马山工程，合肥又上与淠史杭对接，下与滁河驷马山工程相连，将已建的滁河干渠与滁河连为一体，承东接西，与长江连接上了。这个作用在2019年的抗旱中发挥了巨大作用。

梳理巢湖流域新中国成立后的重大水利工程，必须加上这几个重大工程。合起来就是：两闸、两库、驷马山灌区—滁河干渠、两河两站、环湖大堤、引江济淮及对江泵站。

水利建设历程

生而为要水利兴

父：这样连起来就全了。

子：当年上马这些工程都很不容易，是广大干群战天斗地、团结治水的结果。胡遵远同志在《淠史杭工程建设成功的"密码"》中写道：

1967年在舒庐干渠二期建设中，庐江负责舒城境内的余家河高填方工程，参加施工的有2万人。

在淠河总干渠尾部修建滁河干渠时，肥西出动了10万治水大军；肥东6万人组成的水利远征军，出县境开挖将军岭的卅头渠段；刚刚划出来的长丰县，尽管正处在筹建阶段，也立即组织5万人奔赴一线。

父：当年就是这样的情况。党和政府一呼百应。

子：真是火红的年代！

董铺水库和大方郢水库修建的情况是这样的：1954年大水后，为解决城市防洪、供水和郊区的灌溉水源问题，省委、省政府决定在南淝河上游正源与中支四里河下游，兴建董铺水库和大房郢水库。这个规划经淮委代总工程师王祖烈和苏联专家索洛诺维奇指导确定。

1956年11月，董铺水库开工建设。1958年4月，土坝及洪水涵洞工程竣工，下闸蓄水。

大房郢水库是在1958年破土动工的，但刚建设不久就遇上三年困难时期，不得不停工。到了20世纪90年代，特别是1991年又一场特大洪水席卷江淮大地，合肥市被列入国家31个重点防洪城市之一，这时，大房郢水库的重建又被提上了议事日程。2001年12月29日，大房郢水库开工建设。2003年底通过阶段验收并下闸蓄水。2004年，大房郢水库与董铺水库实现连通。

父：现在作用更大了，是合肥市民一天都不可少的"大水缸"。

子：驷马山灌区—滁河干渠工程是这样的：驷马山灌区涵盖滁河上中游和池河上游地区。驷马山水利工程位于安徽省东部，地跨皖苏两省，是以引江灌溉、滁河分洪为主，兼有航运、城镇供水等综合利用的大型水利工程。1969年12月动工兴建，1971年开始发挥效益。

滁河干渠始建于1958年，1971年全线通水，是集农业灌溉、城市防洪、城市供水于一体的大型水利工程，沟通江淮水系，横跨合肥市中部全境，劈将军岭穿越江淮分水岭，沿分水岭南绕肥西县、长丰县、庐阳区、瑶海区、肥东县曲折东流，经滁河注入长江。

这两大工程牵手后，合肥的水源保障可谓东西逢源了。

父：怎么讲？

子：2019年特大干旱，合肥的城市供水发生困难。因为通过滁河及干渠可反向供水，于是，我们准备实施"江水西引"。要是没有过去工程的基础，怎么干也来不及了，真是要感谢我们的前辈。但当时肥东还有一段未通，我们立即采取紧急措施，花了4000万元打通了输水渠道，当年向董铺、大房郢水库供水。这是江水第一次西调，创造了奇迹。

父：逼出来的办法了，好在有水利工程利用。

子：是的。具体情况是，此次东引之水起于和县乌江镇，通过驷马山灌区，一路攀爬西进，从肥东县进入合肥市域，再由各级泵站提水至滁河干渠，沿滁河干渠到南淝河泄洪闸，进入大房郢水库。江水西调，地高路远，非常不易。有人形象地比喻，"长江水到董铺水库要爬'8层楼（提水泵站）'，抬高38米，旅行172公里"。

江水西调，对合肥意义重大。目前，合肥饮用水主要来自大别山水库，年供水量为3亿~4亿立方米。随着城市规模扩大，未来人口将进一步增长，用水量随之增大。市水务局负责人介绍，在大别山来水有限的情况下，增加长江水作为应急饮用水源，是保障城市用水安全的战略举措。今后，在启动城市应急供水情况下，可将长江水以15立方米/秒的流量引至董大水库。如此一来，一天最多可引江水129万立方米。

不仅如此，长江水还可以为我市板桥河、四里河、二十埠河、店埠河、南淝河进行生态补水，有效改善南淝河水环境。

父：这个当时有报道，现在还在发挥作用吗？

子：在啊。去年至今年4月仍是大旱，一直供水到4月中旬，累计超200天。

父：政府这一道保险，对供水安全很重要。

子：确实如此。不仅如此，我们还谋划了四水汇肥的新方案。记得2019年8月7日下午，那天下着小雨，我们查看了在建的引江济淮工程，谋划未来的二期工程，提出在"水立交"桥北，沿运河东侧，开一闸门，建一泵站，铺一水管，将水引到干渠中，再输至董铺、大房郢水库，实现城市供水的双备份。现在工程已被批准，即将开工了。4月25日，我带领政协委员专门去现场调研。

工程建设现场图（2023年底）

139

以前说过,离这个位置不远处即是蜀山泵站。在蜀山泵站还预留一闸门,流量为360 m³/s。由于瓦埠湖比巢湖高11米左右,在干旱情况下,就可调用瓦埠湖的水。这样一来,不仅供水能力会大大增强,而且,还可向巢湖自流灌水。

我以前写过一篇文章(附录二),反映了当时的有关情况,您看看。

父:不错,是反向灌水了,真正是"四水汇肥"。你们还谋划了一个对江泵站项目?

子:是的。巢湖"关门淹"的问题一直存在。就是汛期山洪暴发,水往巢湖集聚,通江只有一主(裕溪河)二辅(牛屯河分洪道,西河、神塘河机排),怎么算,排洪还有几百个流量的缺口。

更可怕的是,有专家指出,"两闸"建成后,巢湖实际上是半人工湖,相当于一座大型水库,但却没有非常溢洪道,涨水快,退水慢,2020年汛期中庙从保证水位涨到有记录以来最高水位仅用3天时间,而退水回落到保证水位却用了16天。

您也许不清楚,所有水库都必须有非常溢洪道,为的是特别重大情况下的紧急泄洪。而巢湖这个"特大水库"却没有,这是极其危险的!有专家指出,2020年7月30日后,如接着降雨100-200 mm,巢湖增加1.0亿多立方米来水,再遇上7级以上强风,合肥主城区和高铁、高速路等将面临极大风险。

为了解决这一问题,必须在发挥好已有的闸站功效、建好生态湿地蓄洪区的同时,新建大型泵站。经过多方争取,拟在裕溪口闸附近新建一个大型泵站。

父:这可是真正解决问题的大项目。裕溪闸汛时流量是1000多立方米/秒,能上个800立方米/秒流量的大泵站,等于新开了一条裕溪河,作用太大了!

子:这是治巢的根本之策。南京市也面临同样的问题。5月16日我去南京学习考察,南京的同志介绍,南京市主城区三面环山一面临江,山区山洪下来,历史上是通过秦淮河下泄,后来建了秦淮新河,但特大洪水年份,还有300多个流量的山洪没有出路。为此,他们决定投资一两百亿元,新建秦淮东河,从根本上解决这个问题。这给我启发很大,我写过一篇文章(附录三),上面有这样的内容,您可看看。

父:治水的思路大同小异,就是要给洪水找出路。那对江泵站具体是怎么设计的,何时能开工?我们十分关心。

子:据安徽省水利水电勘测设计院编制的《巢湖流域防洪治理工程规划》(报批稿),对江泵站工程的基本情况是:

工程选址:位置在裕溪节制闸上游约1公里处裕溪河右岸处,向东新开挖底宽105米、长约3公里渠道。渠道两侧填筑堤防,堤顶高程同裕溪河右岸设计高程。渠道穿越现状裕溪河堤防、X016公路和轮北线铁路,最终在无为大堤堤后建设拦污检修闸和泵站。

建设规模:每秒800立方米。初步选定了8台灯泡贯流泵方案,单机排量每秒100立方米。

投资匡算:48.04亿元。

工程效益:对江泵站工程是巢湖流域防洪治理总体布局中的关键工程,它的建成,将增加抽排能力,破解流域洪水"关门淹",减少高洪水持续时间。

进展情况:目前对江泵站工程作为巢湖流域防洪治理工程子项目,项目可研已报水利部技术审查。但水利部明确巢湖流域防洪治理工程必须等待其上位规划《巢湖流域防洪治理工程规划》批复后才能进行技术审查。2023年3月23日,水利部长江水利委员会组织召开巢湖流域防洪治理工程规划审核会,根据会议意见,4月份,已将修改稿再次提交水利部长江水利委员会审核。

(2023年11月19日,市水务局李劲松同志告知:11月10日,对江泵站项目国家发改委已经赋码,快的话,明年能开工。)

父:那还要抓紧,洪水可不等人呐。

子:是的。习近平总书记指出:"要想国泰民安、岁稔年丰,必须善于治水。"习近平总书记还提出了"节水优先、空间均衡、系统治理、两手发力"的治水思路,合肥的水利建设无疑要把巢湖作为重中之重,尽快解决"关门淹"等问题,实现水利强市,这样,才能夯实特大城市发展根基。

近期有关部门作了整个巢湖流域防洪规划,对照这个规划,上游还有水库要建,中下游还有几个生态湿地蓄洪区要建。

父:那都要抓紧干啊,干好了才让人放心,睡觉踏实。

子:是的。可以想象,再干几年,随着引江济淮及未来对江泵站等的建成,过去成千上万年的巢湖自然、水利、生态、城乡建设等格局将发生历史性变迁乃至重塑,形成中华大地上独特的自成一体的治水典范。这是党领导人民创造的既战天斗地又顺应自然的辉煌篇章。

父:确实了不得。这有哪些具体特征?

子:自然山川格局将人为重塑,一万多平方公里流域将形成江河吞纳自如,表里河山、林水相依相兴的大格局。

水利工程格局将人为重塑,抗御流域性、极端性特大水旱灾害有了更多"王牌",基本能适应未来百年乃至更长时期的防汛抗旱需要,"四水汇肥"的局面真正形成。

生态格局将人为重塑,江湖恢复连通,鱼类恢复洄游,内外湿地逐次恢复,流域小气候逐步恢复本原,巢湖更加适宜人居。

人水和谐关系将自然重塑,以水定城、以水定产形成新的良性循环,巢湖的综合功能显著发挥,水资源的战略支撑、牵引作用显著体现,安徽必将在长三角更快崛起,合肥必将快速成为世界级现代化超大城市。

父:很好!终于快盼到这一天了。

子:是的,必须尽快实现。其实,新中国成立以来,我们的一系列水利工程建设,就是一场重塑巢湖安澜碧水新格局的奋斗史。

父:是的。这也可以算作这次聊天的小结。

生而为要水利兴

141

重大底线必须牢守

（2022年8月25日）

今天下午，我与朱卫国同志一起去肥东了解滁河干渠抽水及江夏水库连通工程情况。途中议及今年虽遇特大干旱，但由于凤凰颈站6台机组满负荷开机，巢湖水位今天仍为8.56米，为抗大旱创造了有利条件，这得益于去年秋天力谏凤凰颈站的延后拆除重建。

原来，去年8月，上级有要求拆除凤凰颈站。我们得悉后，立即通过各种方式向上反映，并于8月5日向安徽省政府提交正式书面报告。

我们极其担心的是，拆除重建的前提条件难以成立，即神塘河站、凤凰颈新站难以在汛前建成。而这就会造成两个极其严重的后果：一是如若大汛无法机排。今年幸免没有发生。二是如若大旱无机可引（新建的两站无机引功能）。今年恰遇特大旱灾，如若拆除了凤凰颈站，没有自引和机引江水5.9亿立方米入无巢等地，没有1.26亿立方米入巢湖，后果不堪设想。幸而，当时果断决定，立即上报，要求暂缓拆除。这是对个人负责，更是对人民事业负责、对历史负责。

回想当时，水利部门的信息是灵敏的，建议是正确的；我们的态度是坚决的，没有商量余地；合肥市委、市政府主要负责人是支持的；省领导及省直部门负责同志是开明的，同意了我们的意见。这才有今年抗旱的好局面。

这件事给我们的启发是，对重大问题必须首先弄清楚来龙去脉、前因后果，不能粗枝大叶，人云亦云，盲目服从。

其二，必须将最严重的后果估计充分，不可有侥幸心理。重大问题面前没有小概念，极小概率会酿成极大事件，河南"75•8事件"、去年郑州"7•20事件"，莫不如是。

其三，测算时间表必须留有余地。原来提出的方案就很理想化，建立在两站如期完成的基础上，可我们通过平时掌握的情况，知道根本就不可能如期实现。这就留下了巨大的掉链的隐患。

其四，为了人民事业敢于负责，敢于不怕得罪人。当然，相信大多数人的觉悟，只要理由充分，都是会采纳正确意见的。

江淮运河输水口门是怎么预留下来的?

（2022年9月8日）

今天上午,我陪同省政协邓向阳副主席调研引江济淮工程建设。只见在肥西高店境内淠河总干渠钢渡槽垂直相交下方,江淮运河切岭一水北上。而在运河东侧留建了一个口门,是即将上马的调运河之水入干渠进水库的基础性工程。

看到已通水的世界最大钢渡槽,看到已被留建的口门,我既为美好蓝图变为现实而高兴,又为我们当初谋划二期输水到董大水库决策落地而兴奋、自豪!

2019年特大干旱发生、大别山水库濒临死库容时,我们十分焦虑,在紧急抢通滁河干渠肥东段实现驷马山枢纽"江水西引"至董大水库时,积极谋划新的水源供水方案。我清楚地记得,当年8月7日下午,天下着毛毛雨,我们(朱青、骆克斌、黄永宏、郭星等)沿着正在建设的运河线、淠河干渠线,选定现在的口门位置,拟议在此建一大型泵站,当特大干旱发生,上游水库显著来水不足时,抽引运河水东向灌到不远处(新挖一引水渠道)的淠河干渠,以此保证董大水库水源的充足、优质。当我们议定这一方案后,大家一致叫好。我们随即将当天的会议高兴地称为"八七会议",因为这攸关合肥特大城市供水的绝对安全。随后,感谢朱青等同志的努力,这一拟议方案写入引江济淮二期工程并获批;感谢张效武董事长的果断决策、勇于担当,在二期未正式获批而运河此段需从瓦埠湖引水蓄水情况下,预留预开引水口门。近期,这一二期配套工程即将正式开工,工程总造价十亿元左右。

回首过往,历史会记住这一重大决策对合肥的重大意义。同时,我在想,欲成就一桩大事,还要把握以下几条:

首先,要有强烈的事业心和历史责任感。作为政府分管负责人,千万人口的用水安全保障必须始终挂在心上,并为此作出不懈努力。

其二,要科学、民主决策。解决优质水源短缺问题,需要利用现有水资源,依托现有水利设施,目光要长远,思路要宏阔,举措行得通。在这过程中,我们反复研究,上下求索,十分重视专家意见,并注意到一线勘察,反复比选,由此形成的方案切实可行,并且投资小、见效快、收益好。

其三,要敢于拍板。当初步方案形成后,在经过系列程序后,果断决策,形成最终方案。

其四,要善于为专家所接受,乐于被决策层所采纳。这个工程决策后,正好赶上了引江济淮二期工程的编报。我们紧紧抓住这难得的历史机遇,主动积极与规划编制单位、业主单位等对接,有效利用工程编报、申报等的窗口期,成功获批。

回顾这一决策的成功,正应了那句古诗:"知我者谓我心忧,不知者谓我何求?"那

生而为要水利兴

天看似半天的头脑风暴及其结果，其实是一个长期酝酿的过程，是当年应对抗击特大干旱的必然结果，也是分管运河相关工程的"近水楼台"。由此说来，这算是一得意之作。

 附录三

"挖呀挖"，挖出个排洪流量缺口

（2023年5月21日）

5月16日，我率队到南京调研城乡水利建设，为下半年召开的"统筹城乡水利建设，夯实特大城市发展基础"资政会做些准备。

南京是六朝古都，水利建设一直走在全国前列。我们对南京也不陌生，短短一天的学习考察，还是收获颇多。借用现在一首十分流行的"挖呀挖……"的童谣，我们"挖"出了南京的治水真经和短板。推人及己，也对我们未来主攻方向有了新的更清晰的认识。

首先，"挖"出了城市防洪的大账和缺口。

毋庸置疑，防汛抗旱必须立足全局，系统算好全流域水资源平衡账，不能留有硬缺口。否则一遇特大灾害，老天爷就会不请自到算总账。

南京三面环山一面临江，长江防汛已无大碍，最大的问题是三山汇水入秦淮河，对市区影响巨大。

据介绍，现在，经主城至入江口的秦淮河，又称外秦淮河，长22.8公里，行洪流量每秒600立方米，上游虽有中小型水库108座，能部分调蓄山洪，但由于秦淮河源短流急、汇流快，遇长江高水位顶托，水位上涨迅猛，易发生洪涝灾害，严重威胁南京城市防洪安全。

于是，在20世纪70年代，新开挖了秦淮新河，全长16.8公里，行洪流量每秒800立方米。

至此，经多年建设，秦淮河流域已建成比较完善的防洪工程体系，总体达到50年一遇防洪标准，主城段达到100～200年一遇防洪标准。

但防洪仍存在以下两个突出问题：一是流域洪水出路不足。与规划相比，仍有约每秒300立方米流量缺口。二是规划的溧水清溪圩、江宁西北村蓄滞洪生态湿地尚未实施。

为此，他们已编制新开一条秦淮东河规划，即在干流分支处，利用原有老河道，再挖部分新河，向东形成一条支河汇入长江，流量为每秒300立方米，投资超100亿元。目前项目可研已形成，并得到上级认可。

南京的情况和我们何其相似。合肥的水利问题、城乡防洪最大的隐患是泄洪能

力不足,汛期算来算去有几百个甚至上千个流量的缺口。当大洪水来临时,"关门淹"是最突出的顽症。解决这一问题的关键,一是加快生态湿地蓄洪区建设,二是规划建设800立方米/秒流量的对江泵站。

2020年特大洪水后已对这两大工程做了谋划,现在需要与未来的洪水"赛跑",力争尽快开工建设。相比较南京100多亿填平300立方米/秒流量的缺口,我们只要花50亿元左右就可填平800立方米/秒流量的缺口,这是十分值得做的大事要事,应当下最大决心,排除万难,攻克合肥防汛这最后的堡垒。须知,厄尔尼诺现象已形成,最临近的一个洪水期已离我们不远!

第二,"挖"出了生态基流补充方案。

这些年持续大旱,南京也不例外。为了保持秦淮河的水位,保障"夜游秦淮河"美景每晚上演,去年,南京通过秦淮新河枢纽开机300天,总计提引江水6.8亿立方米入河。

这有效保障了秦淮河的生态基流。我们在三汊河河口闸看到,此时正在开闸放水,而这水正是从秦淮新河枢纽引来的,江水已绕城一周,将秦淮河"冲洗"一遍。

同时,引江入河后,还反向上托,江水流入部分农区进行灌溉。

反观合肥也是这个情况。干旱时期,南淝河、十五里河、塘西河基流严重不足,为此采取的补水方案,主要是引用污水处理厂处理过的尾水,同时少部分从董大水库、滁河干渠放水。后几种方案无论哪种,不仅源水稀缺,而且成本很高,需要统筹考虑新的补充生态基流的方案,就近抽引巢湖水是一个现实选择。

据市水务局负责同志介绍,现已有从撮镇一二级站提水进滁河干渠,再"醍醐灌顶"向市区几条河放水的方案。在这个方案中,站、渠、河是连通的,提水补水的成本远低于前述三种,应可试行。

第三,"挖"出了主城区6闸联控、3套活水润城、城区水网一体化的方案。

据介绍,南京目前在主城区已形成水网一体化,共有6闸联控,大小三套活水方案。我们在南京水利博物馆,看到了市区活水的模型和演示。

与南京相对比,我市的情况是,一方面水系并未有效连通,如南淝河、十五里河是"老死不相往来",另一方面尽管闸站建了不少,但只能是单河调控,不能从全域统配,效用不高。

为此,需要统筹谋划论证:市区几条河流要否连道,如何连通,闸站如何统一调配使用,城区最终能否形成一个大的水网?

第四,"挖"出了路堤合一的防洪大堤建设方案。

南京江北新区七里河等处,过去饱受水患。要加高大堤,又遇到生态影响和视觉效果等问题。为此,他们采用了路堤结合的办法。具体就是,在10公里长的原有圩堤上新填两米厚土,再筑堤成路,同时面城将竖向标高抬高。这样,一举多得。

我们在河边行走,感到设计很自然,完全看不出是一个大堤,向后方看是一个上升的缓坡,而在其中的江苏警官学院等建筑视线也正好可看。

生而为要水利兴

合肥在南淝河整治中也有类似做法,如包河区在大圩镇圩新路与环圩东路交口南侧的南淝河大堤西侧,就采用这一办法统建,既抬高了防洪标准,又新造了宽约几十米到上百米不等的宜人美景。

下一步要将城区防洪标准提高至200年一遇,势必要抬高城市河堤防洪墙高程。为取得防洪、生态、园林等综合效益,在局部区域和地段,实施堤路结合、适度抬高竖向标高的办法,应是一个可行的选择。

第五,"挖"出了美丽河流打造、综合开发的门道。

江北新区在推进珍珠河治河的同时,同步推进环境综合整治,全域设置多处驿站、城市广场等活动空间,并结合周边场地布局休息、服务、景观小品等公共设施,形成开敞的城市客厅,特别是预留建设了6个旅游码头,目前已基本建成,现在就可下河乘船游览。

相比较这一点,我们的欠缺不少,特别是市区没有一条河开通了旅游专线,与南京夜游秦淮河、南通夜游濠河等相比,差距很大。我们应该有综合治水的思路和有效合成的智慧,让河流既安全又美丽,让广大市民真切感受到水之韵、水之乐。

人定胜天亦顺天

时间：2023年"五一"期间，成文于2023年5月31日
地点：巢湖之滨家中（黄麓镇王疃村）

子：上次我们聊了水利工程建设，这次我们聊聊防汛抗旱。

父：好，这两个问题是连在一起的。

子：巢湖流域的防汛抗旱往往也是连在一起的，因为头一年是防汛，下一年可能就要抗旱；并且某一年可能既要防汛又要抗旱，而且有时防汛抗旱急转得快，甚至是陡转。

父：最近的2020年就是的，头一年还在抗旱，春天旱情还在持续，但夏天大水。

子：这个问题是由巢湖特殊的自然、气象条件引起的。

父：有哪些特殊条件？

子：从自然条件来讲，巢湖流域地形地貌较为复杂，为江淮丘陵向长江平原的过渡地带。巢湖湖泊形态呈东西两端向北翘起，中间向南突出，呈凹字形，状如鸟巢。流域有39条河流汇巢，但只有一条裕溪河通江，如发生大洪水，湖水下泄不快，极易形成"关门淹"。

从气象条件来讲，巢湖地处南北气候过渡带，属北亚热带湿润季风气候，也易形成降雨量年际变化较大、降水时间分布不均、局地易旱易涝的小气候。

父：这些就是巢湖流域防汛抗旱的特殊性了。

子：是的。正是由这些特殊条件所决定，巢湖流域防汛抗旱有以下几个特点：

一是水旱灾害易发。从新中国成立至1990年，41年间共发生大水13次，平均每3.2年一遇。20世纪90年代后，又有1991年、1998年、2016年、2020年大水等。而同期发生较大旱灾，平均为5年一遇。

父：不涝不旱的好年成确实不多。今年可能是。

子：但愿如此。

二是当年水旱发生持续的时间长。

父：1991年就持续了一百多天，防汛从春上忙到秋天。1998年长江流域防汛也同样是这个情况。

子：三是旱涝急转，往往先要防汛后又要抗旱，或者是倒过来。

父：这样的情况还真不少。

子：四是水旱造成的损失巨大。历史上的情况我没有真切感受，1991年的特大洪灾却记忆犹新。灾后灾民缺衣少被，全国开展捐赠活动。当时我在媒体工作，多次报道过这样的捐赠活动。

父：那些年确实很难，安徽留给外人的印象就是经常发大水、外出民工多。

子：历史是由一个个重大事件构成的，每一个历史画面拼起来就是一幅波澜壮阔的图画。我们回顾这些年来的防汛抗旱史，那就不妨拣几个重点年份来聊，比如1954年、1978年、1991年、2020年，这些都是难忘的防汛抗旱的特殊年份。您先说说1954年防汛抗洪的情况吧。

父：1954年我13岁。那一年，农民刚分土地不久，抗美援朝战争也刚结束，国内正要大搞建设，但洪水来了，一时打断了这个进程。

那一年大水一直到八九月份才下去。原来，巢湖水开始退时，突然江堤溃破，江水倒灌来了。老人们说，要不是有巢南的山挡着，那就更不得了，不知水会淹到哪儿？我们村靠南头都上水了，在离我家几十米远的地方打了一个坝子挡水，房屋才未被淹。险得很呐！那年虽然大水，但政府救济得好，从四川调来大米，没有饿死人。人们讲，还是共产党好。

子：我查了《巢湖地区简志》。其中说道：1954年5月中旬入梅，7月底出梅，先后9次遭大暴雨袭击，长江流域雨量之大、水位之高、持续时间之长，几乎与民国37年（1948年）相同。芜湖超过保证水位（11.87米）75天，持续在警戒水位（11.44米）以上96天，以致8月1日凌晨，无为大堤在安定街江坝漫决，长江溃水涌入西河，注入巢湖，沿江、沿湖一片汪洋。淮南铁路中断，洪水顶托殃及合肥市城区，合肥市东门南泝河沿河一带地面淹水深1.3～1.7米。圩田尽淹，成灾面积无为县160余万亩，庐江县51.52万亩，巢县27.52万亩。

另据有关资料，董铺水库和大房郢水库正是1954年合肥那场大水之后的产物。上了年纪的合肥人依然还记得，那一年的瓢泼大雨下了8天8夜，大水一直淹到明教寺的第7级台阶，市民出入街巷，有些地方还要坐小船，双岗街四面都被洪水包围……1954年洪水后,安徽长江、淮河的重点地方建设,都一直以抵御1954年类型洪水为安全标准。董铺水库和大房郢水库的建设也在那场大水之后提上日程,旨在控制上游暴雨形成的洪峰。

三

父:这段历史至今难忘。

子:1978年抗旱的情况我知道一些。那一年我上初二,虽已恢复中高考,我们的心思都被赶到学习上,但那么大的旱情,也不由自主地被牵挂上了。

父:那一年的大旱是少有的,从春到夏200多天,几乎未下透过雨。

子:是的,我查了资料,当年巢湖水位降至6.58米,原巢湖地区受旱面积200万亩,约占总耕地面积的45%,其中50万亩晚稻绝收。我记得立秋后巢湖水依然落得很远,一直到湖心。

父:为了抗旱,公社、大队、生产队想尽一切办法,开动一切机械,用多级提水的办法抽引巢湖水。机械不足,就用人力水车几级提水。

我们公社有一个社(乡)级电灌站,叫花塘电灌站,就在我们村西坝头尖,通过长河,可将巢湖水抽到周黄、长源等村,能解决几万人生活、几万亩农田生产用水。1978年大旱时,长河干了,不能一级提水,就在巢湖边架了几台机子,向长河灌水,这才解决输水水源问题。那年,花塘电灌站可起了大用。

子:那一年正是粉碎“四人帮”后不久,改革开放的前夜。为了抗灾自救,记得当时上级放宽农村政策了。

父:是的。万里同志对农民感情深,对农村落后、农民贫困情况深感震惊,来安徽当书记,敢为民作主,敢为天下先。省委先是于1977年出台了六条政策(《关于当前农村经济政策几个问题的决定》);1978年大旱时,又规定“借地度荒,谁种谁收”。

子:这在当时可是石破天惊。过去生产队集体统一生产,铁板一块,现在特大干旱撬开了板结的政策,农民有活路了。我记得村头墙上宣传栏刷写了省委六条。好多村民端着饭碗边看边议,都觉得有盼头了。

父:是啊,那“六条”条条对心,条条对路。我至今还记得大概内容。

子:确实好。我刚上网查了下,这“六条”主要是,强调搞好经营管理,允许生产队根据农活建立不同的生产责任制,可以组成作业组,只需要个别人做的农活也可以责任到人;允许和鼓励社员经营自留地和家庭副业,开放集市贸易等。这实际上是开了农村改革先河,撕开了长期“左”的禁锢的藩篱,为赋予生产队自主权和实行包产到组、包干到组开了绿灯。自此,农村变革开始了。难怪邓小平同志看到“六条”后,拍案叫好。

当年这“六条”,现在看起来好像不觉得什么,似乎应当如此,但当时却来之不易,

人定胜天亦顺天

老百姓望眼欲穿,也是被大旱逼出来的,幸亏省委顺应了民意。

父:确实是被逼无奈啊!

子:1978年大旱后,省委果断决策,作出了"借地种麦"这个既大胆又颇具政治智慧的决定:将集体无法耕种的土地,借给每个社员三分地种麦种菜;对超产部分不计征购,归自己所有;利用荒山湖滩种植的粮油作物,谁种谁收。省委这个"借地度荒,谁种谁有"可是及时雨,大快人心。我记得省委这个政策下来以后,沿湖一些村民纷纷下湖,在湖埂和湖滩上种豆子、胡萝卜等旱粮和蔬菜。

父:借地度荒、谁种谁收,这是多好的政策、多大的好事!一下子激发了群众抗灾自救的热情,大家用尽办法解决水源问题。这样一来,沿湖群众不仅在田埂、路边种了许多经济作物,而且一些人还在湖滩上种了一些旱杂粮。

不过,我们村本来荒地就不少,所以就没有集体性地在湖滩上种地,但研究过从我们村小湖嘴到芦溪嘴种油菜的事,后担心来年春上水发得早受淹而作罢。

令人意想不到的是,由于放宽政策,当年不仅没有大灾,反而比过去收获更多了,第二年当然也就没有春荒了。过去你们小时候经常看到的,北方来的讨饭的也不见了,真是奇迹!更令人意想不到的是,包产到户、"大包干"被催生了。

子:是的。肥西山南就是这个情况。当年,在区委书记汤茂林带领下,在县委书记常振英支持下,山南区四分之三以上生产队实行了包产到户,极大调动了农民生产积极性,一举突破了农业生产的困境,中国农村改革的序幕拉开了!现在山南建有"中国农村包产到户纪念馆",找个时间我请您和妈妈去参观。

父:这个一定要去。

子:现在回过头来看,沿湖农民1978—1979年度过灾荒,一靠政策的松绑,二靠巢湖水的渡济。真是天无绝人之路,"母亲湖"大旱之年发挥了独特作用。

父:再旱,巢湖也有水嘛。这就是巢湖的好。说个趣闻:我们圩区与山丘区年轻人找对象,如果头年是大旱年份,第二年,圩区小伙好找媳妇,山丘区姑娘愿意嫁过来;相反如果头年是大水年份,又正好反过来。

四

子:是这个情况,婚姻状况也间接反映水旱灾情。

随着全球气候的不断增暖,气候变率势必发生变化,极端气候频繁出现。整个20世纪90年代经常发水,1991年特大洪水肆虐江淮大地,巢湖流域更是受灾严重。我查了《合肥通史》,记载如下:

1991年,合肥遭受了历史上罕见的特大洪涝灾害。是年入夏以后,合肥地区长期阴雨,六七月份两次强降雨,累计降水810毫米,比正常年份同期降水多4~5倍。长时期、大面积的强降雨,使合肥地区河、湖、水库及水塘水位暴涨,汛情大大超过设防能力,致使瓦埠湖、高塘湖和巢湖地区大面积被淹,南淝河、丰乐河沿岸188个圩口相继漫破。肥西县三河镇更是遭遇灭顶之灾。合肥市区部分地区也出现了内涝。

三河"人民的丰碑"
顶端三道水纹线,代表三河的三条河,又代表受淹高度(最高14.23米)。

151

父：当时发洪水的情况是这样的，我一直在防洪一线。

子：那年我在巢湖人民广播电台任新闻部主任，参加了防汛抗洪的报道。记忆犹新的是两件事。

一件事是，我采访时任黄麓区委书记钱光荣同志。当时还有区公所建制，黄麓区下辖中庙、花塘、建麓、黄麓等乡，有大小圩口十来个。记得是在村窑厂一间办公室，采访时钱书记一脸疲惫，无奈地告诉我，防汛从中庙河东圩开始，那个圩口堤身最为单薄，防汛第一个出险，后迭次抢险又逐一溃破，一直抢到现在的王疃村。这是最后一两个圩口了，看来也很难保住。果不其然，当年所有的圩口都是放鸭放成"抱杆"——一个都没有了。现在回想起来仍很心酸。

父：是的，防汛很辛苦，乡村干部一直与老百姓在一起，风里来雨里去。

子：第二个是，7月6日夜，我在电台值班。当晚风大浪急，我在办公室能听到不远处湖边圩堤上广播喇叭指挥调度声。夜里11点多，我一个人顺着湖边，去贾塘圩一线看抗洪情况。蒙蒙夜色中，我看到令人震惊而又热血沸腾的一幕：

风吼浪摧之下，从西坝口，顺着贾塘圩，一直向西，有几千人身披麻袋等，并排在一起，半躺半靠在大堤上，用血肉之躯挡浪护堤。这是何等悲壮的家园保卫战，我感动得热泪盈眶。

当夜回来后，我立即赶写一篇报道：《巢城三千人筑人墙挡风浪》。省市媒体刊播后，引起强烈反响。当时，台湾已放松与大陆的交往，有不少媒体记者来大陆采访，《联合报》记者看到这篇报道后，立即加评述全文转载，只是将"人墙"改为"肉墙"。此新闻在海峡两岸得到关注。第二天，《参考消息》全文转载了《联合报》的这篇文章。这条巢湖人民不屈不挠保家护堤的新闻"出境转内销"后，反响更大更好了。

父：听你讲过这件事，还听说市领导赞扬了这篇报道。

子：是的。一位市领导看到《参考消息》这篇文章后，高兴地说，这下巢湖的知名度提高了。下一步救灾时，这篇报道可帮忙。

五

子：在这前后陆续又有几个大水年份，如1983年、1995年、1998年、1999年、2016年、2020年。

父：1998年长江大水，你见证到了。

子：当年我是原巢湖地委办公室的工作人员，随地委主要负责人奔跑在防汛一线，增长了很多防汛知识。特别是和县江堤郑蒲段抢险惊心动魄，取得重大胜利，至今想来都令人激动不已。

父：当时，全省都很关注。2016年大水时，你已经在市政府任职，2017年你已是分管负责人，2020年的防汛你全程参加了，这个情况你更清楚。

子:是的。2020年是史上最长梅雨期,带来史上最强梅雨量;9轮强降水,引发史上最多暴雨日数;巢湖水位上升到了百年不遇的历史极值。

并且,根据入湖洪水过程、江湖洪水位过程对比分析,可发现2020年江湖洪水遭遇最为险恶。2020年长江和巢湖洪水重现期均约为50年一遇,但长江高水位时段正遇巢湖洪水上涨的关键时期,"关门淹"导致大量超额洪量囤积在湖区,致使巢湖水位迅速攀升,该年的防汛抢险形势也最为紧张。

具体情况是:2020年汛期合肥市降雨量较常年同期偏多8成。6月10日入梅以后,合肥市先后遭受多轮强降雨,梅雨期52天,较常年偏长26天;降雨总量比常年同期偏多2.8倍,位居历史第2位。

受其影响,巢湖发生了流域性的超历史实测记录的特大洪水。巢湖中庙水文站最高水位13.43米,超1991年历史最高水位0.63米,超保证水位0.93米。

巢湖流域杭埠河、兆河、丰乐河、南淝河、裕溪河、派河等6条主要河流以及滁河先后发生超历史实测记录洪水,西河发生1955年以来最大洪水,柘皋河、白石天河、县河等三条河流先后发生超保证以上洪水。

董铺水库接近建库以来最高水位、大房郢水库超建库以来最高水位,另先后有20座大中型水库和433座小型水库达到或超汛限水位运行。

在这难忘的60多个日日夜夜,对于我来说,有两个最惊心动魄的场面,细思极恐。

父:哪两件?

子:第一件事是7月18日夜,凤凰颈站突遇河水倒灌,有淹没停排的极大可能。

父:那还得了?凤凰颈站一淹,整个南部排洪通道就关闭了,这对老百姓无法交代!

子:是的。我清楚记得是7月18日晚,白湖农场东大圩开闸蓄洪。我和市水务局局长黄永宏同志等从庐江返程途中,突接市水务局、应急局副局长严建成同志的电话,告知这一紧急情况。

原来当晚8:06分,凤凰颈排灌站出现雷击跳闸停电和站房进水的双重险情,并且雨越下越大,西河水位已经超过12.7米高程,内河水位仍快速上涨,站房西庄台、站房东边地面都发现西河侧前池源源不断地漫入的洪水,漫过的洪水面积越来越大,险象环生,随时会淹没站房。十万火急!

初步了解险情后,我急切地问有无可能保住?答复是可能性不大。此时,血一下冲到脑门,但稍一冷静,我相信还是有可能保住的,因为在这之前我多次去过那里,特别是在这之前的头一天,还去那检查过无为大堤防汛,熟悉合肥各县市区民工驻防位置,并且将防汛经验丰富的朱卫国同志(市水务局副局长)安排在那里,目的就是紧急时刻有人能立即靠前指挥。不幸中的万幸是,这一排兵布阵关键时刻发挥了大作用。

接报后,我立即做了这样几件事:

第一,与余忠勇同志(省巢管局局长)取得联系。他已第一时间带领局应急抢险队紧急赶往现场处置。

第二，与在无为一线的朱卫国同志取得联系，请他立即赶到现场，临机处置。

第三，与在驻点的肥东人武部主要负责人联系，请他立即率100民工紧急赶往现场。

第四，与宁波同志(时任芜湖市常务副市长)联系，请求驻军和民工支援。当夜某部驻军迅速集结50余名战士，雨中奔驰60公里，驰援现场。当地老百姓闻讯后，100多人带着工具等前来援助。

其间，我与章从会同志(凤凰颈站主任)保持热线联系。经过一夜苦战，600米防洪堤迅速筑成，机组顺利恢复运行，凤凰颈排灌站这一巢湖流域人民生命防洪咽喉工程安然无恙，牢牢伫立在巢湖入江口。后来《合肥日报》有一篇报道写得很详细，现在网上还能看到。

父：真是惊险！要是冲毁了那可不得了，防汛才开始啊。

子：是的。那一年凤凰颈站可是老站立新功了。面对当年的特大洪水，已经运行三十多年、即将退役的凤凰颈排灌站，连续运行94天，创造凤凰颈排灌站自1990年建成以来年开机天数的新纪录，共排出内河水15亿立方米，相当于一个巢湖蓄水量，为巢湖流域特别是西河流域的防汛抗洪、抢险救灾及灾后重建发挥了巨大的工程作用。

父：这个成绩很了不起。

子：第二件事是，7月19日上午10点，我在去三河检查防汛途中突然接到电话：董铺水库大坝出险。听罢，我立即返回赶到现场，至时省水利勘测设计院朱青、骆克斌同志已在现场。骆克斌同志是当年水库除险加固的设计者，他告诉我出险点是在大坝上方一处，是连续强降雨后造成的大坝背水坡浅层滑坡，犹如人的面皮塌了一点表层而已，无伤大坝。虽然如此，我们还是紧急调用物资进行除险加固。

大坝浅层滑坡(董铺水库管理处提供)

董铺水库出险

那些天还有很多惊险场景。7月17日夜大雨滂沱,我到大房郢水库时电闪雷鸣,雷雨交响,大风将伞吹翻,人被风吹着走,水库水面上几乎形成洪峰,泄洪闸水声呼啸而下,惊天动地。此时,雨越下越大,必须持续加大泄洪流量,因为大坝高于市区14米,一旦出险,不可想象!但泄洪又会造成南淝河沿岸防控压力。两害相权取其轻,我们果断决定,按程序启用高水位泄洪。7月19日形势越来越严峻,合肥市委、市政府决定,于19日下午1点启动十八联圩蓄洪。至此,才基本解除城防隐患。

父:很吓人,惊心动魄。

子:是的,不过我们总算扛过来了。

父:合肥这样大的汛情,听说都惊动了习近平总书记?

子:是的。当汛情发生时,习近平总书记特地转告,一定要保护好人民群众生命财产安全,保护好城市安全,保护好巢湖大堤安全。汛后习近平总书记来安徽考察时,还专门去十八联圩生态湿地蓄洪区察看退水后的情况,要求加快重大水利工程建设等。这些都给我们以极大的鼓舞。

父:大汛后要大治。

子:对。恩格斯有一句名言,"没有哪一次巨大的历史灾难,不是以历史的进步为补偿的"。每次大汛大旱都反过来促进了水利建设。汛后,我们及时反思,谋划了未来水利建设总体方案,坚持以系统治水的大思维,科学处理江、湖、库关系。这里有一篇文章您可看看,说的就是如何处理好这三者关系(见附录一)。未来重点是新上4个生态湿地蓄洪区、对江泵站等;后来又谋划了水网工程,按200年一遇标准提高城市防洪能力;统筹抓好县城和重点镇的防洪工程(见附录二),等等。今年市政府和市政协开展"统筹城乡水利建设,夯实特大城市发展基础"专题资政协商……我们的目标是保证巢湖安澜、特大城市安全发展。

父:这个目标正一步步实现。这也是我们这次聊天的小结。

子:是的。

 附录一

特大城市河湖库治理　需要大智慧大逻辑大格局

(2021年8月8日)

国务院河南"7·20"特大暴雨灾害调查组正在河南开展调查工作。此前此后,各相关部门都已开展类似调查行动。相信一场灾害在给人们造成损失的同时,也一定能通过我们的总结提供未来可防灾、避灾、抗灾的样本。

郑州"7·20"特大暴雨,雨从何处来,又往何处去?为什么河、湖、库都出险,造成如此大的损害?这是人们一直在思考的问题。对前一个问题,气象专家已给出了初步的结论,那就是台风"烟花"形成之后的大范围、远距离、高能级的云水影响,这一点与震惊中外的"75·8"事件类似。后一个问题,现在看到的分析报道并不多。而后者正是问题的关键。如果说前者是"天时",后者则是"地利"。如果"人和"缺失,遇"天时"失"地利",大灾就不可避免。郑州的地理特征、山川水系等情况我不熟,我只能结合个人感知,以合肥等为重点,对未来的城市特别是特大城市的防洪提一些想法。

首先,要将特大城市建成区、规划区的历史河流、湖泊找出来,看一看有多少被占用、有无恢复的可能。

自然资源部最新颁布的《国土空间规划城市体检评估规程》在"水安全"中设置了湿地面积(km²)、河湖水面率(%),其目的和用意就在于还河还湖还历史本来面目。中国的城市建设除了古都、枢纽城市外,历史并不长,大发展更是在改革开放之后。郑州和合肥一样,成为省会的历史都不长(郑州为1954年,合肥为1952年)。换言之,无论是郑州还是合肥的城市建设,主体、基本盘都是在新中国成立后,城市防洪除涝工程明显滞后于城市建设。

在这一方面,老城区的问题尤为突出。如合肥市的南淝河为一干八支,但20世纪八九十年代却将二里河、史家河上盖,变成地下河,上面竟然建起了"香港街"等。

坑塘水面过去在老城区也不少,现大多无存。以今天的视角来看,城中的坑塘水面还具有蓄积和利用雨洪资源、补给地下水和作为乡土生物栖息地的作用。但现在

大多被占用,功能丧失殆尽,一遇强降雨,雨水只能夺路上街,水漫城区。

而这些城市现在的建成区历史上就是农业区,原先河流是穿田而过,并未受大的影响,遇到洪水,自然会"赤条条来、赤条条去"。现在农改非、村改城,难保一些河流不被占用、不被截弯取直,难保一些湖泊不被侵蚀、不被改用。如合肥市高新区到政务区那一大块地原是肥西的农田,20世纪七八十年代,为了农田灌溉,从潜南干渠引水,形成了丰富的排灌系统。现在废田建城,虽然排灌系统依旧发挥作用,但硬质铺装代替了广袤的农田,一遇强降雨,政务区一些地方则要上水。2018年4月18日就发生了水淹事件。

规划区的未建区域情况也不乐观。如南淝河的支流二十埠河,其支流三十埠河流经肥东撮镇时越来越小,再往下走几乎要灭失了。一些地方在城市建设特别是开发区建设时,人为将沟渠填掉的问题屡见不鲜。殊不知,当强降雨形成后,巨大的水能量会沿老河道而下,冲毁沿线建筑物。

为了解决这些问题,就需要将历史上的河、湖、塘坝找出来,看能否还原到过去?当然这太难了,很多已被街道、马路占领了。但办法也还是有的。合肥市为了解决二里河、史家河被占的问题,刚在那儿建了一个初级雨水调蓄系统。该调蓄池结构采用地下式,服务面积21.06 km²,调蓄总量7.7万立方米。下雨时,受城市面源污染的初期雨水进入调蓄池,先期进行蓄水以减小城市内涝压力,后再通过配套管网传输至小仓房污水处理厂处理。这既起到了水质净化作用,也部分起到"水库"功效。合肥市已建和正在建的此类工程共有23个(已建7个,其中十五里河1个,南淝河6个;前期工作或正在建16个,其中十五里河6个,南淝河10个)。

在新城区和规划控制区,则要严格执行不得占用河湖空间的规定,要保留新纳入城区的农田渠网,再也不能犯历史错误。同时,还要注意城中的河湖以及原先的小水库,不能完全按景观河湖库打造,首先还是要保持原有的水利功能,决不可占用河道、水面等。要注意尽量少地采用工程措施,更多地恢复、发挥水体自身具有的生态功能,让自然做功、发功。自然资源部《规程》在"防灾减灾与城市韧性"中既设立了"防洪堤防达标率(%)",又设立了"降雨就地消纳率(%)",其目的也正在于此。

其二,要将水库与河流的关系搞清楚,工程措施搞到位,实现河湖库的和谐共生,避免出现水利基础设施系统性瘫痪。

特大城市的水库原先都远离市区,现在都在市郊甚至市内,郑州和合肥都是,都成了"头顶库"。而建水库的功能无外乎有二,一是拦蓄洪水保城市防洪安全,二是结合蓄水作为城市供水水源。一般情况下,水库与江湖之间的关系是协调的,但遇到了强降雨特别是多年未遇的特大暴雨情况就大不一样了,这里有个孰重孰保的问题。毫无疑问,在河湖库三者关系中,首先要保的是水库安全。然而,也会带来一系列难题,需要以大局为重统筹解决。

当水库达到泄洪水位时就必须泄洪,但持续加大泄洪流量,就会对穿城而过的河流、湖泊堤防造成压力,甚至会越堤淹城。今年郑州"7·20"遭遇特大暴雨时,常庄水库主坝背水坡出现疑似管涌险情,一旦垮坝,后果不堪设想。在此情况下,也只得加大水库泄洪流量。这就是今年"7·20"时郑州的两难选择之一。

合肥2020年也遇到了此种情况。也正是一年前,合肥主城区遇到了强降雨,大房郢水库甚至形成了洪峰。两大水库只得按调度规程泄洪,但对南淝河沿线防汛造成一定压力。市主要负责人到水库现场察看那撼人心魄的泄洪场面后,支持持续泄洪。未来,在此情况下,就要科学测算三者关系,把握极端天气情况下(如今年"7·20"),城市河堤防洪墙应有的高度,从而避免水库放水造成的冲击。当然,南淝河洪水受水库下泄、支流汇入和巢湖顶托三重影响,其中受巢湖长历时顶托是关键,而巢湖又受长江顶托。未来,对江泵站建成后可减轻顶托压力,有利错峰调度。这本质上又涉及河湖库关系的进一步理顺。

其三,要有双保险的防灾、抗灾"备胎"方案。

特大城市是不能淹的,无论是基础设施还是民房。但特大城市相遇而来的洪水,要有下泄的通道,要有快速过流的方式,否则,郑州就是前车之鉴。这个道理虽然人人都懂但并没有完全解决。

城市防洪固然要有各种办法,但首先要的是大禹治水的大逻辑(理顺河湖库关系)和大智慧(堵疏结合、以疏为主)。近年来,区别于工程依赖性治水思路和"灰色基础设施",我国提出了"海绵城市"的理念和众多试点城市,提倡构建水生态基础设施。然而依靠单个城市通过增加渗水地表面积和低影响开发等措施缓解内涝,难以解决流域尺度的洪涝问题。必须注重从宏观区域着手编制系统性空间规划,加强流域治理的区域协作,寻求以最少的土地和最优的格局,有效维护水生态过程的健康与安全。在这个治水的大逻辑、大格局中,行蓄洪区规划建设十分重要。

反观特大城市特别是新兴城市的防洪措施,就独少了一个最后的王牌——行蓄洪区的规划建设。而合肥市去年之所以能躲过郑州"7·20"的灾难,正是因为能打出保卫城市家园的最后一张牌——十八联圩生态湿地蓄洪区。在城区防汛最吃紧的7月19日13时,十八联圩破堤蓄洪,3.76万亩圩田蓄洪1.3亿~1.6亿立方米,大大降低了市区南淝河的防汛压力,确保了城市安澜。试想,如果不是2016年大水后将十八联圩规划建设成为蓄洪区,1.2万人搬迁出去,怎会有一小时就可扒堤行洪的可能?市区的防汛抗洪哪有立竿见影的成效?如果没有十八联圩作用的发挥,也许去年合肥"7·19"就是今年的郑州"7·20"。正是因为这个原因,合肥市正在新规划建设4个生态湿地蓄洪区。现在看来,这项工作特别是在肥西附近新建生态湿地蓄洪区显得十分紧迫,需要加快推进。

随着极端天气的增多,暴雨影响已是我国和平时期发展和稳定的最主要影响因素之一。一场大水,一场考验;一场大水,也应是总结经验教训的一笔财富,我们不应浪费任何危机,应以此为鉴。20世纪的"75·8"事件,掀起了全国大中水库整修的热潮,保证了持续多年的水库安澜。但愿经此"7·20"事件,能使我们特大城市的防洪能力有个新提升,安全城市、韧性城市的打造能经受住更大考验。

 附录二

镇防当防冬修必修

（2022年10月13日）

昨天,我去沿湖某镇调研,和当地负责人交流防汛抗旱工作。我问今年发生特大旱情,明年会不会发生特大洪水? 如果发生2020年特大洪水,会是什么样的结果? 这位同志回答说,2020年镇区被淹,如果再发生类似洪水,很难保证不再受淹。我又问,那为什么不采取工程性措施? 回答说已上报项目待批。潜台词是,镇里没钱,只得等待。

据了解,这个镇常住人口已超六万,其中镇区人口近万人。一个众所周知的常识是,改革开放后,农民走上富裕路,家庭财产显著增多,集镇上每户的财产都在数十万乃至百万。在此情况下,哪一家都不能被水淹。

事实也正是如此。回想1991年特大洪水,三河镇全军覆没,损失惨重。因此,当2020年发生超历史洪水,部队驰援合肥时,某旅指挥部就设在三河镇,足见对千年古镇防洪的重视。

虽然当年取得了抗洪的重大胜利,三河等镇安然度汛,但仍有丰乐、柘皋、夏阁、罗河等镇区部分受淹,企业和群众财产损失不小。因此,在已基本解决大城市、县城等城防问题的同时,必须高度重视小城镇镇防问题。

然而,此类问题尚未得到高度重视和彻底解决。工作中具体表现为:一是抱有侥幸心理。一些同志认为水旱灾害哪能如此频繁发生? 总要隔几个年头吧。二是掩耳盗铃。一些同志明知其有,将来肯定会有来势凶猛这一天,但不愿往深里想,更不愿筹钱做。三是听天由命,安于现状。一些同志认为天意不可违,天灾不可免,周期性水旱灾害谁遇上谁倒霉,因而,消极等待,不愿发动群众,不积极编报、争取项目,不知运用资本力量,去筹集水利建设资金。

这些问题的根子,在于政绩观有偏差,表现在资金安排上,重地上轻水下,以致丧失"窗口期",坐以待淹。今年新冠疫情给财政增收带来空前压力,这给本不多的水利建设投资又蒙上了阴影,因此,一些地方大汛后没有大修,几年过后问题依然如故,未来能否通过大汛大考是一个很大未知数;一些地方大旱后没有趁机大挖当家塘,丧失了用较低成本兴修的机会。

解决镇防等水利问题,首先要有大历史观,牢固树立正确政绩观。中国自古以来就有治水传统。习近平总书记曾经指出:从某种意义上讲,中华民族治理黄河的历史也是一部治国史。

人定胜天亦顺天

明太祖在即位之初,就下令凡是老百姓提出有关水利的建议,地方官吏需及时奏报,否则加以处罚,并专门派遣国子监生到各地督修水利。1394年,明太祖又特别向工部发出谕旨,全国凡是能够蓄水、泄水防备洪涝灾害的陂塘湖堰,都要根据地势一一修治。在明太祖的大力督促下,全国各地发展水利取得了显著成绩,他在位的28年间,开天下郡县塘堰40987处、河4162处,修陂渠堤岸5048处,水利建设得到空前发展。

我们党更是重视水利建设。毛主席在领导苏区的艰苦岁月,高度重视水利建设。这一时期,毛主席首次提出著名的"水利是农业的命脉"科学论断,亲自带领区乡政府干部,勘山察水寻找水源,修筑水陂水圳,开挖水井。苏区干部身体力行,带动广大军民开渠筑坝,打井抗旱,车水润田,解决了许多水利问题。新中国成立后,党带领亿万人民掀起了一轮又一轮的水利建设热潮,从而基本保证了农业生产和国民经济的发展。我们现在的条件更好,没有理由不将水利建设搞得更好。

此外,还应采取若干硬措施:

一是规定万人左右的镇区不能受淹。从合肥的实际看,可将原先的"三达标一美丽"增加一个"镇防达标",使其成为"四达标一美丽"。

二是规定财政支出中涉农资金安排必须足额到位。不允许东转西出,也不许几顶"帽子"整成一个戴。

三是规定财政基础设施建设的排序首先是水利。下决心控制、削减"花里胡哨"项目,也防止一条路无谓地修几次,真正将钱用在刀刃上,减少乃至杜绝"锦上添花"工程。

四是规定财政供给、消费与水利建设支出的比例,尽一切可能削减非生产性开支。特别是严控变着法子建办公楼和打着便民旗号建服务中心,提倡勤俭办一切事业。

五是规定群众的责任和应承担的义务,发动社会各方力量团结治水。

六是规定上级政府的领导、支持和连带责任等。

近期在世界城市峰会上,吴志强院士将城市分为脆弱城市、生存城市、学习城市、智慧城市。并指出生存城市能够在重大突发事件冲击中快速反应,从而能生存下来,但灾后却不具备学习能力。比如美国加尔维斯顿在19世纪末飓风后政府忽视修缮防洪堤,20世纪初再次飓风后毁于一旦。

对照这个经典案例,我们难道不应深刻反思、迅速补课,与时间赛跑,努力成为阿姆斯特丹式的城镇吗?阿姆斯特丹虽然属于低洼城市,长期受到河流洪水的冲击,但城市却早已形成了完整的应对系统,构建了先进完善的规划和治理体系,因而保证了城市防洪无虞。

蓝藻可以消灭吗？

时间：2023年"五一"假期及以后，成文于2023年10月底

地点：巢湖之滨家中（黄麓镇王疃村）

子：今天我们聊聊蓝藻。

父：蓝藻、湖靛？现在这个话题炒得很热，大家都很关注。

子：是的。蓝藻往往五一之后就陆续有了，记得2017年就是。当时我分管巢湖综合治理，当蓝藻起来后，有记者在湖边直播，合肥市委主要负责人要我去处理，我还不以为意，认为这有什么了不得，我们小时候见得多了，迟一点早一点来，是很正常的事。

但现在人们并不这样认为，稍有一些蓝藻出现便会联想到治理效果。当然，后面我们还要讨论，这二者往往不能直接挂钩。高兴的是，今年到现在还没有出现。

父：那也不等于不会有。有肯定会是有的，只是来得早迟以及多少罢了。

子：我是在巢湖边长大的，很小就知道蓝藻，还帮家里打捞过湖靛，不觉得新奇，甚至也不觉得是个什么问题。对于20世纪七八十年代蓝藻水华的情况我是熟悉的，并且经常讲给别人听。有一次陪同时任省长李国英同志调研，我就详细讲述了蓝藻暴发后的情景。

从这一点来讲，我对于蓝藻水华及其防控，有个人的体验，算是个"经验主义"者了。这倒也好，当后来领导、专家在议蓝藻水华防控时，如有不合实际的地方，我的记

忆场景便会自动跑出来验证,直至不自觉地抵制。不过,我只能记到我小的时候的景象,在我出生之前更早时期的蓝藻、水华、湖靛到底是什么样子?

父:蓝藻,我们沿湖老百姓习惯性混称为湖靛,并不深究二者有什么不同。湖靛现在看似有害,过去可是个宝,可以作为绿肥,老百姓抢着捞啊。

我不晓得蓝藻是什么时候形成的,也不知打捞湖靛起于何时。我只记得我们小时候干农活,夏天焦湖泛了,就赶紧放下其他农活甚至饭碗,跑到湖边打捞湖靛。我今年80多岁了,这么一算,打捞湖靛的历史至少上百年了吧?

子:应该不止。有人找到清末打捞湖靛的照片和资料。我还找到一份珍贵文献,那是安徽农业大学陆艾五等于1959年7月整理的《巢湖湖靛的调查研究初报》。我给您看看。这份报告中说,湖靛是一种偏重氮素的肥料,沤熟才能更好使用,对水稻田特别适合,沿湖一带每年捞取量达数百万担。

父:是这个情况。这份报告很有价值,我要细看。一担相当于一百斤,数百万担就相当于五万到十万吨,这可不是小数字,是个大宝贝啊。历史上沿湖群众视蓝藻为宝贝,在生产队大集体时期,湖靛是作为一种资源管理的肥料,专属于沿湖大队和生产队的,其他地方的群众不能下湖打捞。

子:主要是那时粮食生产未过关,"以粮为纲",粮食又靠肥当家,而肥料特别是化肥稀缺,于是便将目光朝向湖靛了。李焕之的《巢湖好》是巢湖民歌的代表作,第三段歌词就唱到湖靛。

父:是吧?怎么唱的?

子:歌中唱道:"沿岸青山雾中藏,社员湖边挑湖靛,劳动歌声震天响。"

父:还真是的,挑湖靛写到歌中了。那可是送上门的好绿肥。20世纪六七十年代,由于人口快速增长,粮食生产供应变得紧张起来。要使水稻亩产量"越淮河"(亩产800斤),"跨长江"(亩产1000斤),必须解决肥料问题。毛主席不是提出过农业"八字宪法"吗?水、肥、土、种、密、保、工、管。肥料放在第二位。我们每一位农民都会背这"八字宪法"。

那肥料问题怎么解决?一是人畜粪,使用几千年了,但不够用;二是化肥,那时还不能大量生产,一直到20世纪70年代中期国家建了安庆石化等厂,尿素才好买,但需要很多钱,有的生产队就拿不出来;三是就近取材的各种绿肥,湖靛就是这年年免费送上门来的肥料,并且取之不尽、用之不竭。

正是这种状况,你难以想象,当农民看到巢湖起湖靛时有多么高兴!相反,如果夏季有几天没湖靛,大家在一起会念叨:老天爷,下场雨吧,起一场湖靛。

子:湖靛有那么肥吗?

父:有的。在沙滩边挖一个坑,将湖靛捞上来,放几天沤着,再挑去浇田,真管用。农技站的人说,这湖靛里含氮,可充当最好的氮肥。

子:对的,湖靛也含磷、钾。安徽农业大学的这份报告说,湖靛具有以下的农业化学特性:① 有机质含量丰富,是一种偏重氮素的肥料。② 可溶性养分含量高,具有速效性,农民群众称之为"暴性大、钻劲大、烧性大"。③ pH 4.5～4.7,酸性很强,因此,施用湖靛应掌握"早、少、勤、匀"的原则,看田看苗,灵活施用。

父:报告选用的材料是活生生的群众语言,真正来自于一线。

子:我手头还有一组有趣数据。查阅文献,现太湖藻中氮磷含量:TP(总磷,下同)0.68%,TN(总氮,下同)6.7%;滇池 TP 0.61%,TN 6.39%。

以太湖数据作为参考值计算,2022年巢湖共打捞藻泥1.9万吨,其中,藻泥含水率以87%计,P(磷,下同)以0.68%计、N(氮,下同)以6.7%计、有机质以76.7%计,打捞的全部藻水相当于去除 TP 16.80吨,TN 165.49吨,有机质1894.49吨。

数据可能并不精准,但简单一点说吧,反推湖靛既是氮肥也是磷肥。怪不得沿湖农民那么喜欢湖靛,庄稼也种得比别的地方好。

正因为此,国家很早就组织相关人员进行技术攻关,开发蓝藻肥料资源。我手头有本书《固氮蓝藻》,是由农业出版社1984年出版的。此书前言开宗明义指出:蓝藻能增产10%左右。本书旨在为固氮蓝藻的推广应用,促进固氮蓝藻研究的深入作一些贡献。

父:当年,湖靛是沿湖村集体和农民的资源、资产,是被紧紧看管起来的,山丘区生产队想来打捞是不行的,甚至买也不被许可。

记得20世纪70年代中期,同在一个黄麓区的建麓公社想来买湖靛,我们花塘公社老书记张立志就不答应。他是当家人,很扒家(帮家、护家),反问说:"我们自己不种庄稼?"那时肥料缺呀,"庄稼一枝花,全靠肥当家"。要吃饭种庄稼,山里的亲戚不能不帮啊,有时就夜里来,到我们家湖靛窖里挑。这个场景你现在根本想象不出来。

子:能想象出来,好像还有点记忆。因为那时粮食是农民的命根子,国家缺粮"以粮为纲"嘛。为了积肥,什么招都有,包括到城里掏干粪,在湖塘、水沟罱秧泥等。

父:是的啊。过去大集体时,每年年初就要筹划当年打捞湖靛的事。湖靛一上来,就发动群众去抢,因为风浪一来,湖靛就会一散而尽。

子:这样的场景我也很熟悉。说来也巧,前不久,我在收集相关资料时,竟然找到1959年《巢县报》的一篇文章,详细记载了打捞湖靛的情况。我手机里有这样的截图,您看看。

父:这确是当年真实的情景。五一大队就是现在的东、西管村,离我们村只有几里地。

子:打捞湖靛的事我也干过,那也还是大集体时。记得夏天湖靛上来,您带社员在湖边,先将湖靛引到河沟,再用水车将湖靛抽到沙滩坑中。为了抢时间,午饭都是我们送去的,吃完饭再接着干。等生产队的坑塘填满了,每家每户再往自家的小坑小宕撇湖靛,湖靛很厚,往往一畚箕下去还不见水,笃厚的。这个情景让我印象很深。

蓝藻可以消灭吗?

18. 为了争取明年夏季好收成，各地人民公社社员正在积极进行明年的各项生产准备。图为安徽巢县黄麓人民公社五一大队的党支部书记赵玉州（右）和生产队队长管育义下巢湖观察湖靛（天然绿肥的一种），以便组织社员及时抢捞。

王勤之摄

捞湖靛

父：群众说，湖靛是"巢湖之宝，禾苗之父"。一担干湖靛，价值半升米。只是不知道怎么形成的，又怎么那样多，满湖铺天盖地的？一阵风吹来了，怎么又一阵风吹没了？

子：这确实是个大问题，很多专家从不同领域进行研究，已基本搞清楚来龙去脉。我近期收集了大量材料，并和相关专家座谈，对蓝藻、水华、湖靛等又有了新认识，我给您慢慢说说。概括起来，有十个具体特征。

父：好。有这么多？说说看。未来，你可以到高校开讲座。现在，不妨就都记下来。

子:第一,蓝藻是一种很古老的细菌,比人类的历史还要长。

蓝藻是地球上最早出现的能通过光合作用生产有机物的生物,是地球水生态演化史上的关键角色。蓝藻的出现使地球从无氧状态发展到有氧状态,支撑着绝大多数生命的呼吸。如果没有蓝藻时代,早期地球就不可能建立相对稳定的生态系统,就不可能产生今日覆盖海洋与陆地的生物圈,更不可能有人类文明的诞生。

中国科学技术大学生命科学与医学部李旭副教授对此很有研究,他告诉我说:"蓝藻以一己之力多次扭转地球生命演化方向,是改变地球颜色的大艺术家;蓝藻是地球水生态演化史上的关键角色,大氧化事件和内共生事件搅动了整个生命演化方向;蓝藻的两次多细胞化历程,塑造了今天地球上五大类型的蓝藻系统;蓝藻的内共生和二次内共生,缔造了今天地球上主流的光合作用体系;蓝藻是地球大气系统的主要供氧者,作为初级生产者提供了大气中超过40%的氧气;蓝藻是水体生态系统的基石,在碳、氮、磷的生物地球化学循环中起到了至关重要的作用;蓝藻为浮游生物和鱼类提供食物,是水体生态食物链的基础。"

父:小小的蓝藻有这么大的作用,还真看不出来。刚才你说蓝藻的历史比人类的还要长?

子:是的。这有化石为证。在澳大利亚西部Apex玄武岩组存在的最古老的蓝藻化石已有35亿年的历史。

父:那人类历史有多少年?

子:根据古人类化石的发现,最早的人类可能出现在距今300万年或400万年之前。

父:那与35亿年相比差远了。

子:当然。

第二,蓝藻只是藻类的一种。

父:还有其他种类的藻?

子:有啊,更多。藻类是一种单细胞或多细胞的,含有光合色素能进行光合自养生长,但没有分化根、茎、叶的低等水生生物。

藻类种类繁多,通常根据藻类所含色素和细胞形态构造分为不同的门,共计13个门类。

从分类学上看,蓝藻门是常见的淡水藻类之一。其他还有12个门,即原绿藻、绿藻、硅藻、褐藻、红藻、裸藻、甲藻、隐藻、金藻、灰色藻、黄藻、定鞭藻12个门。

并且生物分类,门下面还有属、种。目前已知藻类有2100属。另,全球藻类在线数据库ALgaeBase目前共记录了170094个藻类物种及变种。很多藻类能够适应恶劣的环境,从冰天雪地的极地到温泉口,地球上几乎到处都有藻类的存在。

父:庐江汤池温泉口也有藻类?

子:我过去未认真观察,想一想泉水口湿漉漉的,似乎是有的。下次去时好好看一看,也可以长见识。

具体到巢湖,2022—2023年巢湖生物资源调查显示,巢湖湖区共鉴定到藻类8门98属146种,其中绿藻门64种,占44%;蓝藻门30种,占20%;硅藻门32种,占22%;还有甲藻门、隐藻门、金藻门、黄藻门、裸藻门共16种,占10%。

父:也就是说,湖中不只有蓝藻,还有其他藻类。

子:是的。只不过,大多数藻类属于真核生物,蓝藻水华属于无真正细胞核的原核生物——细菌中的一员,它们也和植物一样能进行光合作用。正因为这样,蓝藻也被称为蓝细菌。

父:这个分类我们过去不大知道。

子:第三,蓝藻本身多种多样、丰富多彩。

据中国科学院南京地理与湖泊研究所提供的材料,因当前蓝藻分类与命名系统尚不成熟,不同数据库中蓝藻种属的分类存在一定差异,新鉴定种属数量亦在增加。以下内容是基于AlgaeBase数据库的分类:

蓝藻几乎存在于地球上的各种生境中,当前记录的蓝藻门均为蓝藻纲(分5个亚纲),共有27个目290多个属5726种,其中物种较多的目有念珠藻目(1737种)、颤藻目(1155种)、色球藻目(935种)、细鞘丝藻目(404种)、聚球藻目(134种)、假鱼腥藻目(65种)等。

父:那我国的情况是怎样?

子:中国科学院南京地理与湖泊研究所对250多个湖泊的调查结果表明,我国湖泊中共发现16目蓝藻,93属,其中优势蓝藻属(占比超过1%)按优势度排序依次为双色藻(聚球藻目)、浮丝藻(颤藻目)、微囊藻(色球藻目)、拟柱胞藻(念珠藻目)、结线藻(结线藻目)、长孢藻(念珠藻目)、拟圆孢藻(念珠藻目)、原绿丝藻(聚球藻目)、节旋藻(颤藻目)、束丝藻(念珠藻目)、假鱼腥藻(假鱼腥藻目)、拟浮丝藻(颤藻目)。

以上除双色藻和结线藻外,其余藻属在全球均有形成蓝藻水华的相关报道;结线藻被报道在赤道附近的水库中与微囊藻、聚球藻、拟浮丝藻、尖头藻和原绿丝藻形成混生水华。

另外,长孢藻是我国太湖、巢湖常见的优势蓝藻属,此前属鱼腥藻属,后根据浮游态和底栖态对鱼腥藻属进行划分,浮游态被划为长孢藻属,但现在人们往往将二者混为一谈。

以上这份材料应是权威的。但也有人认为,蓝藻主要包括微囊藻、鱼腥藻、束丝藻、色球藻、螺旋藻、拟项圈藻、腔球藻、尖头藻、颤藻、裂面藻、胶鞘藻等十多个属。已知蓝藻约2000种,中国已有记录的约900种。这个说法不一定准确,我也记下来备查,以作比较。

父:蓝藻是一个大家族,下面再细分很多小家庭。不过,我们平常倒看不出有什么区别,也没有细看。

子:对于大多数人来说,也许细分并没有什么必要。但对科研工作者来说是必需的,蓝藻单个细小,细辨要用显微镜,细分要按一定规则。

第四,蓝藻是由多种营养盐催生而成的。碳、氮和磷是最重要的构成组分。

刚才看到的安徽农业大学老师1959年的报告,上面就有关于可溶性氮、磷、钾的养分分析。

父:怪不得湖靛能肥田,原来是氮、磷长出来的;打捞上来,分解出来,自然是难得的肥料了。

子:是这个原理。

第五,蓝藻中含有氮、磷,是不可多得的肥料,但一些蓝藻还有个藻毒素的问题——有毒!

父:这倒可怕! 刚才看了你带来的安徽农业大学老师的文章。正如这篇文章所说的,湖靛盐性大,对皮肤、眼睛有刺激,人体长时间与湖靛接触即起疙瘩;烧性大,直接施到作物茎叶上,能烧坏作物,沤制后施于水田中,可杀死蚂蟥、鱼、虾;锈性大,铁锹放下时间长会生锈;冲气大,新鲜湖靛具有青草味,沤烂时产生特殊臭味,会散发到人的一身,晚上洗澡打肥皂往往还去除不掉。总之,知道蓝藻、湖靛是肥料、有用,但对蓝藻有毒、有害,倒不很清楚。

子:一些蓝藻能产生各种各样天然毒素,周刚等主编的《污染水体生物治理工程》中指出,目前已知能够产生毒素的淡水蓝藻约12属26种。这些毒素主要是环肽、生物碱和脂多糖内毒素,致毒类型包括肝毒性、神经毒性、细胞毒性、遗传毒性、皮炎毒性等,其中以肝毒性的微囊藻毒素危害最大,以神经性毒素的鱼腥藻(长孢藻)毒素也不可小觑。巢湖夏天以微囊藻为主,春天东半湖有时有鱼腥藻(长孢藻),这个我们后面会再聊。

世界卫生组织和我国都规定了饮用水中藻毒素MC-LR的最大可接受浓度为$1.0\,\mu g/L$。在蓝藻没有死亡时,水体中藻毒素数一般都低于这个数值,并且原水经城市供水系统处理,一般的监测设备已监测不出藻毒素,换句话说,这时的自来水是安全的。

父:那蓝藻对鱼有什么影响?

子:很多专家在跟踪研究。近期我读了中国科学院水生生物研究所研究员谢平写的几本书,知微囊藻毒素对鲢的伤害性可能很小,但鲢肠中的含量大于其他鱼类。因此,我认为鲢鱼可吃,肠子尽量不要吃。

父:是这样的,我们一般不吃。

子:然而,当蓝藻暴发并大量堆积死亡后,一些蓝藻细胞内毒素大量向外释放,此时水体的藻毒素才会大于这个规定的数值,甚至超百倍。这会严重危害人的身体健康,必须立即处置。1982年,挪威有一个湖因铜色微囊藻和颤藻大量繁殖,覆盖整个湖面,许多牛羊直接食用后死亡。2014年8月3日,地处伊利湖滨的美国特莱多(Toledo)市因为蓝藻暴发而进入紧急状态,40万人供水和生活受到影响。

父:这么可怕! 难怪这些年市里投那么多钱,上了那么多蓝藻收集、打捞设备;并且蓝藻一上来,市里发动那么多人去打捞。

蓝藻可以消灭吗?

子：是的。蓝藻水华暴发使湖水变色变味,影响周边环境,但主要的影响还是自来水取水口。

合肥市区20世纪八九十年代曾将巢湖作为饮用水源,但一直深受蓝藻水华暴发之害。1987年四水厂取水水源因藻类数量过多而被迫停产1个月,不仅损失了上亿元的工业产值,而且直接影响到人民生活用水的供给和安全。后来,合肥市区逐渐放弃巢湖水源。至2006年时,已全部使用董铺、大房郢水库作为水源地,蓄水不足便通过淠史杭灌区从六安几大水库输水。2019年特大干旱,几大水库水源几近枯竭。但即便如此,宁愿从驷马山江水西引也未启用四水厂。

父：我知道这件事。驷马山枢纽在和县乌江,20世纪70年代建的,主要是大旱时开机提江水灌农田,那时未想到会向合肥市区输水。现在提水,据报道说是八级提水?

子：对。经过泵站八级提水,"跳高"38米、"长跑"172公里,长江水才进到合肥百姓家!

而巢湖水近在眼前却未能饮用。这是多痛苦、多无奈的选择!并且,老四水厂及原水泵站经改造后,供水能力已达30万立方米/日,随时可启用供水但却不能,目前只是通过原水泵站,将巢湖水向塘西河、十五里河生态补水(10万立方米/日),"大材小用"了。望湖兴叹,主要就是因为蓝藻水华。

记得当时市委主要领导说,不到万不得已,不启用四水厂。其实,那时蓝藻水华已基本消退,水质在Ⅳ类左右,到秋冬季时个别月份也达Ⅲ类,作为应急饮用水源也还是可以的。同时,更为重要的是,多年来对巢湖多点检测,溶解态MC均低于0.05 μg/L,大多数样品未检出。因此,即使是蓝藻水华暴发期,经过处理后的水是可以放心喝的。之所以未启用四水厂,是怕市民有误解、不理解。再说,现在也有这个能力、财力实现远距离输引优质水源。

父：引水的代价确实也不小。

子：是的。市供水集团给我提供一组数据:① 淠史杭灌区每年向合肥市输水约6亿立方米。② 合肥市水务局根据干旱情况,研判是否采取实施江水西引补水。2022年9月至2023年4月,每日引水约60万立方米,2023年补水约6000万立方米。

淠史杭补水执行价格0.232元/立方米,年补水费用约1.4亿元。

江水西引按照市发改委文件,根据补水量分段计价。当补水量小于起始补水量3000万立方米,暂定水价0.787元/立方米;大于7000万立方米时,暂定水价0.365元/立方米不变;3000万~7000万立方米时,暂定水价按实际补水量运行成本确定。这个水价远远大于淠史杭补水价。

父：为了让市民喝上优质水,市里也是花大价钱了。什么时候重新将巢湖作为自来水水源就好了,也许那时巢湖就算真正治好了。

子：你讲的正是很多专家的意见。国家规定,湖泊Ⅲ类水可以作为饮用水源,巢湖正朝着这个控制保护目标奋进,未来一定会持续实现。也正是从这一点来讲,有人说,判断巢湖是否真正治理好了,就看四水厂何时能从巢湖开机向市民供水。

现在,由于不从巢湖取水,滨湖现在的蓝藻应急打捞系统,主要针对的是防止湖靛聚集,污染水环境,产生湖腥味,影响水的颜色。但主要的取水口还剩巢湖市区,原先压力也很大。

父:今年底,长江水引过来,巢湖市区夏天供水警报就可以消除了。

子:是的,都盼着呐。

第六,蓝藻的天敌很少。

朱喜等主编的《中国淡水湖泊蓝藻暴发治理与预防》一书中指出:由于蓝藻历经十多亿年的进化,造就了很强的生命力,能在极其恶劣的环境下生存,即使被鲢鱼、鳙鱼等鱼类作为饵料摄食,但也得不到完全消化,鱼类排泄物中仍有大量蓝藻活细胞,所以蓝藻在"老三湖"已形成绝对竞争优势,在没有将蓝藻抑制至一定程度时,其他藻类与生物无法与之匹敌。

同时该书还指出:蓝藻在全部藻类中有突出的十大生理优势,即,伪空泡,可上浮占据有利的生态位;蓝绿色,低光也能很好生长;有效利用营养盐,各类氮磷比均可;高温适应性较其他藻类广泛;pH的适应幅度宽;形成多细胞群体和大型丝状体等结构的保护机制,以防止被浮游动物觅食和控制沉降;很强的磷的吸收和存储能力;在厌氧环境中有较强生存能力;休眠期,适应低温等不利条件,顺利越冬;有藻毒素,是保护自己、抑制竞争者的机制。

父:蓝藻几乎成"藻王"了。

子:过去相当长一段时期是,现在情况有所变化。我们后面还要聊。

第七,蓝藻是形成水华的主体和载体,但又不同于水华,与湖靛也不可混说。

黄卫东编著的《湖泊水华治理与方法》一书指出:水华是在水体中发生的一种自然生态现象。通常认为水华是水体中浮游生物大量生长,使浮游生物现存量达到较高水平,以致人们能够观察到的一种现象。

在淡水水体中,绝大多数的水华是由浮游植物中的藻类引起的,如蓝藻、绿藻、硅藻等。水华发生时,水体有明显的颜色,一般呈蓝色、绿色或红色。

父:水华来源于蓝藻但又不同于蓝藻,那湖靛又是来源于水华而又不同于水华了。

子:对。有专家指出,湖靛是微囊藻等藻类大量滋生时,形成砂絮状水华,使水色呈灰绿色等。当形成强烈水华时,常被风浪吹涌堆集在一起,好像在水面盖上一层厚厚的油漆,这就是湖靛。

蓝藻没有死亡时,一般不污染水体,但遮阳影响透明度和景观。形象地说,水华是蓝藻水面"开花",英文叫"Algal Blooms",是在较短时间内浮于水面或聚集于水体上层形成的一层藻密度较高且面积较大的蓝藻层,它多是在适宜的生境下经过1~2天或更多一些时间的快速增殖后,存在于水体上中层,又在适宜条件下,于较短时间内快速上浮,聚集于水面和水体。如果死亡,蓝藻常发出腥臭味,呈蓝白色,自然会污染水体。如果不死亡也不会污染水体。当蓝藻、水华死亡时就形成湖靛。

换言之,湖靛是蓝藻、水华的"尸渣"。或者打个不一定恰当的比喻,蓝藻是水中漂动的"小苗",水华是"花",湖靛是"渣"。只有当湖靛大面积集聚时,才会形成水环境污染事件,太湖流域称之为湖泛,我们这里叫"焦湖泛了"。

父:你这样讲倒很形象,也好分辨,还好记名。"焦湖泛了"是有的。

子:是的。湖泛其实就是湖靛聚于上、污染物沉于下、污染底层诱发底泥中磷的释放,并使湖面变色、变臭的过程和现象,从整体而言是"糟糕透顶,一湖糊涂"。

湖泛这个概念是近些年来起源于太湖的。《中国淡水湖泊蓝藻暴发治理与预防》一书定义为:湖泛,是几十年来,太湖边人们对浅水型湖泊在高温缺氧状态下,受到不同程度污染的底泥发生厌氧反应,湖水产生程度不等的混浊和异味甚至产生黑水臭气现象的一个俗称。

该书还指出,湖泛从本质上讲是水危机事件,发生湖泛需要条件。其必要条件是,底泥污染严重,上覆水体静止并缺氧,水温较高,水位较浅,厌氧菌存在。严重湖泛的主要特征是:水体呈浆褐色,似酱油汤;冒气泡;鱼虾浮出水面,大量死亡;其溶解氧很低甚至降为零,$NH_3\text{-}N$升高至$8\sim12$ mg/L,且有较多H_2S、CH_4溢出,具有刺鼻气味。

对比这个概念及其定义,我们的"焦湖泛了"的"泛",比太湖的"湖泛"要大、要宽。

父:你这样讲,分得这样细,我大体也明白。不过,我们平常就讲湖靛,因为它是我们要捞的绿肥;至于什么是蓝藻,倒也没想那么多,水华更是讲得很少,好像太文了。一个直观的感受是,蓝藻多了,变色、变味,就是湖靛;湖靛多了,满湖都是,那就是焦湖泛了,不过那样的情况也不太多见。

子:可以这样说。

第八,形成由蓝藻集聚带来的大面积的湖泛,需要水温、降雨、风力、风向等多种因素的作用。

比如巢湖蓝藻暴发的大部分时间为夏季,此时多刮偏南风,所以蓝藻水华随风飘移,大多刮向北岸,主要集中在滨湖新区一线、肥东长临河一线、巢湖中(庙)黄(麓)、烔(炀)中(埠)一线、巢湖市区一线。而秋天偏北风刮起,蓝藻水华又飘移到巢南的庐江、巢湖一线,但那时已是强弩之末,加之沿线无大的城镇,所以防控压力与北岸不可同日而语。

父:是这样。由于风向不同,往往我们村这一段有湖靛,邻村却没有,反过来也一样。怪得很。

子:第九,蓝藻暴发具有周期性。

这常态化表现在当年,基本与四季同步。蓝藻水华形成可分为越冬、复苏、生长和上浮聚集四个阶段。与此相对应,有休眠期、复苏期、持续爆发期和衰退期,如此周而复始,大同小异,只不过每年程度不同,有大、小年之分,有年际间断暴发情况。并且,又以若干年为一循环周期,由大爆发到低强度,再到集聚爆发,循环往复。

父：我们的感觉是，往往十年为一周期。你查资料考证应该是这样。

子：是有这个说法。这主要是一个周期下来，湖里又集聚了很多营养盐，催生、丰富了蓝藻的生长；蓝藻生物量也与日俱增，形成"燎"湖之势。

第十，现在的巢湖藻情正发生新的变化。

父：什么变化？是好还是坏？

子：通过分析，正在发生预期的积极变化。这主要是治理的成果，也可能有周期性的湖情、藻情变化因素。有这样四组数据可以验证。

一是从各种藻类数量、生物量方面看。自2021年1月开始，硅藻、绿藻、裸藻、金藻显著上升，隐藻变化不显著，而蓝藻显著下降，但只维持至今年5月，蓝藻仍然是巢湖夏季优势种群。巢湖藻类多样性上升，各类藻相互制约、相互竞争，有利于降低蓝藻暴发水华发生的规模和频次。

父：这很好啊，多年期盼了。

子：是啊，可又不能高兴得早了，能否保持这个趋势还有待观察。果真，不好的消息来了。6月份后，由于环巢湖入湖河道水质下降，入湖总磷浓度明显上升，加之气温上升，导致湖区7—9月水质也下降明显，随之蓝藻水华开始上升，八九月巢湖多次出现蓝藻水华，特别是9月份藻密度较去年同期上升168%，生物量较去年同期上升45.9%。

尽管如此，2023年1—12月，巢湖总体上绿藻和硅藻占比最大，两者藻密度分别占总藻细胞密度的18.3%和8.9%，生物量分别占藻类生物量的38.4%和41.1%；蓝藻细胞密度仍较大，占比为72.20%，但生物量占比却很低，为11.5%。这就是这几年湖边很少闻到藻类臭味的内在原因。当然，这一趋势尚需持续观察，现在下结论还为时过早。

父：是不能轻易下结论，还要持续治理、长期观察。

子：之所以说藻情发生新变化，二是可从蓝藻三类优势属生物看。具有固氮能力的鱼腥藻、束丝藻生物量占比显著上升，其中鱼腥藻由2019年前的15%上升至40%；而微囊藻生物量占比显著下降，由2019年前的80%下降到现在的48%。这显著改变了夏季藻情，也是这两年未大面积暴发蓝藻水华的原因之一。

父：春天发的藻，抢了夏天蓝藻的食，分解、减轻了夏天集中防控的压力。这是这几年夏天蓝藻水华轻发的一个重要原因。

子：完全正确。

三是从平均藻密度看，2010—2023年，巢湖藻密度年均值范围在155万个/L到1019万个/L，最大值出现在2015年，最小值出现在2022年。蓝藻水华程度呈现先上升后下降趋势。2022年巢湖藻密度为199万个/L，2023年为203万个/L。这意味着藻密度由过去的每升千万级降为百万级。虽然这个下降的趋势还不稳固，甚至会反弹，但毕竟看到降低藻密度的希望。

父：这个下降的幅度很大，甚至是质的变化了。

蓝藻可以消灭吗？

子:还应继续观察。

四是从蓝藻水华暴发面积变化看。2010—2021年间,2018年是蓝藻水华最严重的年份,也是一个拐点,近年来总体规模呈下降趋势,但暴发频次未见减少。这是2019年来的数字:2019年、2020年、2021年、2022年巢湖累积水华面积分别为3687平方公里、3015平方公里、2412平方公里、1202平方公里,2023年为1389平方公里。

父:变化确实很大,站在湖边看得到,也闻得到。真不容易!

子:聊到这儿,可以作个小结。简而言之,当前,巢湖以微囊藻为单一优势类群的蓝藻湖中一"蓝"独大、一"微"独聚的局面正在变化,已形成绿、硅、蓝藻共聚,鱼腥藻(长孢藻)和微囊藻共同占据优势的格局。

当然,这里面也有时空变化。一般而言,春季到夏初时段和秋末到冬季时段以鱼腥草(长孢藻)为优势种,夏季中后期至秋初以微囊藻为优势种;鱼腥草(长孢藻)主要分布在中部湖区以及东部湖区,个别月份全湖均存在,微囊藻则以西部湖区为主。然而,不同月份不同点位间的优势种既有交叉又有演替。特别是2018年后,由于总磷浓度的升高,受夏季高温影响,东部湖区原来的优势种鱼腥藻(长孢藻)被微囊藻替代。但已出现的正在积极变化的大格局、大趋势并未改变。

父:这是天帮忙、人努力的共同结果。

子:是的。湖还是那个湖,天还是那片天,这背后的原因主要是这些年持续治理的成果,这也标志着以减磷控氮为导向的削减入湖负荷的战略行动取得了明显成效。但还不稳固,随时反弹,需要持续发力。

这些年,治湖的一个重大技术导向是两个降低、一个瓦解:降低蓝藻在藻类中的比重,使之回归到上世纪初中期贫营养情况下的藻类状态;降低微囊藻在蓝藻中的比重,大幅消除夏季湖泛的威胁;瓦解藻类特别是蓝藻生成的关键因素,如在减磷的同时控氮,施放"食藻鱼",引水入湖增强水动力等,使之生长受困。可以说,现在已看到胜利的曙光。与之相映衬的是,巢湖综合营养状态指数已由2022年的57.7,降为2023年的56.6(2012年为57.4),接近于"十四五"考核的要求(小于55)。

当然,这个技术导向并不是一开始就有的,是在边干边学中悟出来的。这是一个重大的理论成果,足以名列大湖治理理论创新宝库。

父:理论都是从实践中来的,是要不断总结,并且反过来再指导实践。

子:对。邓小平同志教导我们:"走一步回头看一下是必要的。"

父:蓝藻我们见怪不怪,感觉就是"古稀"植物,和人类是好朋友。

子:何止是好朋友?是先有蓝藻后有氧气,然后才有人类。

父:一开始你就讲了,蓝藻的历史比人类长很多。但现在我听讲,有人说要消灭蓝藻,因为湖靛太臭。这是不可能的了!

子:当然是的。一种生物怎么可能说消灭就消灭呢?再说,物种相依相生,少了蓝藻,巢湖看似干净,但连带也会消灭了以藻类为食的其他生物,这世界会变成什么样?不可想象!那是很肤浅甚至是无知的说法。

说一组数据反证。根据中国科学院水生生物研究所、中国科学院南京地理与湖泊研究所2022年巢湖生物资源调查结果,浮游植物的现存量约为3.6万吨。按照浮游植物利用率20%、浮游植物产量与生物量之比80、饵料系数40算,巢湖浮游植物的鱼产力估算为1.4万吨/年。也就是说,没有这些蓝藻,就不可能有每年1~2万吨的湖鲜。

父:这是实情,那些年我们农忙种田农闲下湖捕鱼,正是发家致富干得最欢时期,没有鱼怎么致富?没有鱼还是鱼米之乡吗?这种藻鱼相依的状况符合现在所说的生态链,也符合沿湖老百姓讲的,"大鱼吃小鱼,小鱼吃虾米,虾米吃浪渣(湖靛)"。没有湖靛就没有湖里的一切。

子:对。蓝藻既然是一种植物,那就要有生长的成分来生成,这就是所谓的营养盐。蓝藻的营养盐主要是氮、磷等,还有一些微量营养元素。要消灭蓝藻,除非这些营养盐都消失。这又怎么可能?

父:说的是。比如,夏天一场暴雨,等于把沿湖田地冲洗一遍,这些脏东西都冲下湖,就是营养盐吧,这可以肥田,所以老百姓说,"一天一暴(雷暴),田埂收稻";同时,又喂肥了蓝藻。但反过来说,现在湖里蓝藻太多,如果控制住了氮、磷等营养盐,比如,下雨后不让污水等下湖,就会控制蓝藻水华生长了。

子:对的,是这个原理。但专家们认为,从更经济原则考虑,也不是什么都需要、什么都能控制住的。具体到氮、磷两个因素来讲,控制天然水体磷的来源和浓度才是水华控制的关键,而氮可暂不考虑。

父:为什么,这是什么原因?氮肥也肥田啊,蓝藻吃了不同样长得快?

子:这个问题我过去也不太懂,只知道有这个结论,按专家讲的先从减磷干起就是了。通过这几年实践,证明这既符合科学规律,又为中外湖泊治理实践所验证。我近期读了些书,对这方面有些了解。

父:这个好,不懂就问,将巢湖当课题进行研究,坚持下去,你也可以成为半个专家。说说看你最近在书中学到了什么理论?

子:早在1840年,就有德国化学家利比希(Liebig)提出植物生长最小限制因子定律——利比希最小因子定律。认为每一种植物都需要一定种类和一定数量的营养元素,植物生长量取决于环境提供的营养元素中形成最少植物量的营养元素。

藻类同样遵从这个定律。也就是说,只需要控制一种营养盐就能够控制藻类生长量,防止水华发生。同时控制两种营养盐是不必要的。

父:类似于"木桶理论"?

子:我不知道能否如此类比。专家称,因为淡水湖泊经常发生水华的很多蓝藻都能利用空气中的氮气固氮,所以生长不受水中氮的影响。同时,虽然水中氮的含量变化会在一段时间里影响藻类生长和水华发生,但是,即使控制了湖水氮的浓度,也只能在一段时间内控制水华。经过一段时间积累,能够固氮的蓝藻通过合成固氮酶大量生长,从而形成水华。因此,国际经合组织和美国等不要求把控氮作为湖泊治理的重要目标,提出要在控磷减磷上下功夫。

父:原来如此。

子:这个结论也为实验所证明。有一个很有趣的试验:辛德勒(Schindler)在加拿大一个湖泊作了对比试验,发现添加碳、氮的湖区水质良好,而添加碳、氮,再添加磷的湖区发生严重的蓝藻水华。这就是因为磷的作用。

我国专家也作过类似的比较研究,发现无论总氮浓度是高还是低,湖水总磷浓度都是限制浮游藻类生长的最重要因素,藻类总量决定于总磷而不是总氮。

父:加拿大的实验很有说服力。那湖中的磷又从哪儿来的呢?

子:这是问题的关键。据专家研究,湖中的磷主要有以下几个来源:

第一是湖及周边的自然本底。

巢湖是磷本底成分较高的湖,屠清瑛等著《巢湖:富营养化研究》指出:与巢湖富营养化有关的,则是巢湖水域北岸地层中的含磷层位。在北岸的肥东县和巢湖市交界处桥头集—西山驿一带,广泛分布着一套古老的含磷变质岩系,其中的含磷层位在多处构成了中、小型的工业磷矿床,面积约40平方公里。

并且,发源于巢湖沿岸的各时代地层中,有很多地层都不同程度地含磷,其中出露的下元古界肥东群中含磷层位,达到中小型工业磷矿床的标准,其范围南起孤山,北至文集,西自南淝河,东到苏湾、柘皋一线,约500平方公里以上。

由于地质构造、地形地貌的影响,从磷矿区发源的水系,大部分都汇入巢湖。而从磷矿和含磷地层出露区起源的河流如店埠河、歧阳河、炯炀河、山王河、桐荫河以及由人工渠贯通的长乐河等,补给来源于含磷岩层出露区的地表径流,大部分汇集于二级和三级支流,最后通过一级支流流入巢湖。

根据他们的测算,20世纪80年代末至90年代初,由于雨水对矿石的淋溶和浸泡,每年由矿山输出的总磷最大可能为37.73~54.28吨。

对湖区地表和地下水自然本底的进一步调查表明,矿区及其周围地区的地下水径流中总磷含量为0.05 mg/L,地表径流中总磷浓度(以近3年炯炀河为例)为0.04~0.13 mg/L。这些数值与农田径流(0.2 mg/L)和入湖径流(0.08~0.36 mg/L)相比,虽然较小,然而这一总磷水平也已超过了湖泊由贫营养向中富营养过渡的浓度(0.02 mg/L),从而使巢湖具备了发生富营养化的基础条件。

父:也是说,巢湖含磷高是与生俱来的。肥东磷矿离我们家很近,不曾想磷矿既可开采生产磷肥,矿石、矿粉、矿渣、矿水又流到湖里,变成蓝藻养料了;并且,矿区和含磷区面积还那么大,怪不得蓝藻会那么多,年年都有。

子:第二是城市点源污染带来的。

过去污水处理设施不足，未处理、未完全处理好的污水，包括处理达标的水中含有大量的磷等，冲到湖里，日积月累就是很大的量。合肥在新中国成立初期，城区只有五万人，现在城区有五百万人左右，截至2023年底，城区建成投运污水处理厂17家，总规模253.5万吨/日，实际日均处理污水约263.5万吨，城区日均实际供水约190万吨（城区污水处理厂实际收水范围超出城区供水覆盖范围）。

现在的问题：一方面，需要适度提前规建污水处理厂，以满足未来城市建设需要，防止因管网混接漏接而造成的雨季溢流等问题；另一方面，尽可能提高出水水质中氮磷排放标准。这方面合肥做得好，自2018年7月城区污水处理厂全面执行《巢湖流域城镇污水处理厂和工业行业主要水污染物排放限值》（DB34/2710—2016），出水主要指标严于《城镇污水处理厂污染物排放标准》（GB18918—2002）一级A相关要求，实际出水主要指标优于上述两个标准。具体见下表：

实际出水指标与两个标准对比

	COD	BOD$_5$	NH$_3$-N	TP	TN
《城镇污水处理厂污染物排放标准》（GB18918—2002）一级A	50	10	5(8)	0.5	15
《巢湖流域城镇污水处理厂和工业行业主要水污染物排放限值》（DB34/2710—2016）	40	/	2.0(3.0)	0.3	10(12)
城区污水处理厂实际出水水质	13.0	/	0.175	0.084	3.94

注：括号外数值为水温＞12℃的控制指标，括号内数值为水温≤12℃的控制指标。

根据城区污水处理厂实际出水测算，TP较一级A排放标准年减少排放量约320吨。相反，如果不自我加压提标，每年就有数百吨符合国家排放标准的尾水携带磷流入湖中，蓝藻生长自然就多了营养盐。

父：这很好。自我革命。

子：第三是农业面源污染。就是过量施肥、打农药，植物吸收不足，流到河湖里去了。

有一组数据很有意思：巢湖流域化肥自1955年开始使用，当时亩施0.5公斤，到20世纪60年代每亩不超过5公斤，80年代突破50公斤大关。肥西县1983年亩施达102.5公斤，80年代末向亩施160公斤挺进了。

父：这个数据真实，我们是亲历者。

子：第二次全国污染源调查显示，农业源的化学需氧量、总氮、总磷排放量分别占全国排放总量的49.8%、46.5%、67.2%。农业面源污染已成为我国水源污染的主要原因之一。农业面源污染的主要来源为化肥和农药的大量使用以及畜禽养殖产生的大量粪便。我国化肥施用量占世界30%左右，高于耕地面积占世界的比例；化肥、农药综合利用率仅为30%左右，远低于发达国家水平。残留的化肥和农药经过降水、地表径流、土壤渗滤进入水体中，导致土壤和水环境恶化。

父：这个调查符合巢湖实际。

子:第四是大气沉降带来的。

也就是刮风下雨将空气中的污染物飘落到湖里。太湖湿沉降的研究表明,大气沉降中总氮和总磷沉降,年沉降总量分别为同期河流入湖负荷的18.6%和11.9%。而据测算,巢湖其相应贡献度要占营养盐20%左右,其中的汽车尾气造成的营养盐转移又占9%左右。也就是说,湖中的蓝藻问题小汽车也脱不了干系。这也是现在人们常说的,湖中的问题,表现在湖里,根子在岸上。而这岸上,就包括空中的大气沉降。只不过我们现在还没有解题。

父:这个联系倒很新鲜,能监测到吗?

子:当然可以。在这方面,洱海的科研团队做得好。他们通过对周边布设数个站点进行监测,得出洱海大气氮磷干湿沉降特征及入湖负荷估算。有这方面的材料,很值得学习借鉴,我拿给您看。

父:我看不大懂。你记下来吧,给有需要的同志作研究用。

子:为了深入揭示洱海湖区大气氮磷干沉降(颗粒物)对水体的贡献,科研团队于2021年全年对洱海周边布设的6个站点进行了为期1年的大气干沉降连续监测,使用自动降尘采样器湿法收集大气干沉降。分析了洱海湖区氮磷干沉降通量的时空分布特征,估算了氮磷干沉降直接入湖负荷量。

结果表明:大气氮磷干沉降是湖泊外源营养盐输入的重要途径之一,对湖泊水体富营养化及生态系统演化具有重大影响。洱海湖区干沉降(颗粒物)总氮(TN)、总磷(TP)沉降通量年内总体呈先降后升再降的趋势。TN沉降通量范围为$8.78 \sim 84.93$ kg/km²,均值为(33.44 ± 15.94) kg/km²;TP沉降通量范围为$0.38 \sim 11.91$ kg/km²,均值为(4.04 ± 2.69)kg/km²;2021年洱海湖区干沉降TN、TP直接入湖负荷量分别为107.69吨和13.28吨,TN、TP干沉降直接入湖负荷量约占流域农业面源排放量的3.91%和5.12%;影响洱海湖区TN、TP干沉降的主要因素包括湖区上空低层风场环流、湖区降雨分布、气溶胶粒径以及小流域下垫面土地利用现状。

为了揭示洱海湖区大气氮磷湿沉降特征,科研团队于2019年6月至2020年5月期间,以TN、TP为主要水化学指标,对湖区布设的4个站点进行雨水监测;结合同期降水数据和湖区水质监测资料分析,阐释了洱海湿沉降污染物浓度和沉降通量的时空分布特征,估算了湿沉降直接入湖污染负荷量,并评估了其入湖负荷对湖区水环境的潜在影响。

研究结果表明:① 洱海流域年降水量由南向北、自西向东递减,降水主要集中在6~10月份,占年降水量的79%~96%。② 降水中总氮浓度均值为(1.180 ± 0.682) mg/L,总磷浓度均值为(0.072 ± 0.021)mg/L,降水总氮、总磷浓度呈现明显的季节性差异,浓度与降水量呈显著负相关。③ 总氮、总磷湿沉降通量7月份最大、5月份最小,沉降通量与降水量呈极显著正相关。④ 洱海湖面湿沉降总氮输入量约为183.32吨,总磷约为11.19吨,湖面湿沉降总氮直接入湖负荷占入湖河道年输入的20.01%,总磷占15.22%。

父:这个监测很有用。没想到湖中的蓝藻会与小汽车联系在了一起。

子:确实。我们也是一边治理一边琢磨到的。记得2018年在研究巢湖综合治理,寻找各种关联因素时,当找到这二者关联性后,我们豁然开朗,感到找到一个新的治理途径。因此,有同志提议,是不是可在限购、限行小汽车上做些文章。因为合肥机动车保有量上得很快,每年以10万~20万辆递增,截至今年10月底,已达302万辆。2022年净增机动车17万辆,今年净增14万辆。

父:这不妥当吧,老百姓刚有钱,才买车就限购、限行?

子:不妥当。这个提议被否决。于是,转换思路。现在合肥发展电动汽车,未来要形成300万辆/年产能,这既是发展战略性新兴产业的需要,也客观上呼应了巢湖综合治理,因为电动汽车无大气污染。2017年的市委〔35〕号文件就是这样提的。

父:市委、市政府想得远、干得实,一举多得。

子:是的。除此之外,还有两大贡献源。

一是底泥,后面我们还会聊到。有资料表明,1987年巢湖底泥释放总磷达到229吨,在平水年将使巢湖总磷浓度增加0.066 g/L,该浓度将使巢湖易发水华。

二是地下水。巢湖地下水资源量为14.2亿立方米,相当于半个巢湖。近期两个地下水监测点水质,一个为Ⅲ类,一个为Ⅳ类,与巢湖水质大体相同。这方面的影响评估和治理目前还是空白。

父:值得研究,不能留有空白。话说回来,这么多脏东西下湖,是够巢湖"喝"的,怪不得一段时期蓝藻越来越多。

子:不是够"喝",而是过量"喝"不完。巢湖研究院根据近五年八条主要河流水质水量数据分析,近五年入湖总磷年均617吨,而水质目标为Ⅲ类时,总磷的环境容量为420吨/年。也就是说,需要年削减197吨。否则,越积越多,种种因素叠加,就会使巢湖的富营养化加快、加深。这就犹如一个人得糖尿病,从初始稍微超标再到超标,直至严重超标成病。现在巢湖富营养化指数仍然很高,只有在贫营养状态下,蓝藻水华才可能减少,湖泛也才可能很少发生。

父:人得病就要吃药,这么污染重的巢湖就要下猛药了。

子:是的,这就是这些年如此重视巢湖综合治理的原因。治理中各种办法都想尽了,"十八般武艺"都用上了。各地也都是如此,我刚看到一个报道:江西省人大常委会制定通过了《鄱阳湖总磷污染防治条例》。

五

父:那为什么治理还这么难?

子:这主要是蓝藻水华的发生,有多种因素共同起作用,除了磷是限制性因素以

177

外,还有其他一些重要因素和客观条件。

父:哪些?

子:一是氮元素。

不同藻类虽然在结构和生理特征方面变化很大,但是主要元素含量相近,通常可用一个分子式来表示:$C_{106}H_{263}O_{110}N_{16}P$。

这是一个十分著名的藻类"经验分子式"。不同藻类细胞组成中,元素碳、氮和磷的比例相近,细胞组成中3种原子数量比大致为106:16:1,变化幅度不超过2倍。换算成质量,即生成3.55公斤藻类有机物,需要消耗31克磷、224克氨氮。

父:你这样讲,好理解。

子:大气中的CO_2能溶于水中,与水中的碳循环维持平衡状态,因而,碳一般不能成为水体中的浮游植物生长的限制因子,磷或氮的限制更为常见。

父:可以用排除法,只盯氮、磷。

子:对。根据最小影响因子判定,蓝藻生长繁殖直至爆发水华需要一定量的氮、磷,这个氮、磷比一般在2~40之间。根据对太湖蓝藻含氮、磷营养素的分析,蓝藻类营养物质氮、磷比基本为10(重量比)。当氮、磷比大于10时,磷是控制藻类增殖的因子,目前湖泊中的氮、磷比一般均大于10;当氮磷比小于7时,氮是控制藻类增殖的因子。

父:这个10的数字好记。

子:十年前巢湖的平均氮、磷比为18.5,全湖各监测点平均氮、磷比均大于10,一般的点均大于10,个别水域在个别时间也有接近于10的时候。去年为20.853。而同期太湖为27.78,滇池外海为11.82。

父:老三湖氮、磷比都超限了,要想办法降磷。

子:是的。同时还要看到,尽管在许多湖泊中,仅控制磷被证明是一种有效的改善水质措施,但也有大量失败的例子,目前,磷范式受到越来越多的挑战。

有专家指出,太湖从1960年的贫营养水平到1987年蓝藻暴发,磷水平变化不大,在0.012~0.02 mg/L,但无机氮浓度变化很大,从0.05 mg/L增加到1.11 mg/L。因此,氮浓度的快速升高是太湖蓝藻生物量和水华大面积快速增加的成因之一;现在存在着春冬季磷限制向夏秋冬季氮限制的转变。对于太湖这样的浅水湖泊来说,要有效地控制蓝藻水华,应该同时控制好氮和磷。

并且,洱海也正在开展类似的工作。据监测,洱海流域污染负荷的70%左右来源于入湖河道,其中氮源污染是洱海面临的首要污染问题。正是因为此,美国《湖泊与水库营养物基准技术指南》虽强调了控磷的重要性并有基准指标,但同时也认为需要制定氮的基准。

父:这些做法都很重要,应该综合考虑。

子:是的。当然,根据能否固氮,将蓝藻分为固氮蓝藻和非固氮蓝藻两类。前面聊过,固氮蓝藻有鱼腥藻、束丝藻等,非固氮蓝藻有微囊藻、颤藻等。因为固氮蓝藻可以从空气中获取氮,而空气中的氮气大量存在,因此控氮相对难于控磷。但并非完全无能为力,并且当氮磷比小于7~10(也有认为小于5)时,氮成为控制因子,这时就需要着手控氮了。只不过,太湖自氮、磷进行监测以来,均未有此纪录。

总体来说,控磷同时必须控氮。这是因为低磷高氮也能使蓝藻暴发,如鱼腥藻在巢湖东半湖春季经常发生就是这个原因。由于氮主要是以溶解态无机氮进入湖泊,并且有些河流中达到很高的浓度,如历史上的南淝河、十五里河,因而巢湖富营养化造成的高pH,很可能使氮在这些河流和河口部分达到对水生生物有害的浓度,从而成为破坏巢湖生态系统的因素之一。湖泊水源地总氮含量高,就会给供水企业增加处理难度,甚至有可能有异味,影响供水安全;氨氮或总氮过高的湖水倒灌,使河网有可能变臭,产生异味;氨氮或总氮过高不利于水生物生长。

父:那确实要想办法控氮。

子:太湖这些年在控氮方面成绩显著。2007—2020年,总氮从2.35 mg/L下降为1.48 mg/L,削减37%。而巢湖的氮控制却只呈现波动式下降。2001—2022年,总氮下降33.7%;但2018—2021年,总氮却上升17%(同期总磷下降19%);2023年同比又下降23.4%。

父:这二者不匹配。这个原因要深查。

子:是的,这些年我们主要精力放在降磷上了,对控氮研究不够。

父:那怎么控氮?

子:首先,要从思想上重视。我国每年化肥总氮量2000余万吨,空气沉降下来的氮就高达1000多万吨,对湖泊富营养化的影响肯定很大。生态环境部正在进行入海河流总氮管控,这对于湖泊控氮也是有借鉴意义的。

其次,要分路径推进。

一是用机械精细化施肥,既减少氮流失还能提高产量。

二是养殖场中可以通过封闭储存发酵系统,降低氮污染,同时增加有机肥。长丰、肥东奶牛牧场以及巢湖市柘皋楼层式养猪场就是这么做的。

父:你以前说过柘皋楼层式养猪场,可以做到在场里一边看监控一边喝咖啡了。柘皋离我们家近,找个时间去参观。

子:好的。三是工厂可以通过电厂脱硝和三元催化脱硝等方式减少氮排放。目前,电厂都已做到。

四是污水处理厂可提高氨氮和总氮的排放标准。目前,《城镇污水处理厂污染物排放标准》一级A的氨氮、总氮标准分别为5 mg/L、15 mg/L,我市现有污水处理厂排放标准为3 mg/L、10 mg/L,实际排放标准为0.2 mg/L、4.3 mg/L。这已经很不错了,但仍有下降空间。

五是治理汽车尾气。

蓝藻可以消灭吗?

父：前面讲过，有什么好办法？

子：有的。氮气与氧气在高温高压的气缸中反应生成氮氧化物，需要进行治理。在我国，汽车排放的NO_x中，柴油车排放占比近90%，是排放控制的重点。目前，柴油车排放的NO_x主要通过选择性催化还原技术（SCR）减排。其原理是在柴油车排气中添加尿素水溶液，尿素水解生成氨，在催化剂的作用下氨与NO_x反应转化为氮气，排放到大气中。

父：尿素？

子：是特制的车用尿素水溶液，尿素浓度为32.5%（质量分数）。目前合肥市有国四柴油车3.7万台，国五柴油车7.3万台，国六柴油车2.5万台。根据2021年大气污染源清单数据，相较于国三柴油车，以上装有SCR柴油车可减少氮氧化物排放59.06%，约2.95万吨。

父：这么神奇，这么大成效。

子：六是大力推广大豆种植或间作。因为豆科作物固氮，豆科植物根部的根瘤菌是最常见的固氮微生物，它们能将大气中的氮转化为植物可以利用的含氮化合物，促进植物生长。我就向庐江"白云春毫"茶叶种植户推介在茶园间种大豆。

父：这不难，并且一举多得。

子：影响蓝藻暴发的另外一个因素是水温。

水温是自然地理环境中影响蓝藻暴发的重要甚至是首要条件。蓝藻暴发一般发生在水温较高时。太湖蓝藻在19.5 ℃以后逐步取得优势，首次暴发期温度在16～20 ℃，从20 ℃到33 ℃再降至18 ℃时为持续暴发期，从18 ℃至9 ℃时为衰退期，从9 ℃到0 ℃再到9 ℃时为休眠期，从9 ℃到16 ℃时为复苏期。如此一般，周而复始，年复一年。

巢湖纬度略高于太湖，蓝藻首次暴发时间略晚于太湖，而衰退期又略早于太湖。

父：但发生蓝藻水华的时间规律和水温条件大体一致了。

子：基本一致。

影响蓝藻暴发的还有一个因素，即气象特别是风向、风力的作用。

风力影响蓝藻的浮沉，推动蓝藻顺风漂浮，从而造成蓝藻在下风口的集聚。据测定，巢湖风速低于3 m/s时容易聚集形成蓝藻暴发。相反，风大了，蓝藻发生的概率就小得多。一次我们接到蓝藻暴发红色预警，但跑到巢湖边一看，蓝藻已经消失，原来是一阵大风刮来，警报解除。

以上讲的是蓝藻水华形成的几种因素。除此以外，还有水动力等。我在党校的一次讲课中做了梳理，列出了一张图，学员们反映，看了好记。

（需要说明的是，现在的条件发生了变化。当总氮大于0.58 mg/L，总磷大于0.029 mg/L，就具备蓝藻暴发条件。）

父：不错，是要这样总结和宣传。

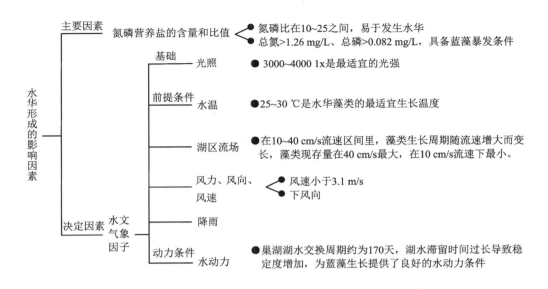

水华形成的影响因素
- 主要因素 —— 氮磷营养盐的含量和比值 氮磷比在10~25之间，易于发生水华
  - 总氮>1.26 mg/L、总磷>0.082 mg/L，具备蓝藻暴发条件
- 决定因素 —— 水文气象因子
  - 基础 —— 光照 ● 3000~4000 lx是最适宜的光强
  - 前提条件 —— 水温 ● 25~30 ℃是水华藻类的最适宜生长温度
  - 湖区流场 ● 在10~40 cm/s流速区间里，藻类生长周期随流速增大而变长，藻类现存量在40 cm/s最大，在10 cm/s流速下最小。
  - 风力、风向、风速 —— 风速小于3.1 m/s / 下风向
  - 降雨
  - 动力条件 —— 水动力 ● 巢湖湖水交换周期约为170天，湖水滞留时间过长导致稳定度增加，为蓝藻生长提供了良好的水动力条件

六

子：也正是因为水华发生是多种因素综合形成的，所以，有必要对预警系统进行改进和提升。

父：现在的系统不够精准？

子：现在的预警和评价系统只有两项指标，不够科学和精准。

根据生态环境部发布的《水华遥感与地面监测评价技术规范》（HJ1098—2020），现行的蓝藻水华监测指标包括藻密度和遥感水华面积比例，水华程度评价依据藻密度和水华面积比例进行分级评价；当基于藻密度和水华面积比例的水华程度评价结果同时存在时，采用比较法进行水华程度综合评价，以其中的较重者作为水华程度最终评价结果，并标明水华发生的优势种。实际操作中，主要以遥感水华面积比例进行分级评价（评价标准见下表）。

基于水华面积比例评价的水华程度分级标准

水华程度级别	水华面积比例 P	水华特征	表征现象参照
I	0	无水华	水面未见明显水华；标准假彩色图像中水体呈现蓝色或蓝黑色
II	$0 < P < 10\%$	无明显水华	水面出现零星性水华；标准假彩色图像中水体内出现零星绯红色絮状斑块
III	$10\% \leqslant P < 30\%$	轻度水华	水面出现局部性水华；标准假彩色图像中水体内局部出现绯红色絮状斑块
IV	$30\% \leqslant P < 60\%$	中度水华	水面出现区域性水华；标准假彩色图像中水体内出现区域性绯红色絮状斑块
V	$60\% \leqslant P \leqslant 100\%$	重度水华	水面出现全面性水华；标准假彩色图像中水体内出现大范围绯红色絮状斑块

蓝藻可以消灭吗？

因此,实际工作中主要是按照生态环境部卫星环境应用中心利用MODIS数据,对巢湖地区进行遥感监测结果划分水华程度。如果巢湖地区全云覆盖,那就得不出有无蓝藻水华结论。过去蓝藻水华暴发时,一些同志开玩笑说,乌云快过来吧。当然,蓝藻覆盖情况不只有面积大小,更有稀厚不同。比如,2018年9月5日巢湖蓝藻水华面积约254.38平方千米,占全湖33.38%,为区域性水华,但当天全湖藻密度平均仅为760万个/L。同时,还有风力风浪影响因素等。可能是这些因素不好量化,实际执行中就没有考虑这些因素。

下表是实际执行并简化后的水华程度分级标准(试行)。

简化的水华程度分级标准

遥感监测水华面积比例	水华程度
0	无水华
(0,10%)	无明显水华
[10%,30%)	轻度水华
[30%,60%)	中度水华
[60%,100%]	重度水华

对此,我们提出在此基础上自建一套标准自己掌握,主要是藻密度、面积、风向与风力,辅之以水温、天气、持续时间等,由巢湖研究院牵头研究。对可能发生的重大藻情提前进行预警,会商时由巢管局、生态环境局、气象局等参加。

父:这倒有必要。

子:后来,这个逐步演变为巢湖蓝藻水华监测评价指标体系项目中水华评价方法。这个方法,在水华发生程度和规模基础上,还增加了水华发生危害指标(主要考虑异味对人群的影响及水华对饮用水安全的影响),即同时按照水华发生区距离人群及饮用水源地的距离进行综合评价。这样,评价指标包括叶绿素a浓度和水华发生面积,并依据水华发生区距离人群及饮用水源地的距离进行分级评价。评价标准见下表。

水华强度等级划分

水华强度综合指数	水华强度等级	水华强度
<0.1	1	无明显水华
[0.1,0.8)	2	轻度水华
[0.8,1.5)	3	中度水华
≥1.5	4	重度水华

父:这是创新性成果了。

子:是的,可以申报相关科技进步奖。根据这一套巢湖蓝藻水华监测评价指标体系和监测结果评价,我们不仅对当期进行预测和监测,还对一段时期情况进行评估。

巢湖蓝藻水华强度年综合指数如下图所示。

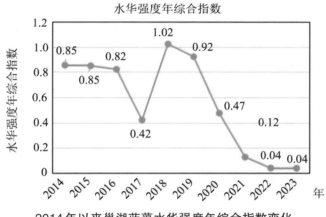

水华强度年综合指数

2014年以来巢湖蓝藻水华强度年综合指数变化

　　根据评估,2014—2017年,巢湖蓝藻水华强度总体呈下降趋势,2018年有所增强,水华强度综合指数1.02,为中度水华,2018年后水华强度显著下降,2021年为轻度水华,2022年和2023年均无明显水华。这样做的结果,体现了中央要求的"宏观数据与微观感受的统一"。

　　父:这个指标当然好。不过,我们判断有无蓝藻和湖靛,有这样几个经验:一看天是否闷热;二看连续几天的天气;三看刮什么风,风力多少? 小风大太阳,并且连续几天,最容易起湖靛。

　　子:你们的判断是有用的。实践出真知,探究蓝藻形成机理,加强水华防控,消除湖靛负面影响,需要多方听取意见,注重从理论和实践的结合上找答案。

　　父:应当是,这也算是这次聊天的小结。

　　子:可以。我们这个专题聊了好几次,有很多内容聊后我扩充、补记材料了,有不少看似是学术研究,但转化为群众认知和语言还不够,有"掉书袋"、过文之嫌。

　　父:这个也不要紧,除了群众,还有专家。给有需要的同志留些资料和一些思考的轨迹吧。你不是想将这个访谈写成科普读物吗? 这也正是需要做的。

　　子:对。可惜,我难以做到雅俗共赏。

　　父:尽力而为吧。

　　子:好的。

蓝藻防控有新招

时间：2023年"五一"假期及以后，成文于2023年10月底
地点：巢湖之滨家中（黄麓镇王疃村）

子：蓝藻过去对农业生产是个宝，可是现在农民种田谁也不去打捞了，"宝"变成"废"；更为严重的是，由于城市规划向湖岸线倾靠，如有一丝异味人们便感觉受不了，更不用说有什么臭味了。特别是少数年轻人缺少对蓝藻过往的感知，眼里容不得一丝蓝藻，稍一出现便在网上惊呼，"上纲上线"。因此，蓝藻的末端控制与处理显得十分紧迫。

父：这是当然。还有一个问题，蓝藻、湖靛会污染自来水水源，自来水变臭不能喝，比如巢湖市自来水厂的取水口……

二

子：是的。不过，这个问题快解决了，合肥市支持巢湖市投资15亿元，实施江水东引工程，巢湖市民至迟明年上半年可喝上长江水，圆了多年的梦。但在这之前，每年蓝藻水华暴发时都让人提心吊胆，对我来说有两件难忘的事：

第一件事是，2017年夏天，蓝藻大暴发，巢湖西坝口积聚大量湖靛，严重影响自来水取水口安全。我到现场查看，心里十分焦急，假如再变重，再持续几天，会否出现影响水安全的重大危机事件？

父：有可能，需要提前应对。

子：在这之前，我曾去无锡考察过太湖治理，时任副市长王进健同志（现扬州市委

书记)向我介绍了2007年太湖蓝藻水危机及处置情况。他介绍说,最终解决问题,还是请清华大学、建设部两位教授、专家现场指导,进行技术处理的。

为了防患未然,我当即找到王进健同志,由他给我找来两位教授的手机号,我与他俩取得联系。两位专家很热情、很负责,一位通过我将电话打给水厂厂长,直接指导技术处理;一位从上海派人进行现场指导。最终,化险为夷。至今我还保存着与他们联系的手机短信,其中一位的短信,我念给您听听:

"张教授好!我是合肥市政府副市长王民生。经无锡市政府副市长王进健介绍,有巢湖蓝藻处理方面的事,想向您请教。盼回电,多谢!"(2017/7/24 12:59:13)

随后,张教授回电并要了自来水厂负责人手机,直接进行指导。第二天他又给我回复:

"昨天下午我已与巢湖水务的蔡文地经理电话谈了,以下是我与他谈后又根据谈话要点发给他的短信:为应对巢湖水源蓝藻问题,提出三点建议。① 取水口加装在线溶解氧仪,以防范出现低溶解氧产生臭味,甚至出现湖泛,即厌氧黑臭。当溶解氧小于5 mg/L时,应开启预氧化。② 加强藻渣清捞,防止藻渣腐化和藻细胞内有害物质放出。③ 对水有味儿的除嗅应急加药方法:水绿时有嗅味,主要嗅味物是藻代谢释放的土臭素和二甲基异莰醇,加粉末活性炭可去除。水黑时或低溶解氧时有嗅味,主要嗅味物质是藻渣分解产生的硫醇和硫醚,加高锰酸钾可去除。粉末炭可以还原高锰酸钾,因此粉末炭与高锰酸钾不能同时投加。如有问题给我打电话。建议增加对原水和出厂水的热嗅测定,60 ℃。"(2017/07/25 14:20:53)

父:这些专家可是做了积德的大好事,政府也尽到了责任。

子:第二件事是,2020年2月春上,我接到报告:巢湖东半湖发生蓝藻水华聚集。这令我大吃一惊,怎么这么早发生,而且是在水质相对较好的东半湖?

2月20日,天还寒冷,春寒料峭,我带人乘船下湖查看,船一直开到中垾附近的自来水厂取水口,只见湖面出现条状的蓝藻水华。

我记得当时在湖心给您打了电话,问历史上有没有这么早发生蓝藻的?您说一般是在栽秧后,这时候早了,过去没见过。

父:是的,一般最早出现也只是"秧门藻",即是栽秧的时候。

子:回来后,我们向专家请教,了解到这是鱼腥藻,清水湖泊中也易发生。现在研读资料,了解到鱼腥藻过去春季也发生,尤其在1984年春季的蓝藻优势中,处于超过微囊藻的显著地位。你们过去之所以未发现或未感受到,主要原因可能是藻量并不大,并且那时还未下湖捕鱼。

父:你说得对,主要是没下湖,没关注。

子:大家都知道蓝藻有毒,微囊藻毒素为肝毒性毒素,而鱼腥藻毒素为神经性毒素,活性高,毒性大;并且鱼腥藻还会产生臭味物质(如土臭素和二甲基异莰醇),特别是对水源地危害较大。

虽然湖水经过处理是安全的,但想到从一开春巢湖市民喝的水就要进行深度处理,心情很沉重,也很内疚,于是我将我手机录的视频放给时任市长凌云同志看,市委、市政府最终下决心从长江引水。

父:这是大好事,老百姓都在盼望通水这一天。

子:现在虽然供水可能没有大的影响,但沿湖防蓝藻积聚、防湖靛异味是头等大事。为此,这些年上了很多工程,主要是从太湖学习的。

父:我们看到了,湖边搞了不少围格,还上了深井。

子:是的,这些年蓝藻末端打捞与处理,大体有这样几类工程:

第一类是磁捕船。

这是中国科学院合肥物质研究院余增亮团队研制的,由安徽雷克环境科技有限公司投资建成,迄今已制造出不同规模、不同用途的藻水在线分离磁捕船、车30余艘(辆),在巢湖、太湖、滇池等用于藻华防控,取得了显著的效果。

父:这是高科技了。

子:是的。据雷克公司介绍,"磁捕技术"是湖泊富营养化防治的先锋措施,是利用微纳网状结构矿物材料,经改性处理并添加"磁种",通过磁絮凝和磁吸附,快速实现藻水分离。

与常规的藻细胞絮凝沉淀或气浮分离技术比较,该技术有几大优势:一是"在线",不需将藻水输送几百米、几公里,乃至十几公里以外处理。二是藻细胞网捕与磁分离无间隙进行,藻水进及净水出仅需3~4分钟,藻/水分离时间缩短为常规絮凝沉淀法或气浮法的1/6~1/5,效率提高5~6倍。三是以效率换时间,快速消除局部藻华危害。四是除藻除污联动。五是除藻成效明显,出水水质较好。

磁捕船吃水深度1.3米。对于近岸浅水区的蓝藻,每艘磁捕船配有2套移动式导藻平台,利用大通量变频水泵,移动汲取以磁捕船为中心方圆200米水域高浓度藻水,有效地提高了磁捕船捕藻半径,解决近岸(水深>0.3米)浅水区聚集藻华问题。迄今,环巢湖区县市均已采购蓝藻磁捕船和蓝藻打捞服务,共有大小船只20艘,六组蓝藻磁捕船队。

父:是一个蓝藻水华处理舰队了。

子:是可以这么说。举一个成功的案例,这还是2017年7月中下旬那次危机应对。当时,巢湖市西坝口饮用水取水口发生大量蓝藻水华堆积,面积达6.5万平方米,厚度0.5米,十分危急。我们赶到现场后,紧急调度,雷克公司立即将在派河口作业的磁捕船开往巢湖市西坝口,投入蓝藻水华应急打捞。经过48小时日以继夜的运行,消减了2.3万立方米的藻华。这些措施连同其他综合性措施,最终化险为夷。

磁捕船应急处理巢湖市饮用水源地藻华

父：我们知道当时情况，确实很紧急，多亏有这么多综合手段和设备，包括你刚才讲的两位专家、教授的原水处理指导。

子：第二类是外围格加藻水分离站。第三类是高压除藻技术。这两项技术和设备主要是由无锡德林海公司提供的。

2007年太湖水危机以后，无锡市在遏制蓝藻水华大规模集中暴发上，进行了大量探索试验，找到一些科学合理的技术和方法，合肥市于是从无锡引来了治藻新技术。

（1）引进"第三代"藻水分离技术（1.0版本治藻技术）

2014年9月2日，塘西河藻水分离站全面建成，日设计处理藻浆3360 m³/d。藻水分离站主要采用当时国际最先进的德林海第三代"藻水分离"技术，一是囊团脱气、沉降和一体化二级强化气浮并用；二是离心脱水；三是通过技术工艺和调蓄池建设，实现鲜藻、陈藻同时处理，使得分离脱水后的藻泥含水率达到85%左右，并达到无害化处置标准。

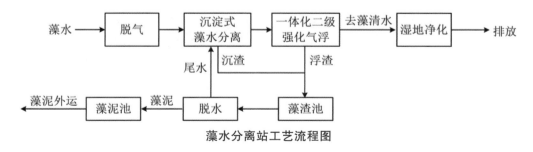

藻水分离站工艺流程图

此后，合肥市又先后在包河区、肥东县、巢湖市建成了派河口藻水分离站（日处理藻浆3360 m³/d）、长临河藻水分离站（日处理藻浆5000 m³/d）、中庙藻水分离站（日处理藻浆5000 m³/d），累计投资约4.87亿元，现已累计处理藻浆约589.7万立方米，产出藻泥约15.3万吨，有效缓解了蓝藻暴发对群众生产生活的影响。

（2）引进深潜式高压灭藻技术（2.0版本治藻技术）

为进一步强化蓝藻应急防控能力、尽快实现巢湖岸线臭味管控，包河区于2019年3月从无锡引进了德林海深潜式高压灭藻技术。该技术装备通过在水下70米深度，对蓝藻施加0.5～0.7 MPa压力，即每平方厘米承受5～7公斤的压力，迫使蓝藻细胞内的气囊干瘪，失去上浮能力，进而实现蓝藻不在近岸水面聚集，是目前富营养湖泊蓝藻水华控制的最有效措施。

当年5月中旬，在丙子河入湖口附近建成巢湖第一座深潜式高压灭藻成套装备（日处理藻水8.64万 m³/d）。

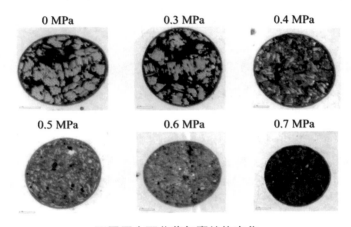

不同压力下蓝藻气囊结构变化

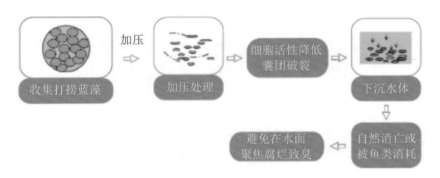

加压沉淀蓝藻分离的机理

随后，我们又先后在包河区、肥东县、巢湖市、肥西县建成7座深潜式高压灭藻成套装备（单座日处理藻水10万 m³/d）及配套设施。

目前，8口深井及配套设施累计投资约1.9亿元，累计处理压控藻水5091.5万立方米，有效加强、完善了巢湖沿岸蓝藻水华防控体系建设，提升了全线蓝藻防控能力。

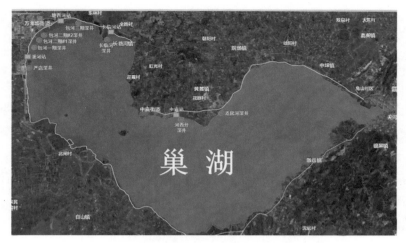

巢湖藻水分离站及深井分布图

父：这深井处理能力很强，我去参观过。

子：是的。深井除藻说了这么多，其实就四个特点：一是井深70米；二是采用物理方法，不用化学药剂；三是一口深井顶20个藻水分离站；四是投资只有其1/6。

父：好设施。

子：第四类是德林海公司引进的"干泥法"柔性清淤技术。

该技术首先根据勘测获得的淤泥分布图与水下地形图，确定布设集泥器点位及数量；集泥器安装完成后，淤泥通过自然流入及辅助牵刮方式进入集泥器，再将集泥器内的提篮吊起、更换、淤泥转运，最终实行无害化处置。

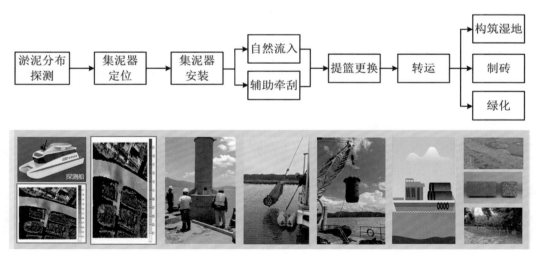

"干泥法"清淤工艺流程图

该技术可直接应用于湖泊、河道等水体清淤，也可与高压控藻深井配套使用，清除深井出水末端的沉积藻泥转运上岸处置。目前累计已清除深井末端沉积藻泥混合物约1000吨。

除此之外,还有一个新工艺清淤。2020年,包河区使用一军工企业生产的浮水、潜水双用设备,可实现藻水分离和藻绒泥分离。

2022年,他们在塘西河河道清淤试点项目中,引进趸船装载固液分离机在塘西河公园河道上作业。作业时无需进行河道抽水,清出的淤泥能及时外运,吸上岸的淤泥含水率约60%,通过袋与袋挤压沉淀后,可降低10%的含水率,对生态环境及水面无影响。现已清理1900立方米淤泥。实现无河泛、无异味、无死鱼的"三无"现象。近期,他们正在渡江战役纪念馆前防波堤边进行清淤,我到现场进行了察看。

父:各种办法都用上了。

子:是的。此外还有一些小型活水除藻设备,如推流器、"龙卷风"等。

父:我们在湖边经常看到。

四

子:另有一项重大技术攻关项目,那就是中国科学技术大学周丛照教授团队的项目。这可能是革命性的因素了。

父:这项目内容是什么,现在推进到什么程度?

子:您知道,蓝藻水华是一个典型的生态问题,生态问题只能用生态学方法去解决。自然界中有很多生物都可以抑制藻类的生长,它们主要包括:蓝藻病毒(噬藻体)、溶藻细菌、原生动物、真菌和放线菌。它们直接分离于自然界,因此使用这些生物控藻,不会像营养源控制(下行调控)和"生物操纵"那样对湖泊生态系统产生根本的改变。

父:应该在这上面下些功夫,这可能更加治本。

子:是的。但目前关于食藻原生动物控藻的研究还很不够,而噬藻体的研究刚起步不久。据周丛照教授在2019年第二届巢湖综合治理专家咨询峰会上介绍:

噬藻体是蓝藻的天敌,未来可成为控制蓝藻水华的重要手段,但现在的研究多集中在海洋噬藻体,关于淡水噬藻体的研究非常少。

他们团队自2016年开始,进行这方面研究,取得了重大突破。具体表现是,从巢湖分离了11株纯系水华蓝藻,并进行了基因组测定与种属鉴定。以这些作为宿主,筛选和分离了能够特异性侵染其中的微囊藻与伪鱼腥藻的共12株真实噬藻体,并测定了它们的基因组序列。他们希望以此为开端,找到一条治理蓝藻水华的新路。

父:这确实是条新路,知道的人不多吧? 了解的应该更少了。

子:中国科学技术大学生命科学院李卫芳副教授是这个团队的负责人之一,以下是她提供的材料,我全文照用,也是留作资料:

在全球变暖的背景下,城市化和工农业发展,不可避免地会使得邻近水体的富营养化日益严重,乃至暴发季节性的蓝藻水华,从而对周边流域的生态环境及人畜安全造成重大危害。

噬藻体是一类特异性侵染和裂解蓝藻的噬菌体,其一般由包裹了基因组的正二十面体的头部,与形态各异的尾部组装而成。

作为蓝藻的天敌,噬藻体主要通过尾部的相关蛋白与蓝藻细胞表面的对应受体产生特异性的结合,从而吸附侵染宿主蓝藻,并将自身的基因组注射入宿主体内。烈性噬藻体的基因组利用宿主蓝藻胞内物质进行大量扩增,表达新的头部外壳蛋白与尾部蛋白,并进一步组装形成子代的噬藻体后,再裂解宿主蓝藻细胞并大量释放出去,从而杀灭蓝藻细胞,并继续吸附侵染邻近的其他蓝藻群体。噬藻体的这种侵染与大量扩增释放过程,使得其相比宿主蓝藻会有数量级的种群优势,同时因其针对蓝藻的特异性,使得其在参与调控蓝藻的季节性消长上,有望成为一种环境友好型的水华治理工具。

中国科学技术大学周丛照研究团队长期从事蓝藻和噬藻体相关研究工作。以巢湖这一由于富营养化导致水华暴发频繁的淡水湖泊作为研究对象,通过每年在巢湖水华暴发阶段的连续定时定点采样,以巢湖13个采样点水样的细菌16S扩增子数据探究水华暴发时期的蓝藻群落主体组成,并结合形态学特征,确认巢湖以单细胞微囊藻为水华优势藻种。

经水样筛选与微生物培养,团队已从巢湖分离了11株纯系水华蓝藻,并进行了基因组测定与种属鉴定。以这些来自巢湖的纯系水华蓝藻作为宿主,团队筛选和分离了能够特异性侵染其中的微囊藻与伪鱼腥藻的共12株真实噬藻体,并测定了它们的基因组序列。

为了进一步探究蓝藻与噬藻体的互作机制,团队一方面从噬藻体的结构出发,通过冷冻电镜手段解析了不同尾型噬藻体的三维结构,提出了相应的自组装机制,为后续噬藻体与蓝藻互作识别的基因功能模块鉴定提供了结构基础;另一方面,通过噬藻体特异性侵染蓝藻过程的转录组分析,探究了侵染过程中噬藻体与蓝藻的互作表达差异,为后续阐明侵染调节的具体分子机制提供了转录表达的证据支持。

同时,团队进行了巢湖水体的宏基因组分析,鉴定了8株未经培养的噬藻体的基因组信息,扩增了巢湖水体的噬藻体库,为后续的噬藻体遗传改造提供了模板。

在复杂的水体环境中,水华蓝藻的群落始终处于动态消长变化过程之中,针对单一优势种微囊藻的杀伤,可能会使得其他非优势种的蓝藻在这种复杂环境中逐渐再次占据优势生态位。因此,扩展噬藻体的宿主谱,针对水华蓝藻群体整体进行防治,就对人工构建噬藻体提出了要求。

实验室希望在建立巢湖全水域覆盖的蓝藻和噬藻体种群库和相关基因组数据库,并通过结构与表达谱阐明蓝藻和噬藻体之间的特异互作关系的基础上,以混合噬藻体特异性针对优势蓝藻种群为开端,进一步通过遗传手段人工改造与构建具有更

蓝藻防控有新招

广谱杀伤性的噬藻体,从而为发展利用噬藻体来治理蓝藻水华群落的新型策略提供坚实的理论基础和实际可行的未来。

父:最终还是要靠科技。

子:对。这段文字科技含量很高,我也是反复琢磨才懂。近期和李卫芳、李旭老师交流,我得出的结论是:

噬藻体未来可能成为一种新型控制蓝藻水华的手段。他们团队正在整合分子生物学、基因组学、结构生物学和分子生态学手段,定量研究噬藻体特异性调控水华蓝藻优势种群时空消长的分子机制;利用噬藻体的扩增放大效应,建立蓝藻水华早期预警的分子生物学检测手段;基于噬藻体的链式扩增机制,开发一种环境友好的生物制剂,用于局部水域的水华控制。一句话概括,培养蓝藻的天敌,未来实行"以毒攻毒"。

目前,团队筛选、分离蓝藻及培育对应的噬藻体已获成功,未来可顺此路径推进噬藻、削藻成功。但巢湖蓝藻有上百种,都要筛选、分离出来难度很大,培育对应的噬藻体更难,因此,他们将重点锁在微囊藻、鱼腥藻及其噬藻体的筛选、分离、培育上,以期实现"擒贼先擒王"。相信未来一定会有大的突破。

父:一定会的。

子:近期我还看到一篇报道:日前,无锡公布了一种新型蓝藻治理微生物合成技术,利用复合微生物菌群将蓝藻降解为水蒸气等无害气体,24小时降解率达95%以上,降解的残余物还可作为生物有机肥或基质。我已向相关同志推介,请他们去学习考察。

父:现在有个现实问题,藻泥早就不作绿肥用了,如何处理?

子:确实是个难题。我们原来是运到合肥国新天汇环境科技有限公司进行处置,其他进行生物堆肥和消毒处置。但国新天汇由于环保问题关闭了,其他办法远远不能解决问题。

父:外地有好的办法吗?

子:无锡2019年上了个藻泥干化焚烧项目,其工艺路线为藻水分离站预处理后的藻泥(85%含水率),经过加药调质改变其性能结构,再通过高压板框压滤机进行挤压脱水,脱水后的藻泥饼含水率降至60%后,送至垃圾焚烧发电厂协同掺烧。我曾派人去考察过,可惜后来因为种种原因该项目未上。

五

父:这已经过了好几年了,现在还可以跟踪看看,能上还是应该上的。你刚才讲的,除了噬藻体外,很多是末端处理,应该将更多精力放在事前预防和治理上吧?

子:是的。控制蓝藻,仅从减少含磷营养盐上,我们已有不少成功经验,当然还有

很长、许多路要走。近期,我与相关部门同志研究,认为"一切为降磷控氮",有以下八条路子可以趟一趟:

第一,实施水质和污染物总量"双控"。

现在我们注重控制湖泊、河流水质指标,这固然不错,但存在两方面问题。

第一个问题是,湖泊与流域河流磷、氮控制目标不衔接,流域河流磷、氮控制力度不够。比如,由于湖泊与河流总磷指标的分类限值不一致,河流Ⅱ类水质用湖泊标准判定则为Ⅳ类,河流Ⅲ类水质相当于湖泊Ⅴ类。这样看似达标的所谓清水河流对湖泊并不一定是正贡献。2018年,丰乐河和杭埠河总磷浓度分别是 0.132 mg/L 和 0.105 mg/L,均高于湖区的 0.102 mg/L(2023年,杭埠河总磷浓度为 0.088 mg/L,高于湖区的 0.066 mg/L)。因此,从水质类别上管理,不注重河湖水质目标的衔接,往往流域的治理难以达到湖泊的水质目标。

父:这要防止偷换概念。同是水质类别,河与湖并不一致,很多人并不知晓,要防止有意无意混淆和误导。

子:是的,为确定合理的目标,需要从总磷排放、输送、滞留和降减一系列过程中,找出上下游及湖泊流域的水质目标联系,制定出一体化的流域磷控制目标。

第二个问题是,虽然在焖炀河进行过小流域补偿试点,但总体未对入湖污染物总量实行控减,巢湖污染物排放容量已严重超标,不堪重负。因此,治理巢湖,必须实施总磷总氮和污染物总量"双控"。在这方面,昆明已有好的做法。

父:那我们抓紧学。

子:是可以。为了实现滇池治理目标,昆明市推出了"双目标责任制",将水质改善目标和污染负荷削减考核目标有机结合。一方面,依据国家断面考核要求,明确滇池流域各河道、各年度的水质考核目标。另一方面,以改善滇池水质为流域水治理的最终目标,以滇池水质提升年目标为约束,精准推算出主要污染物的最大允许排放量,将其分解为滇池35条河道的污染负荷削减目标,最终将削减目标按河段分解至所在行政区。

这一制度的主要作用在于,解决了因河湖水质标准不统一带来的河道水质达标而滇池水质不达标的问题;同时,将污染负荷削减总量目标分解为各河道、各行政区的考核指标,将各责任主体与滇池水质提升目标紧密关联起来,倒逼各地区加快形成绿色生产生活方式,最终实现全区域绿色发展目标。昆明等地的做法我们过去注意到了,可惜当时没有抓起来,现在是到实施的时候了。

父:对。

子:第二,实施蓝藻"肥"用。

现在湖靛弃之不用甚为可惜,但原先也有少数用的例子。一是肥东飞翔公司将藻泥与污泥拌和晾晒,用作有机肥原料或营养土(藻泥占60%)。二是熙垣公司将藻泥与牛粪、草末秸秆等拌和后,用作养蚯蚓饲料(藻泥约占50%)。但这些都需提供拉运及处置费160元/吨。

父：这反过来了，要花钱买处理。这说明湖靛处理没有形成产业化，市场培育需加快。

子：是的。未来可考虑与粮食种植大户对接，向他们提供藻肥，因为这可使晚稻增产10%以上。

第三，实施底泥清淤。

巢湖底泥淤积是巢湖机体的重要组成部分，底泥污染物是衡量巢湖健康的重要指标。巢湖底泥淤积量多且分布广，高风险底泥污染严重且危害程度大。巢湖底泥氮、磷及重金属污染物（尤其是巢湖西湖区底泥氮、磷污染物）集中分布在巢湖湖床表层，直接导致巢湖湖床表层水生态环境恶化，其潜在污染和毒性危害对巢湖水生动植物及其水生态健康系统影响很大，直接改变沉水植物和底栖动物的生态环境，将危害巢湖水生动植物生命健康，这是导致巢湖水生态动植物种群和数量减少的重要原因之一。

同时，底泥对水体污染的潜在贡献很大，将是造成巢湖湖区长期处于Ⅳ～Ⅴ类水体情势的重要原因之一。

清淤是为清除湖泊底泥表层的蓝藻和减少污染物的二次释放。首先是清除含蓝藻多的淤泥，其次为清除污染物释放负荷量大的淤泥，而不是所有。清淤不仅可以减少底泥中大量的氮、磷、有机物及其释放量，更主要的是可清除底泥中的蓝藻种源，减轻水域蓝藻暴发程度。

当然，不需对全部湖泊底泥都清淤，只要清除蓝藻集中区域和氮、磷大量释放水域的底泥即可，这个比例只占1%～2%。清出后的淤泥可资源化利用，如制砖，作为回填土，制肥料等。

父：我们前些年也搞过，比如一开始聊的在双桥河口处。

子：是的，"十五"期间，安徽利用国债资金对巢湖的南淝河入湖区、龟山附近湖区开展底泥清淤工程，取得了一定成效。2021年，又在南淝河施口处实施了清淤试点工程，这个我们以后再聊。

父：为什么还要试点？你们不是经常讲"四源治理"吗？清淤就是内源治理啊。

子：主要还是对湖泊污染状况不清、思想不统一。这次清淤既是巢湖综合治理的一个必然和试验，也是一个深化湖情认识、统一思想的行动。

历史上巢湖淤泥很多，其对巢湖的污染很重。据夏守先等2008年的调查和估算，现状条件下巢湖沉积物氮、磷总储量分别相当于安徽省1987年化肥氮肥用量的1/15～1/4，相当于磷肥用量的1/14～1/2。

现在肯定是与日俱增。10月17日，我到渡江战役纪念馆防波堤前，一位正在进行清淤作业的师傅用插杆标尺下插测定，此处淤泥1.4米深。

标尺测淤

父:那现在思想统一了吗?

子:还不完全。主要是有"差不多"思想,感觉不紧迫;还有费用高了。对于这些,我们以后再聊。

第四,推进面源污染防治。

面源包括城乡,当然首先是治理农业面源污染,这以前我们专门聊过,还有一篇文章(附录)您可看看。这里我们换个角度说个新名词。

有专家提出农业面源污染防控治理的3R策略,即"减源—拦截—修复"策略(Reduce-Retain-Restore strategy)。后又在此基础上,增加废弃物的资源化利用,形成"源头减量—生态拦截—循环利用—生态修复"的4R策略("Reduce-Retain-Reuse-Restore" strategy)。

4R策略是3R策略的升级版,更强调在拦截和消纳面源污染物质时,不能仅仅是"处理",更重要的是如何再利用这些"污染物质",达到削减面源污染和变废为宝的目的。

同时,4R策略强调了区域联控的理念,在源头减量的基础上,考虑区域内潜在养分资源的再利用,使污染控制由单一的治理向治理与利用相结合的转变,控制空间由点、线扩展到面,形成一种复杂的网络结构技术体系。这些值得我们认真研究与推行。

父：这个理论固然重要，但要落地还得从发展有机农业，控制化肥、农药使用下手。

子：是的。中国农业大学张福锁院士正在洱海进行这样的试验。他们首先是进行科学的调查，认为那里土壤的肥力太强了，要少施肥和精准施肥。然后，实施末端拦截消纳及灌溉工程试点。在此基础上，引进水稻覆膜节水节肥技术，覆膜后不追肥，薄膜可降解。这个经验值得我们学习借鉴。

父：薄膜能降解，这可是大好事，现在成了公害。

子：这是云南曲塑集团研制的以聚乳酸等全生物降解材料为原料生产的超薄全生物降解可堆肥地膜，也许未来是一个革命性的产物。

同时，还有个治理城市面源污染的问题。据测算，城市初期雨水径流中总磷含量可以达到15 mg/L，远远超过目前的生活污水，是天然水体磷的主要来源之一。要继续做好这方面的治理工作。

在这方面，各国都有高招。美国奥基乔比（Okeechobee）县有2600平方公里，为减少城乡面源污染，保护湖泊和河流，竟建了约90平方公里的雨水沉淀池和湿地等。

国内的安徽省合肥市做得也不错，这些年已在市区上了大小32个初期雨水调蓄池，日调蓄处理规模71.98万立方米。如南淝河中游初雨污染控制工程，总投资4.85

初期雨水调蓄池

亿元,主要用于削减南淝河中游老城区史家河、二里河等重点排口的初雨污染,总汇水面积约21.06平方公里,建成后发挥了巨大的削减作用。

父:这个你在前面说过,以后有机会去看看。

子:第五,推进湿地建设。

这方面我们专门聊过。我市十大湿地建设取得公认的成绩,但也存在一些不足,如对原水生植物品种调查研究不够,恢复不多不快,引种试种新品种不多。比如,历史上庐江白山一线湖滩遍生荩草,老百姓靠割荩草烧锅。荩草茎秆连绵难断,非剪不得入灶门。时有歌谣:"养丫头莫嫁齐头嘴,吃冷饭、焐冷腿、烧锅要用剪子剪。"可是,现在几乎看不到了。

父:我们这儿也有荩草,只是没有那样多,也从湖滩剪来烧饭。

子:南北两岸大体差不多。为了解决这个问题,2018年我们将武汉大学于丹教授请来指导,随后在南淝河局部河段、支流进行了沉水植物、挺水植物、浮水植物等的试种,也在派河口试种了中山杉,但总体进展不大,特别是在湖的内侧试验推广不够。有资料表明,部分植物动物可以抑制蓝藻生长,如紫根水葫芦等,滇池等地有成功实践,但我们至今未做。还有,芦苇生长过程中可吸附大量的氮、磷,初冬时节及时收割又会连带自然移除。

收割芦苇

蓝藻防控有新招

父：这是当然。

子：第六，实施鱼类增殖放流。

鲢鳙鱼和贝类可滤食蓝藻，食藻虫、轮虫、原生动物可觅食蓝藻，所以要放养。另一方面，要适时移除冗余。根据调查，鱼体中的氮、磷元素来自湖体。经测定，这几种鱼体中平均含氮30.00克/公斤（湿重）、含磷2.70克/公斤（湿重）。禁渔前，一年捕捞量为2万吨左右，捕捞上来就移除了相应的氮、磷。现在禁渔是完全必要的，这是湖泊休养生息的需要，但在这一过程中，需要跟踪调查，适时清除冗余。

父：增殖放流还包括放养"食藻鱼"吧？这些放养的鲢、鳙真有那么大的作用吗？

子：是的，有。这个问题很有趣。国际上原先有一个理论：经典的生物操纵，是由夏波罗（Shapiro）等于1975年提出的，主要是以改善水质为目的的有机体自然种群的水生生物群落控制管理。具体而言，即通过放养凶猛鱼类或通过直接捕除或毒杀的方式来控制食浮游生物鱼类，借此壮大浮游动物种群来遏制藻类。以此理论来指导，有的成功，有的失败。

父：巢湖前些年放了大青混，与这个理论有关？

子：是放了些。这是二十多年前的事了。青混是青鱼的俗称，又叫螺蛳混，主要摄食螺蛳、小型贝类等底栖动物，是肉食性鱼类，还算不上凶猛性鱼类。当时放养主要考虑是调整鱼群结构，但放下去后，将大量螺蛳吃掉了，效果并不好。

对Shapiro的这一经典生物操纵理论，武汉水生植物研究所的谢平提出了质疑，并结合武汉东湖蓝藻水华神秘消失的探源，在大量实证基础上，提出了一个非经典的生物操纵理论，即通过放养食浮游生物的鲢、鳙来直接控制蓝藻水华，这两种鱼也因此被称为"食藻鱼"。这个理论在东湖及太湖、巢湖部分水域等试验获得成功。正是因为这个卓越成就，1989年从日本学成回国的谢平，10年后荣获国际湖泊生态学的大奖——由日本主办的第9次琵琶湖生态学奖。

父：不简单。这两个理论与实践有什么异同？

子：一是目标相同，所用工具相同。目标指向蓝藻水华，都是用鱼来操控。

二是所放鱼种不同，前者是放凶猛的鱼类，主食浮游生物鱼类，后者是滤食性的家鱼，且后者正好是前者要捕食的对象。

三是二者殊途同归，即控制蓝藻水华。只不过前者是用大鱼吃小鱼，反过来增加其他大型浮游动物的丰度，间接降低浮游植物的丰度，以此实现控藻目标。这是作为一种下行效应力量来改善水质。而后者直接食藻，效果来得更直接。

四是两种方法应用环境不同，效果显著不同。相对而言，前者适合于那些营养盐富集不多、藻类由小型种类组成的湖泊，但此时放养对湖泊净化也无什么意义；而后者可应用于那些藻类趋向大型、浮游动物又为小型的富营养化湖泊。

父：这么复杂。不过，我记得了，控制蓝藻水华，多放养些鲢鱼和鳙鱼就是了。

子：可以这样试，近三年巢湖管理局放养的千吨鱼类中，从重量来讲，鲢、鳙占80%～90%。但也不能绝对化，说个案例。

2020年,有一同志向生态环境部提出建议:"以鱼控藻"是治理太湖蓝藻的唯一办法。部里组织包括谢平同志在内的专家研究,提出了一个回复意见。意见说:

此法确实有显著的效果,这一点已在武汉东湖的渔业实践和科学实验中得到了验证;鲢鳙可以有效控制蓝藻,却不能控制所有藻类,对于氮、磷的削减作用也有限;高密度的鲢鳙鱼养殖形成的不是一种健康的生态系统,在湖泊治理的中后期应更加注重健康水生态系统的构建;鲢鳙控藻的作用不宜过分夸大,太湖的富营养化控制不可能只依靠"以鱼控藻",应当在流域污染源控制的前提下,作为一种阶段性的强化与辅助措施,控制蓝藻水华;太湖应加强鲢鳙控藻的研究和工程实践,实行以政府为主导,科学家与企业家共同参与,通过科学论证,制定合理的渔业结构方案和政策保障措施。

父:噢,什么话都不能讲得太绝对,还是要走一步看一步。

子:第七,实施调水出湖带走蓝藻。

历史上的巢湖是天然吞吐型湖泊,与长江之间有着良好的沟通,与长江水体年交换量为17亿立方米左右。但两闸建成后,江湖水体年交换量减少了15亿立方米左右,巢湖的换水周期也相应增加,由原来的每年平均3次减少为2.2次,直接的后果之一是,氮、磷等不能有效输出,水体自净能力急剧下降。

父:这个道理大家都懂。

子:有专家通过对巢湖入湖和出湖的营养盐逐月进行平衡计算,表明1987年全年入湖总磷量为1050.27吨,总氮量为18367.80吨,入湖氮、磷量的比值为14.78;营养盐滞留系数总磷为34.0%、总氮为39.5%。可见,不仅入湖氮、磷数量大,并且有1/3以上淤积湖中,日久天长,越聚越多。

父:这就需要调水了。

子:是的。调水不仅可起稀释作用,更能直接调藻出湖;更为重要的是,调水增加湖泊水体流速,可增加水中溶解氧,有利于磷在底泥中保持锁定状态,也利于氮的降解,还可促进水体中悬浮物的沉淀。一句话概括就是,"流水不腐",能提高水体自净能力,直接或间接增加环境容量。

父:这肯定好。外地有好的做法吗?

子:有啊。太湖蓝藻水危机事件后,时任总理温家宝提出"以动治静、以清释污、以丰补枯、改善水质"的调水指示。2007—2020年,太湖通过望虞河"引江济太"调水入湖106亿立方米,通过梅梁湖调水出湖109亿立方米。云南昆明滇池的"引牛栏江济滇",每天调水200万立方米,每天费用400万元,我去考察过。引江济巢通水后,根据有关规划,引江流量每秒300立方米,远期入湖水量可达10亿立方米,占巢湖现正常库容的60%,基本恢复至建巢湖闸前长江入湖水量的水平。

父:调水好是好,会不会将江水中脏的东西也引来了?

子:确有这样的担心。这里有一个问题需要考虑:从长江调来的水中总磷往往比湖水高。这是客观事实,但从太湖和美国华盛顿州的莫塞斯湖调水实践来看,虽然有时引水后磷含量仍然较高,但新引调的水足以抑制蓝藻的生长,因而是可行的。

尤为重要的是,长江水总磷虽略高于巢湖,但江水进入菜子湖、运河、西河等后,流速减慢,悬浮物沉淀,总磷被削减了。并且,长江水磷浓度明显低于环湖河道入湖总磷浓度,因此,江水入河本身对河流是正贡献。2007年太湖"引江济太"后,贡湖水质中总磷均值(0.06 mg/L),优于全湖(0.078 mg/L),证明调水不会使太湖总磷升高。

更何况,具体口门处的总磷状况也不一样。比如,近三年水质数据表明,枞阳引江口门附近江段总磷浓度为0.05~0.07 mg/L,虽高于菜子湖的0.03~0.10 mg/L,但低于巢湖的0.06~0.10 mg/L,因此,引江济巢总磷升高的风险可控。

当然,巢湖的引江工程才启动,需要从一开始就监测、实施好。

父:看电视知道,去年已从长江调水了。

子:是的。不仅如此,据我所知,相关单位已分别于2007年、2009年、2017年、2022年进行四次调水引流试验,特别是去年通过菜子湖线路,从枞阳江口引水1.35亿立方米入湖,不仅缓解了旱情,也为湖区水质稳定和改善作出了贡献,今年蓝藻藻情已连续三年好转,也是证明之一吧。应当看到,实施巢湖生态补水,本来就是引江济淮的主要功能之一,这是毫无疑义的。近期,正在谋划实施更大规模调水引流方案。

枞阳引江枢纽工程概况

父：建好的工程当然要用好。

子：第八，推进藻类的回收利用和资源加工转化。

前面聊过，我国曾经很重视人工养殖固氮蓝藻的研究，以便发展一种基于固氮蓝藻的氮肥补充方案。蓝藻蛋白质含量高达干重的30％～60％，具有完备的氨基酸和多种维生素，也是很有开发前景的鱼类饵料和家禽饲料。

20世纪八九十年代，科研人员就进行了湖靛喂食鸡鸭实验，将湖靛以干重计算的10％和20％量加工成配合饲料，对雏鸡快速育肥具有加快生长速度、减少饲料用量特别是进口鱼粉用量、降低饲料价格等多种效益。经试验证明，喂以湖靛的北京鸭，比喂标准配合饲料的对照组，体重增长快11.26％。

父：这倒是大好事，蓝藻不仅可以作肥料，还可开发出饲料。

子：是的。更为可喜的是，湖靛由蓝藻形成，其蛋白质含量和营养价值很高，现在螺旋藻的开发已取得重大突破，作为天然色素广泛应用于食品、化妆品、染料等领域。如内蒙古、云南都有这样的企业。国外也有这样的产品上市。据了解，在乍得、墨西哥的一些地区，螺旋藻为当地的传统食品。

父：研究、开发有这么多成果，这可以更多地造福于人类。

子：螺旋藻又名节旋藻，原核生物类，属于颤藻科螺旋藻属，是地球上最古老的生物之一，属于蓝藻的一种，已发现的螺旋藻超过35种，多数生长在碱性盐湖，现在已实现人工培养与生产。

父：云南和内蒙古的开发生产是什么样？

子：程海湖是云南九大高原湖泊之一，内有当地人称为"香面水"的藻类物质，主要是项圈藻、鱼腥藻和螺旋藻等。1991年后，逐渐建立了四五家螺旋藻生产厂，螺旋藻干粉的生产量居世界第一。

1995年，内蒙古农业大学教授乔辰带领的螺旋藻课题组在鄂托克旗的碱湖中发现了当地的螺旋藻藻种——鄂尔多斯钝顶螺旋藻藻种。2009年，鄂托克旗投资3.2亿元，开建总占地面积12400亩的螺旋藻产业园区，计划通过3～5年的时间打造"中国藻都"。去年，园区生产螺旋藻粉5000吨，占全国总产量的40％以上、全球总产量的30％以上，还生产螺旋藻片400余吨，藻蓝蛋白粉80余吨。产品70％以上远销到美国、德国等20多个国家和地区。

父：这个项目可去学习借鉴。

子：是的。也许湖的盐度不一样，藻的情况也不一样，我们这儿也许不能那样做，但学习比较一下，至少可提供一个认识、加工转化藻类的视角和途径。我们这次聊蓝藻，花的时间最多，有些问题还未真正搞明白……

父：那也不要紧，很多问题专家还在深入研究，治理巢湖也需要持久用功，总有一天会达到认识蓝藻、防控水华、消除湖靛负面影响的目标。

子：一定会！这也是今天的小结。

消除迷茫　精准治理农业面源污染

（2021年5月16日）

随着中央环保督察的推进，农业面源污染防治近期成为一大热点。然而，在"一面倒"要加强治理的声浪中，农业农村部门一些同志感到有些迷茫，产生了疑问，担心会不会出现上轮畜禽养殖"禁养区"扩大、"一刀切"等问题。有些担心是可以理解的，怀疑则大可不必，迷茫需要尽快消除，工作必须加快精准推进。

农业面源污染确实是客观存在的，并且在局部地区还比较严重，在整体、纵深推进污染攻坚战的时候，这是不容回避也是回避不了的重大问题。4月30日，习近平总书记在主持中央政治局第29次集体学习时指出，要推动污染治理向乡镇、农村延伸，强化农业面源污染治理，明显改善农村人居环境。仔细咀嚼这一段话，不难发现，我国污染防治攻坚战正进入一个新阶段，即由过去以城市为主向乡镇、农村延伸，农业面源污染治理由加强向"强化"转变。这是历史发展的必然，也是不以人的意志为转移的客观规律。

治理农业面源污染，首先是要提高认识。这既是系统、整体、协同治理污染的需要；也是发展绿色农业的需要，一些地方过量施肥、喷药，对农作物的品质造成严重伤害；还是节省农业生产成本的需要，"大水漫灌"式的施肥、喷药应转为讲求成本的"滴灌"。

当然，农业面源污染也不是一朝一夕形成的，消除农业面源污染也非一日之功。近现代随着人口的增长，为了解决吃穿问题，化肥、农药应运而生，现代意义上的农业面源污染也随之出现，并且与日俱增。据此次中央环保督察典型案例"湖南省洞庭湖区化肥减量虚假失真"曝光，湖区三市种植业排放的总磷、总氮分别占湖区排放总量的19.5%、25.82%。比尔·盖茨在《气候经济与人类未来》一书中指出，在源于人类活动的温室气体排放量的占比中，种植和养殖（植物、动物）占19%。毫无疑问，要降碳减污，农业面源污染防治必不可少。但是也要清醒地认识到，农业面源污染不能与农业画等号，不能视种养业为"洪水猛兽"，不能认为农业也可以不要。果如是，人类何以生存？如有这样的认识，就是从一个极端走到了另一个极端，或者是一种倾向掩盖了另一种倾向。这也犹如倒婴儿的洗澡水，连同婴儿一起倒掉了。为此，要廓清一个重要理念，即不能污名化化肥、农药。

化肥是农作物生长的催化剂，是高效的营养物质，能改善作物和土壤营养水平，提高农业生产力。得益于化肥施用带来的土壤生产力提升，我国主要粮食作物土壤基础生产力从20世纪80年代初期的每亩仅260公斤，达到了现在的每亩333公斤。农药是当今农作物病虫害防治的主要手段，主要意义在于通过防治病虫害达到保护粮食生产的目的。2019年,我国水稻病虫害发生面积约10亿亩次,防治面积达16亿亩次,其中化学防治面积约占2/3。

由此可见,治理农业面源污染的核心和关键,不在于治与不治,而是在于如何治?化肥和农药永远不可能消除,只有是否适量、适宜的问题。现在的问题是过量化,那就要减量化;现在的问题是乱撒肥、乱打药,那就要精准化。精准、适量是解决农业面源污染防治的精准要义,做到既不过量又不"无为而治"!

当然,在局部地区,如果为了环境问题的改善,可以减量甚至不用化肥、农药。但这就不是农业生产本身的问题了,而是以牺牲农业价值来换取生态效益的提升。在为了某一地区某一时段的生态环境必须显著改善和提升时,这样的牺牲是值得的。但这个牺牲不能由原来的种植户来承担,而应由政府来买单,实行生态补偿。合肥市今年计划推广12万亩绿色水稻种植,号召农民少用化肥、农药,改两季稻为一季种植,由此造成的收入影响,由市、县两级财政给予每亩650元补助。

精准实施农业面源污染防治,需要有科技支撑。有农民兄弟反问,谁能告诉我,我这块田能种什么?需要施什么肥、打什么药?这就需要推广测土配方施肥。然而,这项工作上级虽有号召,基层几乎没有真正做起来。如这次中央环保督察曝光的"湖南省洞庭湖区化肥减量虚假失真"案例中指出,"测土配方肥'偷工减料'。本该先测土,再配方,再施肥,而湖区三市农业农村部门普遍认市场流通的复合肥即为配方肥,鲜有开展按需配方工作。"合肥市基层也有这种情况,必须坚决、全面改正过来。

推广测土配方施肥,首先是测土,要根据《测土配方施肥技术规范》《测土配方施肥技术规程》,结合本地作物种类、土壤类型、耕作制度等,将采样区域划分为土壤性状尽可能均匀一致的采样单元,科学合理布设测土配方施肥土样点位,形成一个地区采样点位图。合肥市预计2021年7月底前完成测土配方施肥调查采样点的布局,12月底完成土样采集检测1万个;2022年、2023年的土样采集点每年原则上1万个且不重复布设。

其二是配方,开展土样采集、制备与检测,得出各地块、区域的土壤各元素成分表。在此基础上,再对照标准值提出补缺补差,以及元素移除表。这个过程通俗来讲,就是在给土壤"体检"后开出治疗的"药方"。

其三是试肥,即开展试验示范,对主要粮食作物肥效、化肥利用率、中微量元素单因子肥效进行试验及新肥料新技术试验等。这些工作可以委托科研教学单位协助开展田间试验。在环巢湖区域,要重点开展"绿肥+配方肥""有机肥+配方肥""秸秆还田+配方肥"等示范片建设,辐射带动测土配方施肥技术推广与应用。此外还要做好施肥跟踪调查,科学合理设置施肥调查点,定期入户调查统计汇总,为测土配方施肥应用效果提供数据支撑。

其四是造肥,推动技物对接,引导企业按"方"生产配方肥,鼓励企业在肥料包装上标示"配方肥"字样。现在农户使用的复合肥,还多是治通病的"大方肥"而非"小方肥"。要鼓励企业生产更多定向治理、定向使用的小的配方肥。肥东磷肥厂已能生产小地块小配方肥,中盐红四方也已生产大地块大配方肥。

其五是售肥,按照乡镇、种植企业、家庭农场或农户的需求,及时发布区域肥料配方、施肥方案,提供测土配方施肥政策、技术、市场和施肥配方、肥料需求等信息;建立配方肥销售网点,以需定产、按方配肥、定向供应;推动供需对接,畅通农企合作对接渠道,联合组织配方肥下乡活动,培育肥料统配统施等社会化服务组织,支持开展"全链条"农化服务,推动配方肥下地,提高测土配方施肥技术覆盖率和配方肥到田率。从合肥市来说,力争2022年底全市实现主要农作物测土配方施肥技术覆盖95%以上,配方施肥面积占比70%以上。

加快农药废弃物的回收,建立健全农药集中配送体系建设,也是减少农业面源污染的重要一环。截至目前,合肥市已建立镇村回收网点661个。今年安排市级专项资金1442万元。下一步,要完善废弃物回收处置体系,到明年年底,实现县域内村居回收网点达到60%以上;要建章立制、规范操作,按照《国家危险废物名录》(2021年版)要求,妥善落实废弃物收集、运输、利用和处置等各环节工作;完善专用台账,达到废弃物回收、转运和处理各个环节账物一致,各个环节补贴费用与账目一致。与此同时,还要注意在源头上控制厚度0.01毫米以下PE地膜等的生产、销售;严禁氟苯虫酰胺、硫丹、灭多威等农药的生产、销售。

农业面源污染防治攻坚战正在打响,这是农业高质量发展之战、生态环境攻坚之战。"熊掌"和"鱼"必须兼得,农业发展、环境保护双重目标都要实现。"三农"战线上的同志们任重道远,容不得犹豫,容不得迷茫,容不得懈怠,要奋力奔跑在攻坚路上。

沙飞泥隐水澹澹

时间：2023年端午节，成文于2023年6月25日
地点：巢湖之滨家中（黄麓镇王疃村）

子：今天是端午节了，回家过节我想和您聊聊巢湖综合治理中的沙。

父：沙？你过去不是讲不写了吗？因为巢湖两岸的黄沙几乎看不见了。

子：是的，一开始是这么想。但近期看了巢湖的一些资料，联想当年沙滩的美景，再看太湖、滇池、洪泽湖治沙清淤的案例，特别是反复咀嚼习近平总书记所强调的"山水林田湖草沙是一个生命共同体"的重要论述，觉得不能漏写巢湖的沙，尽管目光所及，当年的沙滩早已荡然无存。

现在，我们需要弄明白：泥沙是塑造河湖的物质基础，它的输移和沉淀决定了河湖的形态及演变过程，水与沙的关系必须理清，这样才能精准修复和治理巢湖；巢湖的沙是从哪里来的，又消失到哪里去了？未来还会呈现当年金色沙滩的美景吗？沙与山水林田湖草是什么关系？沙与淤泥等又有什么关联？这些重大问题其实也正是巢湖综合治理所需要探讨和解决的，不能回避，不能不搞清楚。

父：对嘛。说巢湖，本来就不应该漏掉沙。

子：小时候家乡交通闭塞，我初中毕业前未出过远门。那时感觉巢湖就是汪洋大海，黄麓镇就是"大城市"，而离村一华里左右的巢湖、沙滩、柳树林就是我们的最爱。那是小伙伴们游玩戏水的天堂，特别是沿大堤蜿蜒绵亘一条线的沙滩更是其乐无比。

205

父：我们村的沙滩很有名，是顺着卜城圩、芦溪圩一条线摆开的。

卜城圩逆向朝东北，是张疃大坎，平均三四米高，最高处十米左右，其中有一部分是白壁，不怕水打。后来，建窑厂将它的一部分挖掉烧砖，修环湖大道时又挖掉了一些，现在几乎看不出了。

在那附近，王疃靠近张疃处，有一个东湖嘴，杨家人讲小湖嘴，由于几股水汇聚，嘴头形成活水，出鱼得很，打鱼的都喜欢到那儿。可惜，现在水位高了，湖嘴看不到了，沙也没有了。

由东湖嘴顺卜城圩，一直到芦溪嘴，有一个长弧度沙滩，东北至西南走向，长5～7华里，宽50～100米，面积加起来快有10平方公里吧。特别是芦溪嘴，由于嘴伸到湖心，所以那儿的沙滩就更大，柳树就更多。

子：是的。上初中时我们去那儿玩过。巢湖九弯十八嘴，这是最大的，至今还有很多人写文章回忆那里的美景。近期，我看到一篇文章，是一位名叫"平之若水"的网友写的，他应是当地人，我挑重点读给您听一听：

在郯庐断裂带地质运动和巢湖流域雨水增多的双重因素影响下，巢湖湖面在夏朝时达到全盛，芦溪嘴就此诞生。

商周时期，气候开始干燥，巢湖总面积逐步缩小；到汉魏时，干旱程度达到最高，巢湖湖边的大范围湖漫滩逐渐变为陆地，芦溪嘴也相应地变成了陆地。

三国时期（220—280年）发生的地震，使巢湖湖床骤然下沉，大面积湖漫滩连同基于其上的城池和田地也都被淹。（同时）气候变暖所导致的雨水增加，孙吴东兴堤拦水坝的阻挡所引起的水灾，也使巢湖西半湖的湖水不断地注入东半湖，淹没东半湖的大片湖漫滩，形成了东部堰塞区和巢湖漫灌区的连片水域，巢湖的地貌形态发生变化，并日益接近今日巢湖之形态。此时的芦溪嘴陆地，也逐渐还原成巢湖芦溪嘴。

南北朝（420—589年）后期，随着气候偏向温暖湿润，包括巢湖流域在内的长江中下游地区，洪涝灾害多发，许多湖漫滩沉入水中，利用其肥沃土壤进行耕种的现象已逐步消失。此后，巢湖的地貌形态基本趋于稳定，并保持千年不变。由于相关的文献资料极少，芦溪嘴长滩是否在这段时间里出现也难以定论，但芦溪嘴由陆地回归到岸嘴，倒是加速了芦溪嘴长滩的孕育进程，至少为芦溪嘴长滩的形成奠定了基础。

到了清朝，芦溪嘴长滩已出现在相关文献中。如康熙《巢县志·山川》卷二十有这样的记载："芦溪嘴，在县西巧溪河，有长滩入湖十余里。"又云："芦溪嘴，在焦湖北岸，近白鹭、花塘两河之间。有长碛入湖中十数里，东西往来船只必迂道避其浅。"

光绪《庐州府志》又作"长滩"，称其上"旧多芦苇，最易薮奸"，后"扩而去之，并禁舟载芦苇，过湖以安行旅"。同书还绘有"芦溪嘴"图像，展示一条伸向湖中的长带状滩地——芦溪嘴长滩，并在其尽头绘有提示行船安全的真武庙，后搬至上杨村东头，称为将军庙，不久被拆。再往后，当地还流传着"芦溪嘴庙子湾，不打锣鼓船要翻"的谶语，表明帆船随东风经过芦溪嘴时容易发生事故，提醒人们船行此处要注意避开芦溪嘴长滩。

到了近代，巢湖的泥沙淤积严重，更是助长了芦溪嘴长滩的成长。长江水倒灌来沙，湖岸崩塌形成泥沙和上游水系携带泥沙，使巢湖湖盆逐渐变浅，加上人类在浅滩区的围湖造田活动，导致湖面不断缩小。1962年修建的巢湖闸，虽然阻拦了江水中的泥沙进入巢湖，但大量入湖河流的泥沙却淤积在湖中，以至于巢湖成为典型的浅水型湖泊。而芦溪嘴水域也因泥沙淤积，形成了大范围的浅滩区。在水体输移和风浪作用下，大量泥沙沉积在芦溪嘴长滩，形成的湖沙资源极为丰富。在巢湖闸建成之前，芦溪嘴长滩伸入湖中四五千米，宽有四百多米，低水位时，沙层厚度高五六米。正是因为长滩的存在，当地居民一直称芦溪嘴为芦溪沙嘴。

芦溪嘴长滩的消失，与人们的采沙行为直接相关。据村里的父老乡亲回忆说，在芦溪嘴长滩开展的正式采沙活动，始于1958年，后断断续续，到1971年进入采沙高峰，直至1976年长滩彻底消失后，大规模的采沙活动才得以终止。

许多年长的芦溪居民，对当时的采沙场景记忆深刻。1970年前，芦溪嘴岸边建有沙站，负责分派群众挑沙装船，通常有一百多人吃住在芦溪嘴，专门挑沙。每天都有几艘拖轮拖着长龙般的船队停泊在水面，等候装载黄沙。一艘拖轮可以拖动十几只驳船，每只驳船能装一百多吨黄沙，拖轮一次就能够运走黄沙一千多吨，主要运往合肥、三河和庐江等地销售。正是这样的采沙活动，才使芦溪嘴长滩最终成为现在的芦溪嘴沙滩。

不难发现，历经漫长岁月孕育而成的芦溪嘴长滩，消失时只需短短的几十年时间，可见，自然生态资源是何等的脆弱！

父：这位网友写得真好。讲了历史，还原了过去。你将这篇文章转录出来，也可以让更多人知道这个地方和这段历史，不然都随湖水湮灭了。

原先芦溪嘴有航标灯，离岸边最少有300米吧。嘴伸到湖里很长，天气好时，相隔几十公里，站在巢湖市区广电局你家四楼阳台上都能看得到。有一天我看到后指给你妈看，她也看到了。可惜现在大多不存在，看不到了。

子：是的。2019年秋我去那儿拍了几张照片，您看这残存的柳树像不像沙漠中的胡杨？

父：很凄凉的感觉，当年可不是这样。

子：我们小时候最喜欢去湖边玩了，也许是没有地方去的原因吧。夏天一到，就泡在水里。游泳上岸，躺在沙滩上，将沙撒在身上，从胸部覆盖到脚，那细细的、滑滑的、发烫的感觉，多么舒服！我们对巢湖、对波涛、对沙滩太熟悉了。

因此，当我第一次见到大海时，并没有像同伴那样的激动，因为这感觉差不多。当然大海毕竟是大海，海涛的能量很大，远非湖浪所比。我第一次下海游泳，本来以为风浪不大，还戴着眼镜，哪知两个浪头打来，眼镜掉进大海，赶紧上岸去配眼镜。

父：这也够危险的了，大海可不比家门口的塘、巢湖边的沙滩知深浅。

沙飞泥隐水澹澹

芦溪嘴的柳树

子：对。不过，感觉巢湖的沙与海滩上的沙并没有两样。只是后来才知道湖沙是上乘的建筑材料，而海沙由于盐分高易腐蚀其他建材，因而不能用于城市高楼大厦建设。

父：正是因为这个原因，我们湖边的沙才那么抢手，从1958年到20世纪90年代，被挖走、运完了，成为合肥、巢湖的建筑材料。可以毫不夸张地说，合肥、巢湖等地大楼是用巢湖的沙凝结而成的。

子：是啊！您小时候看到的沙滩是个什么样？或者说沙滩的原始状况是什么样？

父：我们从小看到的就是满滩的沙。

子：那我们这里是何时开始挖沙、卖沙的？

父：新中国成立之初开始的，大建设需要嘛。一开始从荆塘湖庙、西周村开始，那里是芦溪嘴西，沙从上游集聚来，沙质好。后来渐渐少了，于是，1958年时转战芦溪嘴东，而嘴东就是我们村了。

当年,公社在这里成立沙站,有上百人,你三伯(王春富)当过站长。沙站是集体性质,社员去挑沙,生产队得挑力、甩力钱,卖沙的钱给大队,再抽一些钱,留下来驳岸搞水利。

子:我们村后来也学着这样干了。

父:是的。我们村是六队先干的。我们村一共有15个生产队,除三队、东西坝尖队没有外,其余每个队都买船运卖黄沙,六队还买了两条。当时,收入很好。一条船,10多吨运力,运一趟到巢湖市区并且挑下来,30~40元收入。一队队长(王)思鉴三爹说,运一趟沙,撑一亩油菜田收入。

我们二队是1974年买的船,花了4000块钱,其中从信用社贷款3000块钱。那可是一大笔贷款,但只用两年就还掉了。船是13吨,一开始请了一个张师傅,加(王)思洲老爹、(杨)庭玉大伯三个人干。后来规定社员都干,我当生产队长冬闲时大队也批准干,因为有快收入、高收入。干一趟得挑力3~4块钱,一个月10趟,就是30块钱的收入。那时在农村是很大一笔收入,我和你大伯都干过。

子:那黄沙挖挑有范围和界限吗?

父:没有,谁来的早就谁挑。那时沙多,不存在要抢占。

子:这挑沙、运沙的情景我还记得。船开到沙滩边,将跳板搭在船上,社员一担担挑上去,挑满了,就开船。

父:是这样。好风时,半天就开到巢湖。特别是西南风,顺风,四五个小时就到。但是东风逆风,打呛,时间就长了。船开到西坝口黄沙站,船上三个人再将沙一担担挑下来,这要花好几个小时,虽然很累,但可得挑沙的人力现钱,所以干得很快乐。

子:也确实很辛苦。

父:这不算什么。劳动人民本来就是要劳动,何况这既支持了国家建设,又增加了家庭收入,何乐而不为? 你大舅他们还羡慕得不得了。他们村是丘岗区,没有黄沙资源。我们这靠湖吃沙了。

子:那这些沙一直挑到哪一年?

父:沙越挑越少了,一直挑到1979年、1980年。环湖大道修好后就没有了,沙都进到大楼的"肚里"了。

子:那么这些沙是从哪儿来的呢?

父:是刮东风,从东面吹来的。

子:这倒很新鲜。巢湖的水由西往东流,按理泥沙是从西边来的,怎么会从东边吹来的呢?

父:这我知道。我只是说我们村这一段的特殊情况,大的情况当然不是这样。六安舒城的杭埠河是最大的入湖河流,汛期一听上游的万佛湖水库泄洪,我们的心就拎着——巢湖水位又要涨了! 巢湖的泥沙当然主要是从上游带来的,特别是过去水土流失严重时更是这样。我说我们村沙滩上的沙从东边吹来,这只是一个小现象,一个特殊的小来源,更多的应是湖心的淤泥集聚,再经过很多年"变"来的。

子:是的。1988年编的《巢湖志》记载:1951—1983年,巢湖淤积速度年平均入湖泥沙量为260万吨。

武汉大学杨国路进一步研究后指出:在这260万吨泥沙中,推移质泥沙约100万吨,悬移质泥沙约160万吨。推移质泥沙全部淤积在巢湖的河口区域,悬移质泥沙通过巢湖排出约60万吨,其余100万吨淤积于湖中。

而最新资料表明,鄱阳湖的多年平均入湖沙量为1533万吨,从湖口流入长江的出沙量为998万吨,再算上长江汛期的倒灌沙量,年均淤积量约为620万吨。而太湖则是世界上同纬度地区罕见的"少沙型湖泊",含沙量仅为0.05 kg/m³。

可见,以前巢湖的沙量是很大的。由此,目前巢湖水面仅为古巢湖的38%左右,蓄水量由20世纪50年代的50亿立方米左右降到20亿立方米左右。

父:这是巢湖变小的一个重要原因了。

子:还有人考证,历史上的巢湖实际上分为三块。一块是现在的西北半湖,名巢湖;一块是现在的东半湖,名焦湖;一块是现在的庐江同大、白山、石头、金牛以及肥西、舒城相邻一片,名南湖。由于水流泥下,南湖淤平了,成了现在的湖田、乡村等。如庐江金牛镇的圩口均为巢湖湖滩上所筑,始于三国曹魏时屯垦。而三河则向湖中长了十多公里。

父:巢湖原先还有一个南湖? 我倒是第一次听讲。

但水往东流,泥沙顺向流到湖心,再向东聚集到现在的巢湖闸处,最后淌向裕溪河,这倒是古往今来的一个大趋势。

在这一过程中,一方面,泥沙在湖心沉积了,慢慢地在东南风等吹压下,向湖的北岸集聚,这是我们村湖沙的主要来源之一;另一方面,积聚在湖的北岸沿线一部分泥沙,在强烈的东北风刮压下,又旋吹到我们村湖嘴处的卜城圩和芦溪嘴。芦溪嘴伸到湖心,恰好可以拥沙入怀,这是湖沙形成的一个重要原因。这也正是湖嘴的积聚功能吧。

子:您说得很有道理。科研人员发现,巢湖沉积物既有湖泊相的粉砂质黏土、湖沼相的泥炭,也有河流相的冲击砂等。这反映了巢湖历史上河流与湖泊强烈的交互作用。这种复杂的沉积相变化,表现了巢湖在全新世期间经历了多次湖面波动和湖泊扩张、收缩的过程。

还有一个原因是两岸崩岸所致,崩下湖的泥土逐渐成沙。我在庐江工作时,知道那儿有不少地方崩得厉害,还进行过湖岸保护。前些日子,我请庐江周琼同志给我提供了一份材料,您看看当年崩得多严重。

(一)基本情况:庐江环湖岸线总长26.83千米,其中堤防段湖岸线长9.93千米,坡岗地湖岸段长16.9千米。1931年前湖滩上芦苇密布,一般不发生湖岸崩塌。1931年大水,淹没了芦苇,湖岸开始崩塌。1931—1954年,平均每年崩塌约4米,1954年以后平均每年崩塌约5米。洪灾之年尤为严重,如1996年8号台风期间,湖岸平均崩塌7~8米。新中国成立以来,部分湖岸崩塌300~500米。据当地老人回忆,白山镇金沈段、盛桥镇东岳段湖岸已崩塌后退不少于400米。

(二)治理情况:庐江环湖坡岗地湖岸段长16.9千米,其中岩石岸坡1.75千米,低洼湿地段0.68千米,需要治理的湖崩段总长约14.47千米。2010年实施第一期巢湖崩岸治理工程,新建浆砌块石挡墙2.88千米;2017年实施环巢湖防洪治理工程。2019年庐江段巢湖崩岸治理主体工程基本完成,2020年汛期沿岸没有出现大范围崩塌,沿湖岸线基本稳定。

(三)岸崩损失土地估算:新中国成立以来,2011年完成治理段2.88千米,岸线后退约305米,损失土地面积1318亩;2019年完成治理段11.59千米,岸线后退约345米,损失土地面积5998亩。合计总损失土地面积约7316亩。

父:7316亩崩在湖里?仔细一想,这么多年差不多。北岸崩得也厉害。离我们村不远的西管村,有一口老井,我年轻时带猪治病,那时井离湖还有20米左右,再过十年后去,老井几乎要崩到湖里去了,老百姓只得向后挪建房子。东管村最恐怖的是近700米巢湖沿岸崩塌,从新中国成立前到1986年,原居住地村前一带土地和房屋因塌陷完全"埋葬"在巢湖水中。

子:两岸都有这个情况,崩下去的泥土,日积月累,便是大浪成沙了。对这些崩进湖里的土地,我们还曾想利用过。2010年规划建设庐江滨湖大道,我们曾设想找到盛桥段崩岸线,沿着那条线筑堤或架桥修大道,将土地从水中"捞"出来。但后来考虑,这既影响巢湖生态,造价又大,于是作罢。

父:这确实没必要。

子:沧海桑田,很多时候顺其自然了。

五

父:可惜现在这些沙滩都没有了。

子:也不能说都没有了,南岸盛桥到白山一线还有线状沙滩,水位低时就会显现。特别是那儿峭壁中含有铁元素,远远望去像是赤壁。在白山就有一处"庐江赤壁"。这还是我在庐江工作期间县里命名并立石刻字的。

父:那个地方成网红打卡点了。听说芦溪嘴准备再造沙滩,沙滩会还原吗?这要很多年才能自然长成。

子:沙滩来源于沙,而沙又来源于淤泥,淤泥又来源于上游的水土流失。从根本上说,沙滩能否重建,要看水土保持情况,要看水动力的变化等。

沙飞泥隐水澹澹

"庐江赤壁"

　　沈玉昌等编著的《河流地貌学概论》指出：只要存在着推移质的运动，河床表面就必然会出现有规律的起伏不平的形态，即沙波形态。而影响沙波形态的因素有水流强度、床面物质组成、河床断面形态、河床比降等。对比这一表述，巢湖目前缺少这样的成沙条件。

　　任何事情都是利弊相伴。从营造美景来看，当然希望早些重现昔日金色沙滩，更何况沙滩还是鱼儿、鸟儿的自然孵化之地。但沙从何来？人造不是不可以，天造（天然形成）要待何日？恐怕不是十年、二十年的事，可能需要成百上千年。随着生态环境建设的持续发力，水土流失会越来越少，淤泥、泥沙也就随之越来越少。同时，引江济淮通水后，水动力增强，少数泥沙会很快下泻。因此，一个可预见的事实是，重现昔日金色沙滩美景将会遥不可及。

　　根据这样的判断，在酝酿芦溪嘴湿地修复时，我提出可将原湖嘴线找到，通过适当工程，为湖沙的聚集创造条件。当然，这并不意味着马上就要在这再造沙滩，需要科学论证。

　　同时，更应看到，我们不能因为两岸呼唤金色沙滩重现，而放松甚至放弃水土保持，更不能对巢湖淤泥及内源污染视而不见、听之任之。

　　父：这是当然。我们过去打鱼知道，湖越来越浅了。要清淤，不然总有一天湖还真淤平了。

子:是的。沙是由淤泥变来的,不能因为暂时看不到沙而就看不到背后长期隐伏的淤泥。水土流失→淤泥→沙是一条链条,沙是末端。

有专家指出,表层底泥类型的划分,常以小于0.01毫米粒径在样品中所占百分数为依据,小于10%的称沙;占10%～40%的称粉沙;占40%～50%的称泥质沙;占50%～60%的称沙质泥;大于60%的称黏土质泥。

也有专家这样分,"沙"是自然的颗粒级配,没有含泥、污、杂物的限制要求,是个总称呼名。"沙"意味着可作为建筑材料,是有一定质量要求的土类。但我们现在都不怎么注意这二者的异同了,习惯性称之为"沙"。

现在这个末端的沙,因为建设的缘故而被挖运完了,成沙之链的最后一环被斩断了,而要形成新的大量的沙子,需要大自然几十年甚至上百年的造化。

但同时要清醒地认识到,虽然有个空白期,但湖中的淤泥却大量存在,并且还在与日俱增。这对巢湖是一个巨大的污染源。我们在以前已简单聊过这个话题,现在详细说说。

父:好。

子:根据巢湖研究院2018年的调查,通过巢湖底泥勘测,巢湖湖区底泥深度在15～162厘米之间,平均深度90厘米;西湖心、东湖心、河口附近底泥深度较大,西湖心最大达162厘米。

依据检测资料分析与计算,巢湖湖区底泥总量约5.4亿立方米,受污底泥总量约3.4亿立方米,高风险受污底泥约4350万立方米,主要集中于西北部湖区的河口附近和东湖区的双桥河和裕溪河。经测算,巢湖湖区底泥总磷总量约74.1万吨,总氮总量约88.9万吨,底泥释放的氮、磷负荷约占全湖总负荷的10%左右。

杨国录的研究比巢湖研究院的数据更不乐观,也照录如下:2011—2015年,巢湖外源性氮磷污染物入湖量显著降低,氮、磷削减量分别为61.6%和55.7%,体现出近年来巢湖外源控制取得显著成效。但2018年巢湖闸上入湖总氮15825吨,总磷783吨。相比之下,内源底泥氮、磷污染物释放量约为10505吨/年、300吨/年,分别占内外源氮、磷污染总量的39.9%和32.7%。

父:淤泥不清,逐渐成了沙土,除了将湖填平外,淤泥太"肥"滋生蓝藻,这对巢湖不好。外地可有清淤的成功经验?

子:有啊。太湖、滇池一直在搞清淤。太湖2007年以来已完成清淤4200万立方米,清淤面积168平方公里,平均每年12平方公里。太湖新一轮清淤总规模将达4059.6万立方米,工程主要分布在西部沿岸及竺山湖、梅梁湖、东部湖区、贡湖等重点湖区。

昆明做得也好,我们专门考察过。滇池上下游周围多山,山水汇流、泥沙淤壅是滇池流域大小河流的共同特性,并直接影响着滇池的治理与利用。因此,早在明清时期,围绕"河道治沙"就采取了以下工程措施:疏浚河道海口,截沙子河,筑挡沙旱坝,建留沙塘,修滤水坝,建逼水坝,建送米鸡舌石岸,实行以水攻沙等,还有建十字流沙闸、流沙桥、流沙桥过洞等。彭雨新、张建民所著《明清长江流域农业水利工程研究》,对此有详细记载。

昆明现代则是对湖底淤泥进行清淤。滇池草海曾于1998—1999年实施清淤,清淤面积2.88平方公里,深度1.44米,数量400万立方米。近期又清淤一次,消除了大量蓝藻种源,效果良好。

父:外地的经验值得学习,听说你们近期做了试点。

子:是的。2019年,在施口进行了清淤试点。

清淤试点工程范围位于南淝河口外的近岸湖区,分布于南淝河航道左侧;总清淤区面积为5.52平方公里,总清淤工程量为158.8万立方米;其中淤泥量(水下方)约128.8万立方米,采用机械压滤脱水固结后运至郭家山废弃矿坑,用于生态修复;淤泥量(水下方)约30万立方米,采用土工管袋脱水工艺固结后,塑造面积约27.3万立方米滨湖湿地;全部尾水达标排放。工程于2021年4月开工,现在已完成。

清淤试点

父:这个试点很重要。

子:是的。为了搞好清淤,2019年1月16日,我专门主持召开专题会,形成会议纪要。

会议明确,省巢管局负责巢湖底泥清淤工程的组织与实施,并将该工程纳入环巢湖综合治理项目。省巢管局要组建项目法人管理团队和专家咨询队伍,同时开展相应的科研工作。

会议还强调,未来要借鉴太湖、滇池以及巢湖清淤经验,做好环境影响评价和安全评估等前期工作,科学确定清淤工艺、清淤范围、清淤深度以及底泥后续处理方式,优先对重污染河流入湖河口清淤。要系统谋划,统筹考虑湖区航道安全、湿地保护、底泥利用等,科学合理制定工作方案,并有序推进。市发改、财政、环保、水务、国土、规划、交通等部门要根据各自职能对清淤工程进行支持。

父:清淤效果如何?

子:还不错。但反映有这样三个问题:一是临时占地面积较大;二是淤泥清理深度怎么才能"恰恰好"? 三是淤泥干化后重金属元素处理费用如何降低?

第一个问题不难解决,因为工程完工后即可复垦。

对于第二个问题,需要招引更强公司如中交建(南海造礁单位)等,通过现代水下科技手段精准解决。

对于第三个问题,未来可以考虑通过干化后直接运到巢湖市银屏矿坑填埋即可,不一定非要进行重金属元素处理。因为矿坑填埋后再覆土种树,树枯可以砍伐运至秸秆发电厂烧掉,这样就不会有污染转移的问题。

其实,淤泥有多种用处。我看到一个资料:北京紫禁城宫殿室内铺地大量运用的"金砖"产自苏州,由太湖湖底多年沉积的淤泥经过极为复杂的工艺制成,是明代高超的制砖新技术的产物。说到这儿,这又回到我们这次聊的原点,淤泥既是沙的来源之一,又可能有污染,但能够废物利用。

父:关键是怎么看? 如何用? 巢湖清淤未来会继续干吗?

子:有这个计划。未来清淤,首先是要合理确定范围。主要是在四条污染严重的河流入湖口,西半湖岸边、东半湖巢湖市取水口等地,约50平方公里、1800万立方米。还有航道处,这可结合疏浚进行。

同时,还应及时总结试点经验,注意跟踪最新技术。如近期无锡投入使用的太湖生态清淤智能化一体平台船"太湖之星",是世界首创的同类型工程船舶,环保疏浚智能化水平最高,集生态清淤、淤泥固化和尾水处理等功能于一体。疏浚浓度可达50%以上,是普通环保绞吸船的3倍,属于江河湖库领域领先的专精特新船舶装备,称得上太湖生态治理的利器。我已请相关同志前去考察。

父:多听听专家和群众的意见,多到外地学习。

子:是的。今天我们聊沙,更多是回忆。巢湖沙的消失是人类过度使用的结果,带来了一系列生态环境上的恶果;未来要重现金色沙滩,只能逐步在局部湖段和湖嘴处,因势利导,巧作天成。

父:对。这算是今天的小结。

沙飞泥隐水澹澹

擦亮环湖"明珠"

时间：2023年6月，成文于2023年6—7月
地点：巢湖之滨家中（黄麓镇王疃村）

子：今天我们聊聊巢湖的村庄、集镇。

父：好。听说5月26号你们到张疃村来调研。

子：那是市政协韩冰主席带队调研传统村落保护，我去了庐江黄屯等地调研。这是省政协按照省委要求部署安排的统一调研行动。

父：好。传统村落要保护，其他一些村庄也要保护吧？

子：那要看具体情况。当然首先要立足于保护、大面积地保护。

父：也是。

子：环巢湖一线周边的村庄很多也很有特色，多个集镇也是从村庄发展而来的，本质上原先就是个村，比如黄麓集镇的前身桐荫。

父：这个我知道。黄麓集镇原名叫桐荫，是唐鲲鹏（晚清汉阳兵工厂副督办）回乡后，带着丰厚的积蓄，于1911年在他的住所"唐庐"附近择地创建，并取唐氏"桐荫堂"的堂号命名为桐荫的。由于采取商铺三年免租和"公平竞争、童叟无欺、诚信经营、万世流芳"的商规，吸引了大批客商前来经商，小镇因此迅速发展，1914年民国镇政府也迁到了这里，而原先的祠堂张（长源）集市就一蹶不振，衰落成普通的村庄了。相反，桐荫由村成镇，越来越大，现已成为镇政府所在地，有了大学城，还有富煌等企业。

子:黄麓现在已是环湖十二镇的名镇了。环巢湖一周村庄很多,概括起来有这样几个特点:

从离湖距离看,一公里范围内有160个自然村,13.9万人,15万亩耕地。

从区域分布看,长临河、中庙、黄麓是一片,烔炀、中垾是一片,散兵、银屏是一片,高林、槐林、盛桥是一片,同大、白山是一片,三河、严店是一片,虽有共同性,也有不同特征。

父:环湖一圈村庄很多,各有特点。

子:是的。

从村庄特点看,有人文历史悠久的村,如巢湖的唐嘴村、岱山村、吕婆店村,肥西的胡湾村(古埂岗)、葛大郢、罗祝村。

有建筑风貌独特的村,如巢湖市的张疃村、王疃村,庐江齐嘴村、大丁村等。

有名人故里村,如巢湖市洪家疃、中李村,肥西董家湾,庐江丁坎村等。

从经营形态看,大多是亦农亦渔村,也有一些渡口村、商贸村,如巢湖市的天灯村、肥东原来的施口等。

在这些村庄之上,便是环湖十二镇区了,即长临河、中庙、黄麓、烔炀、中垾、银屏、散兵、槐林、盛桥、白山、三河、严店。丰乐、石头、金牛、柘皋、夏阁等也能排得上。

这些沿巢湖一线摆开的村镇,是我们祖先历经千年百年而建成的,是一个个耀眼的明珠,串起来是一串无价的项链。

父:你分得很细。在这些村庄中,张疃村和我们王疃村很有代表性。

子:我们村和张疃村以及沿线的九疃村、周疃村、刘疃村等都有一个"疃"字,这是有来历的。

父:听老人说过。权威解释是什么?

子:环湖周边的村庄命名很有意思,有很多专家对此作出了十分有价值的分析。综合起来,择其要者大体上有这样几类:

第一类是疃。从元朝开始,特别是明初朱元璋时期,实施大规模的军屯田制和移民建村,以民屯为主的即为疃。康熙《巢县志》载本地的几座疃:"刘家疃、张家疃、管家疃、王家疃、黄家疃、郭家疃、周家疃、唐家疃。以上诸疃,俱在西乡。"

父:从人口来讲,现在是四大疃:张家疃、王家疃、九家疃、周家疃。

子:移民来源三大处:一是江西瓦屑坝;二是徽州;三是其他,如我们家。

父:我们家谱是这么写的,两百年前从山东移民过来的。

子:村名第二类是"军"。即与军屯有关的村落。军,为明代的军户,犹如现在的新疆生产建设兵团建制和管理。这些地方的地名有军张、军王等。

擦亮环湖『明珠』

需要说明的是,军屯与民屯的分置是相对的,一开始分置比较严格,后来则界限模糊,乃至相互融合,最后成了一个村名的符号。

第三类是以地形地貌命名的,如齐嘴、大丁、丁坎村等。

第四类是以人名命名的,特别是长临河地区。你看长(临湖)黄(麓)路开通后,沿路一下子冒出了这么多有趣的村名路牌。我们听说长临河至今还流传着一首地名儿歌。

父:听说过,记不太清楚了。

子:刚上网查,是这样的:"一,一,吴兴一;二,二,梅寿二;三,三,盛宗三;四,四,罗胜四;五,五,张日五;六,六,徐藏六;七,七,朱龙七;八,八,罗荣八;九,九,张日九;十,十,千张干子豆腐长乐集。"吴兴一、梅寿二等,都是村庄始祖的姓名。

当然,也有同志说以"郢"字命名的村庄也算是一类。

父:这怎么讲?

子:原来,楚国在公元前241年迁都至寿春(今寿县),称该地为"郢都"。但仅过19年,楚为秦所灭。然而,楚人不忘故国,纷纷将自己所居的村落,改用国都"郢"的称谓,用国都取名而沿袭至今,比如,大房郢、王大郢、邵大郢等。据调查,在今合肥地区以"郢"命名的地名有5000多处。

父:这么多? 真有历史。

子:不过,我个人感觉这些村庄似乎离巢湖稍微远了点,在合肥的偏北方向。

父:两边都能挂得上吧。

子:也许。

四

子:环湖村庄还有一个显著特点是,这些以疃和军命名的村庄,在规划建设时都有一个大同小异的规制,叫"九龙攒珠",又叫"九箭射东塘"。

父:是这样,我们村庄就是按照这个设计的。我们家的老屋是前后两进,中间有一个天井,下雨时雨水顺着屋檐流到天井,再由天井下的暗涵通到前屋,淌到屋前的明沟,明沟汇聚各家天井的雨水,一路奔淌到门口塘。每年春节年饭后,还要将天井边的阴沟掏干净。完成这一项任务,一年才算忙完,才能干干净净、欢欢喜喜过年。

子:我们村是大村,张疃村更大,小的时候听说村里有城墙、有炮楼,还打死过日本侵略者,真厉害! 只是不该和新四军打仗。前不久我去张疃村看过,村里的几条巷子还能看出来,有不少老屋,张氏祠堂还在,还有门口塘……过去是什么情况?

父:张疃村是环巢湖最大的村了,上过《中国地名大辞典》。张疃村也是移民村。公认的老祖宗是张元一,后来他带长子再迁到巢湖南,在鸡啼河的东张王村生息,死后其墓向北,称"爷爷坟";而张元一妻子则带次子等留在巢北,死后留有"奶奶坟",其墓朝南。

巢湖市张疃村

子:这个我倒是第一次听说。我在庐江工作多年,一直未听说过,找时间去探寻。

父:我也听人说,鸡啼河在巢南高林一带。不管是哪儿,反正张家有一支是去巢湖南了。

张疃村文风好,民风也彪悍,历来就有自保意识。明朝末年,村民奋力御寇,威震巢北。抗战初期杀了来拉人当土匪的匪首。特别是1938年初,竟然打死了一个日本侵略者。正是因为村大要自保,所以村里的规制,除了"九龙攒珠"的理念外,还建有城墙、碉堡等。

子:我研究过张疃村的"九龙攒珠"。这是巢湖市提供的介绍材料:

张疃村有着600多年的悠久历史。元末明初,江西移民张元一选定此处定居,逐渐发展壮大而成村落。该村于2018年入选第五批中国传统村落名录,2019年被列入中国传统村落数字博物馆。村内建筑独具江淮特色,由于历代皆有兴修,村庄建筑年代、形式多样化,清代、民国都有涵盖,主要集中在村庄中部的九条巷道中,包括宗祠、澡堂、民居、闸门等。村内现有传统建筑5处、护城河遗址1处、古街1处、古井3处、古闸门1处,其中张氏宗祠已被列入巢湖市不可移动文物保护名录。

"九龙攒珠"是巢湖北岸传统移民村落形态的形象描述,指按照一个九条主巷道格局规划村庄,形成一个整体的建筑群。张疃村是这一布局的典型代表之一,整村以门口塘为中心,呈放射状,形成九条巷道建成村落。建筑整齐划一,民居前后相连,排列成行。建筑之间是宽约2.5米的巷道,巷道中修有排水沟,互相平行,通向门口塘。

我到村里转了转,观察到,村里分为南北两大部分,中间有一口半月形水塘。水塘之外是围绕其发展的村庄建筑。北边是一开始建的,长龙状的民居呈现左右横排状态,与道路及长街构成一个完整的长方形区域。南部是后期其他迁入姓氏所住,又挖了一口池塘,形成了近似圆形的片区。而建城墙和碉堡,主要是自保自卫。那当年怎么打死日本侵略者的?

父:抗战初期,日本人在炯炀建有据点,湖匪、陆匪多如牛毛,老百姓生活在极度恐惧之中。张疃村大,村子成立自卫组织,发动群众自保。那天杀了那几个土匪头子后,村里怕被报复,全村男女老幼齐出动,几天几夜就将城墙盖起来了。村民们可齐心了,连妇女都准备了石灰包,随时抗匪。

1938年春的一天,日伪军来村里骚扰被发现后,自卫队员一枪打死一个日本兵。也许是慑于张疃村的实力与影响,也许还有其他什么原因,这件事竟然被摆平了,张疃村躲过了一大劫。更多的细节我们并不知晓,你可找些史料。

我看你带来的《环巢湖名村》,说是张胜淮在其中起了大作用。这是事实。张胜淮,村民都叫他老主任,在村里办有小学,自任校长,是村里的头儿,1942年过世。他死后,儿子张绍堂子承父业,情况就越来越不一样了。

父：环湖村庄除了张疃村外，有特色并且现在保护较好的还有哪些？

子：六家畈、荆塘河、南湖方、唐嘴、大丁、齐嘴等。三户梅、葛大郢、罗祝等已被拆掉了，十分可惜。

保存完好的荆塘河村（巢湖市中庙街道提供）

父：六家畈离我们家不到20里，离你舅舅家更近，基本情况我们大体知道。

子：六家畈确实不错，背山临湖，有文物遗存，现在乡村旅游很红火。

父：历史上六家畈是移民村，与我们这儿差不多。地处中庙、长临河中间，集市也还有一定规模，我步行到过那里。真正大兴土木的是，一批淮军将领归乡后，在那里建了不少类似吴家花园式的房子和庄园。抗美援朝后，政府利用这些设施改建康复医院，一批受伤的志愿军战士来这里疗伤康复。再后来，这几所医院搬到巢湖等地，随之这里也冷清了下来。改革开放后，一批从这里走出去的淮军将领后代、国民党老兵及其后代陆续返乡，这里又成了著名的侨乡。

子：你说的情况就是六家畈的几个发展阶段。

父：南湖方很小了，是《巢湖好》唱出去的。

子：对，目前环巢湖能以文化艺术村命名的，可能只有这个南湖方了，不像云南洱海、滇池沿湖一线到处都是，这也可能是我们下一步主攻的重点。

擦亮环湖「明珠」

罗祝村拆迁中

南湖方之所以吸引人,主要是这里创作出了《巢湖好》。这首歌好就好在旋律美,是典型的巢湖民歌,民歌歌词也好,赞美湖光山色,赞颂劳动人民和劳动。歌中唱道:"沿岸青山雾中藏,社员湖边挑湖靛,劳动歌声震天响。"将挑湖靛写到歌中,这是当时农村生产的真实场景,也为后人留下了20世纪60年代就有湖靛的珍贵史料。

同时,村庄保护、环境整治搞得也不错。《巢湖好》作者李焕之、陆进当年住的老屋保护完好,并且在那陈列了一些文物。我几次去南湖方,看到村离湖很近,环境真好,虽然村上不少房屋几经修建或翻建,但村庄布局依然古朴,风貌未改,我曾建议巢湖市与安徽大学等合作打造"音乐村",可惜到现在还没有做起来。

父:唐嘴也不大,是"陷巢州"传出来的。

子:是的,我们以前聊过"陷巢州"。前不久我去过那,在湖边只看到一片湖滩,还有一块"唐嘴水下遗址"大碑石。唐嘴现有400多户人家,1200多人口,原先的居民都姓唐,但因认为这里的风水不利唐姓发展,村庄离湖太近,"糖"(唐)在嘴里会化掉,于是移居它地,现在的村民多姓赵,是明后期迁来的。

父:齐嘴在庐江白山,你很熟悉吧?

子:对。我在齐嘴还住过两晚,当时要求到基层蹲点,吃住在农户家,夜里听到巢湖的涛声,枕着波涛入眠,感觉十分美妙,多少年没体验了。

"巢湖九弯十八嘴",过去有"嘴嘴出土匪"之说。这当然有些夸大,盛桥镇大丁村就没有人当土匪。大丁村是"回龙望月"之地,北濒巢湖,南有神墩,新中国成立前,全村按血缘远近分十三个"大门里"居住,由于村大人多,民风淳正彪悍,全村没有一个人下湖为匪,也很少有湖匪敢来此打劫。

不过,齐嘴情况确实不同,新中国成立前这儿还真是土匪窝。过去湖匪有三大匪首,最大的就是这里的。当然,现在这儿社会安定、路不拾遗,你很难想象当年湖匪肆虐残害百姓的场景。

父:这我知道。过去我们在湖里捕鱼,听年纪大的人讲过,新中国成立前最怕湖匪了,一声"齐头嘴土匪来了",吓得赶紧收网往回跑。土匪还骚扰过我们这里。这些都已成为过去。还是共产党、毛主席厉害,把土匪都消灭干净了。

子:齐嘴是巢湖南典型的传统村落,地处巢湖东西湖分界线中(中庙—姥山—齐嘴处),距姥山岛八华里左右(中庙距姥山岛七华里,因此有"前七后八"之说)。是600多年前,夏、吴二重山(同母异父)兄弟来此按"九龙攒珠"格局兴建的。

吴家临湖靠北,从两个八字大门进出。夏家建有若干院子,共走一道大门。村庄房屋围绕门口塘(又称官印塘)而建。此处湖滩遍生茭草,村民常年靠割茭草烧锅。抗战期间,湖匪集聚,筑有土城墙和碉堡,现已荡然无存。靠湖边的吴氏宗祠现已恢复如初,我在县里工作时还将新华书店引入其中,以充分发挥其文教功能。

齐嘴现在是远近闻名的美好乡村,现在县里正在推"一宅两用"农家客栈,就是一楼自己住,二三楼客人住,再加一个楼道各走各的。相信这里一定会成为环湖乡村旅游的明星村。

子：由村庄特别是交通要道口的大村庄，逐渐发展就成为集镇了，最有名的是三河，其次为长临河、中庙、炯炀，现在则有黄麓、槐林、盛桥、白山等。

父：三河是周边名声最响的镇，解放初还短暂成为市，我们划划盆去那买卖过东西。

子：三河历史悠久，古称"鹊尾"，因杭埠河、丰乐河、小南河三水环绕而得名，历来是咽喉战略要地、商贸重镇，陈玉成"三河大捷"就发生于此。抗战初期难民蜂拥而来，人口高达七八万之众。新中国成立初期，一度为市的建制。三河历史上曾有过"十街二十六巷"，河湖连通，溪流环绕，前门店铺，后门码头，现为AAAAA级旅游景区。

三河曾于1991年7月11日遭受"灭顶之灾"。从那以后，特别是2020年大水后，镇防得到了全面加固和提升。可惜后来整治，水乡的特色、水文化的魅力却消失了不少。

苏州为什么那么吸引人？关键是"君到姑苏见，人家尽枕河"。周庄、同里，莫不如是。可惜三河在丰乐河整治时，保护水乡根与魂的意识不强，竟然将每家每户的后码头大都整没了，这是非常大的遗憾，我准备向县里提出这个问题，看能否恢复一部分。

父：难了，靠内河边都修成马路了，"旱码头"代替了"水码头"。

长临河过去一直比较繁华，还是吴邦国委员长的家乡，这些年整治得也不错，你带我和你妈去看过，但总感觉水乡的特色不明显，味道不足。

子：你说的也许有些道理。长临河号称"环湖首镇、生态慢城、文旅名镇、科创新城"，位于肥东县最南端，濒临巢湖，紧邻合肥滨湖科学城，总面积157平方公里（含巢湖水域60平方公里），辖11个社区，人口5.2万。人杰地灵，人文荟萃，有着"一村一名人、九里十三将"的美称，近现代相继走出20名将军、4000多名华侨、6000多名台胞，是中国华侨国际文化交流基地。

父：长临河这几年的湿地建设名气大了，习近平总书记还曾来此考察。炯炀的历史比黄麓长，原来老街还是不错的，现在保护得也还可以。

子：这次韩冰主席调研也去了。炯炀二字原为"木"字旁，古时炯炀因地势低易遭受水患，当地百姓取"以火克水"之寓意，故改成"火"字旁。在新华字典中，"炯炀"二字解释为巢县地方名，为专用字。

炯炀老街为丁字形，东西长200米，南北长150米，现存明清时期古民居、古商铺300余间。沿街古商铺均为"青砖小瓦马头墙、飞檐翘角花格窗"的皖中民居建筑。这里过去是炯炀传统食品店铺集中区，生产的食品中以四镶玉带糕最为出名。

炯炀古街（炯炀镇政府提供）

炯炀老街中闸口有一座苏式建筑，它是新中国成立后第一个实验农民文化馆旧址。

中闸口右边镶嵌于砖墙里的石碑是"正堂陈示碑"。碑高1.2米，宽0.9米，四周刻有山字回纹（又名扯不断）。"正堂陈示碑"即政府公告，立于清同治七年8月，由当时的巢县县令陈炳所立。

碑文内容：一、耕牛有益人类，严禁私自宰杀；二、倒七戏（即庐剧）淫词丑态，易摇荡人心，有伤风化，严禁演唱；（这个不妥！）三、严禁开烟馆、赌场；四、每遇命案，需报官处理。"正堂陈示碑"真实再现了当时的社会生活。

沿东街向前转弯，展现在眼前的一个高大建筑就是号称"江淮第一当铺"的李鸿章当铺，建筑面积达800平方米，面阔五间，进深三进，中间为大堂，其建筑设计、规模、风格和排水系统堪称古建筑一绝，2015年底政府斥资174万元予以修复。

炯炀老街历史悠久、人文荟萃。随着大众旅游时代的到来，巢湖市政府多方筹措

擦亮环湖『明珠』

资金对老街进行修缮恢复，对集镇内现代建筑以新徽派建筑形式进行立面改造，并引水进镇，修复古桥、古码头。相信在不久的将来，一个水乡古镇、秀美老街将展现于世人面前。

父：槐林镇是因渔网而兴，前年国庆节你带我们去那看了渔网织机，可开了眼界。

子：是的，这是一个产业兴镇的典型。《人民日报》的朱思雄写了一篇文章《槐林记》，我读两段给你听听：

没想到，人口不到8万人、面积不足200平方公里的槐林镇，居然是全国最大的渔网生产基地，渔网远销欧洲、非洲、南美洲、北美洲、东南亚等60多个国家和地区。早在2012年，槐林镇就被中国渔网行业协会授予"中国渔网第一镇"荣誉称号。

小镇渔网，网撒全球。当地人很自豪：我们槐林好得很，渔网产销24小时不停歇，凌晨都能叫到外卖，是一座真正意义上的"不夜城"。

七

父：环湖村庄、集镇适宜人居，老百姓祖祖辈辈在此居住，都不愿意离开。但听说有一个什么一级保护区，要将村庄拆掉？

子：这是误传，当然这传出有因。原来，安徽省人大常委会2014年第一次修订《巢湖流域水污染防治条例》（以下简称《条例》）时，第二十一条规定：（在一级保护区内）禁止新建、扩建排放水污染物的建设项目。这个《条例》于2020年3月1日修订施行后，这一条核心要义没有改变。

在研究贯彻落实的意见时确有人提出，从减轻对湖的生态影响考虑，可将沿湖一公里范围内的村庄搬迁。但我们经过慎重考虑，没有采纳这个建议。因为这不符合历史，也不符合《条例》立法的本意，事实上滇池、洱海也不是这样做的。当然，如果群众自愿并且符合相关法规和程序，也是可以实行村庄拆并的。

父：这就实事求是了嘛。环湖一公里有那么多村和人口，搬迁要花多少钱？

子：是的，这既不现实也无必要。但不管在什么情况下，都要正确处理好人与湖、生产生活与生态环境保护等的关系。

父：这些年在保护上不是下了很大功夫吗？从我们村来说，家家都进行了改厕；圩田搞绿色生产，有补助；房屋只能原样整修……这些都很好啊。

子：是的。同时未来还应考虑适度的旅游开发。昆明有一个好的做法，他们对环湖村庄提出了分类开发的意见。我们可以学习借鉴。我手头有份中共昆明市委办公室、昆明市人民政府办公室近日印发的《昆明市滇池沿岸重点乡村改造提升方案》（以下简称《方案》）。

《方案》明确，昆明将以滇池保护治理为底线，以滇池沿岸"大生态、大湿地、大景区"建设为指引，系统策划、分类定档、整体实施，因地制宜建设一批保持乡土风貌、体现乡韵乡愁、融合人文山水的美丽村庄,将滇池沿岸建设成为"绿水青山就是金山银山"理论的实践基地、世界一流的生态旅游目的地。

《方案》提出,昆明将用一年时间对滇池沿岸具有重要历史文化、地理民俗价值的46个自然村按照"重现长联画卷、唤醒历史记忆、寻找最美乡愁、绽放明珠光彩"的思路"一村一策"打造,形成一村一特色、一村一主题,其余137个自然村全面推进绿美乡村建设,通过不同主题进行有机串联,形成类型多样、风貌各异、多姿多彩的美丽乡村环线,构建"有生态、有特色、有文化、有风貌、有业态"的"滇池乡居图",打造"点上出彩、线上出新、面上成景"的环滇池乡村生态旅游圈。

父:这个想法好。具体是怎么规划的?

子:各村都有具体定位和规划,我列举几个:

高峣居民小组:"百味云南"小吃村。依托"茶马花街"云南特色美食资源,杨升庵、徐霞客纪念馆、聂耳墓、赵炳润烈士墓、张天虚墓等重点保护文物、中国远征军司令部旧址等文化资源,"以食为媒、以文为介",打造"百味云南"小吃村。

观音山小组:白族特色民宿。挖掘白族古式园林牌坊、观音寺、董氏宗祠、节孝石牌坊等历史文物资源,开展吸氧洗肺观森林、登山拾菌等体验活动,利用白族传统建筑,发展白族特色民宿旅游。

河嘴村:海鸟摄影基地。依托东大河湿地公园良好的生态环境和种类多样的鸟类资源,将河嘴村打造为海鸟摄影基地。建立观鸟点,发展"观鸟经济",构建"人鸟和谐"的生态村庄。

海埂村:沙滩民宿。依托东大河湿地公园、滇池南岸沙滩公园、百亩向日葵等景观资源,开展村庄改造,完善配套设施,推出一批针对休闲、观光、摄影、旅居、亲子等不同群体的精品沙滩民宿。

小渔村:"渔家灯火"休闲村。提升"音乐广场""渔村大树农家小院""夕阳咖啡"运营能力,推出"记忆博物馆""时光餐厅"等项目,营造美食、品茶、约会、闲逛、拍照、潮玩等多元场景,满足不同群体的消费需求。

福安村小组:"非遗体验村"。依托"六古六坊"元素,探索发展"非遗＋旅游""非遗＋文创""非遗＋歌舞""非遗＋乡村振兴",建设高品质非遗工坊,开发非遗文创产品,推进传拓文化、扎染、刺绣、传统造纸、木雕、古玩、竹编、瓦猫制作技艺等非遗项目发展。盘活"一颗印"传统民居,打造"一颗印"特色民宿。

杜曲村:音乐小镇。引进巴乌、葫芦丝、葫芦笙、三弦等乐器的制作、表演和教学等产业,打造民乐岛、音乐巷,布局音乐酒吧、培训基地、音乐商店等场所,构建音乐文化新业态,打造民族音乐为重点的音乐小镇。

福保村居民二组:球类运动村。结合福保村临近昆明主城区的区位优势,盘活梳理村庄建设用地,大力发展篮球、足球、排球、网球、羽毛球、乒乓球等休闲运动产业,配套发展运动器材、运动装备、餐饮、摄影等业态。

新河村:金融小镇。结合新河村毗邻滇池国际会展中心,通过搭建交流平台、强化金融机构联动、吸引私募股权投资基金企业及基金管理人入驻,推动区域私募股权投资行业加快发展,培育金融产业,打造金融人才新高地。

父:这份文件听下来,等于到滇池周边村庄走了走,似乎看到了正在打造的环湖旅游场景,可以学习借鉴。

子:不仅是昆明,太湖周边的乡村旅游也很火爆。近期我去湖州长兴、吴兴等地学习,看到那儿保留下来的村庄就是一个微缩版的风景区,并且这些村庄往往都有一个乡村博物馆或村史馆,看后令人流连忘返。

合肥打造城湖共生的样板,资源和潜力在沿湖乡村。这些地方现在不显山露水,但保护好、修复好、发掘利用好,未来一定会发出夺目的光彩。

父:对。这也是今天的小结了。

再唱一曲《巢湖好》

时间:2023年8月,成文于2023年8月
地点:巢湖之滨家中(黄麓镇王疃村)

子:今天我们聊聊环巢湖文化。

父:这个我可是外行,不大知道,也不太懂。

子:这不竟然。文化概念看似很宽、很虚,其实它是由一个个具体事物综合反映而成的,可以由小见大、由实到虚来认识。比如爹爹办的私塾是传播文化,乡村演的庐剧(倒七戏)是传唱文化,玩龙灯是民俗文化,为非遗之一……内容多得很,我们可以从这一个个具体的事物、事情来聊起。

父:这么说,我们会有不少共同语言,可以从具体的事情说起,然后,你再做总结、提炼,写进你的对话录中。

子:对。

二

父:我有一个疑问:巢湖那么大,整个流域有那么多的县市区,文化本身就很复杂,用一个"环巢湖文化"不容易概括总结吧?

子:您说得对。这也反映了当前巢湖文化的现状和整合的难度,特别是零散、不完整,未真正形成一个统一品牌。历史上,环巢湖地区尽管有多次的行政区划变动,但现在环湖所在的各县市区却一直都是相对稳固的县级建制,以合肥为中心,包括文化在内的各种交流一直很频繁,直至成为"湖运共同体"。因此,统一概括、统合环

229

再唱一曲《巢湖好》

巢湖文化并不难。下面,说详细些。

合肥古为淮夷之地,至西汉中期司马迁在《史记》中才首次提及"合肥"一词。秦汉以后的历代,合肥分析归属不一,隋开皇三年(583年)始为庐州,后时为郡、州、路、府治所,但蹊跷的是,新中国成立前后,合肥却是县级建制。

有趣的是,合肥与环湖周边县的关系是,有短时期的平起平坐,更多的是被合肥所管。但不管什么情况,沿湖的巢湖、肥东与肥西(原与合肥一县)、庐江等,总是自成一体,自古至今,一直以县为单位保持相对独立。

也正是因为这个原因,环巢湖文化既具有各自相对不同的特征,更有因湖而生、因行政联系而形成的统一特质。所以,环巢湖周边,民风、民俗、文化、文风等大差不差。

父:是这个情况。我们过去捕鱼避风到巢南,那里的老百姓和我们的生活习惯差不多,饮食习惯都一样,可能是共饮一湖水、同吃一湖鱼、共种一样稻的缘故吧。

不过讲到环巢湖文化,我们过去脑子里首先想到的是原地级巢湖市的环巢湖周边文化,对原合肥地区、六安舒城那边的情况不大了解。其实,这几个地方的文化有很多共同点吧?

子:是的。这也正是当前环巢湖文化存在的联系上的问题,需要从整个流域来进行认识和统合。2011年8月,巢湖区划调整前,环巢湖的五县市区分属合肥、巢湖两个地级市,包括文化方面的研究,往往从行政区域来进行。因此,当时的巢湖市进行的环巢湖文化研究,就被局限在环湖现在所在的巢湖市、庐江县,加和县、含山、无为。环巢湖文化研究的重心,有意无意地向东偏移,和县猿人、凌家滩文化自然也被囊括其中。相反,环湖向西地域的文化就研究不够。

父:合肥市当时也可能是这个情况了?

子:是的。虽然两市都有一种相互嵌入、整湖研究的冲动,但由于行政上互不隶属,这样的研究联系自然不够主动,也不够频繁、深入,由此影响了"环巢湖文化"品牌的共同打造。

区划调整后,这样的影响消除了,有利于统一"环巢湖文化"的研究、挖掘与打造。区划调整十二年来,这方面的联系性、整体性研究成果丰硕,不仅还原、提升了环巢湖文化在全省、全国应有的地位,而且也改变甚至颠覆了专家学者原先对环巢湖文化的认识。

比如,著名作家潘小平同志原先认为环巢湖文化是皖江文化的一部分。但她现在认为,应独立成篇,与徽州文化、皖江文化、淮河文化并驾齐驱。她撰文分析道:

从文化学意义上来讲,巢湖是一个独立的民俗单元,巢湖文化呈现出一种充分的自主性和完整性,具有自身的特点。

从历史沿革和行政管辖上看,汉代以巢湖为界,西北属九江郡,地域北至淮河,西到大别山,有时改名淮南郡,但地域不变;东南属庐江郡,地域至长江,巢湖成为两郡中心。到了南北朝后期的合州,开始成为环巢湖的整体州郡。合州地域基本上是汉代巢湖西北岸的九江郡合肥县、东南部的庐江郡居巢、舒县等地域,即环湖各县合并而成,包括今合肥、肥东、肥西、巢湖、庐江、无为、六安等地。到了隋朝初年,在原合州的基础上建立庐州,庐州之名就是取汉"庐江郡"首字而命名。一直到清末,"庐州"之名再无大的变动,在长达1500年的时间里,环巢湖地区都在一个州府的辖区之内,这在全国各大湖泊中绝无仅有。

从自然地理和水文方面来看,古庐州地域基本涵盖了一个完整的巢湖水系。

从经济角度来看,环巢湖地区的共同点非常明显,农作物都是以水稻、油菜为主,麦豆类次之,尤其在圩区,几乎全种稻米。

从方言民俗来看,环巢湖地区形成一个独特的方言区,即江淮方言区的核心区,方言特点是南北交融,保留大量上古入声字,如庐江的"庐"与"鱼""余""驴"同音,都读入声。

从军事层面上看,无论是春秋战国时期吴楚相争,还是三国、南北朝、宋金南北对垒,环巢湖地区都被当作一个完整的战略攻守体系来经营。

总之,作为一个独立的文化单元,环巢湖地区与淮河文化、皖江文化、徽州文化的对比和差异,是那样鲜明,那样强烈,那样一目了然,那样各自独立。

父:说得好啊,不愧是著名作家。

子:还有另外一个精彩的论述。我读给您听。

著名历史学者翁飞指出:从文明初曙和历史传承来看,古庐州区域与古巢州区域原为一体,周武王灭商封国,析巢伯国一部为庐子国,自此庐、巢分离,但在文献记载中两国重合之处甚多。在这片区域内,有一个标志性的原始文化遗址——凌家滩,代表着环巢湖流域的文明起源;有一个共同的方言所形成的剧种——庐剧,受众为遍及环巢湖流域的一千多万居民;就民俗而言,整个环巢湖流域的节令习俗基本一致;就人才群体而言,最为显著的是清末淮军将领群体,其骨干分子跨越县域分布在整个庐、巢(及六安)地区。

再就合肥文化本身的发展来看,它的纵深和外延即是环巢湖文化。这样一个文化圈的存在,为省会城市经济圈的发展,乃至"大湖名城"的崛起提供了强有力的文化支撑。

父:这几条讲得很实在,是这么回事。

再唱一曲《巢湖好》

群众对庐剧的"热"爱

子：但区划调整后的环巢湖文化研究与统合也出现了一些新问题。

父：什么问题？

子：和县猿人、凌家滩文化有被"抱走"或者"丢"了的趋势和可能。

父：两地被划到马鞍山市了。

子：是的。这是典型的"文化随着行政走"的案例。但文化又岂是行政区划能割开的？比如婺源虽然划到江西，但大家公认，它过去是、现在是、将来还是徽州文化的一部分。因此，挖掘、研究、统合环巢湖文化，当前需要注意两个方面的问题，做好两件事。

父：哪两个问题？

子：第一个问题：要将环巢湖各地的文化串珠成链，打破过去东西湖文化分割、分说的局面。

父：这个好理解。过去本来就是一个流域，一个大家庭，时不时地区划是造成了一些隔离，但区划调整后，自然要注意融合，讲好同一个故事。

子：对，特别是古文化，要根据新的考古发掘来找相互关系，并在此基础上串珠成链。合肥及环巢湖周边历史上很有意思，文化起源众多，但相互联系至今并未完全搞清楚。也就是说，在远古茫茫的时空中，在巢湖周边出现了很多人文点。然而，据我所知，这方面的考古发掘，东半湖原先似乎更多些。令人高兴的是，这些年西半湖这边有了新的发掘与发现。因此，串珠成链，首先需要将新老文物点串起来进行研究，这既很有必要，又有文物成果展现的现实支撑与可能。

父：巢湖这边的考古点我们知道个大概，老老少少都会讲一些。

子：说说看。

父：你在考我。这些考古点有的是听说的，有的是看你带回来的《合肥古代文明》知道的。

比如在巢湖市银屏镇发现的"银人智山"。书上说，1982年、1983年和1986年的三次发掘，发现一块不完整的人类枕骨化石等，属于早期智人。这可不得了！

子：是的。我前不久去了银山，那儿离镇政府很近，山也只是个小山包，但那却有惊天动地的大发现，至今当地还有不少当时发掘现场的亲见者。他们告诉我，很早时人们发现这里的土含磷，送去加工做磷肥，其实那是多种动物粉化后的元素，后来被一个地质工作者发现这里是古动物生长集聚的地方，这才引起高度重视，有了考古上的重大发掘和发现。

银山智人遗址

父：未来在那儿可建个遗址公园。在烔炀镇唐嘴村巢湖边发现的唐嘴水下遗址，疑似东汉赤乌二年的"陷巢州",你那次算,距今1784年了。

1995年夏秋之际,在市区放王岗发现的东汉古墓,一次出土文物就达3000多件。当时文物没地方放,都放在市档案馆。为了防风化,一些漆器就泡在水盆中。档案馆在你家附近,我来巢湖时也去看过……庐江那边也有不少吧?

子:庐江也是,多得很。比如,在那儿出土了一把吴王光剑,现为省博物馆镇馆之宝。这把剑长54厘米、宽5厘米,于1974年在汤池边岗出土。此剑是材美工巧的吴越青铜剑之代表作,上有十六字铭文。吴王光即吴王阖闾,为"春秋五霸"之一。据考证,此剑应为使用者赏赐、赠予他人的,并非吴王光本人用剑。

2006年底,在庐江城北发现汉临湖尉墓,出土了一批玉器等,其中玉龙十分精美,我还专门请人拍了照片挂在办公室。

父:听说肥西、肥东这一带这些年文物发掘也不少,特别是引江济淮工程开建后。

子:是的,新中国成立后一直就有新发现,这些年又有大发现。钱玉春主编的《合肥古代文明》中,就收录有肥西古埂岗、肥东南院、肥东刘墩新石器遗址,肥东刘小郢商周遗址,合肥大雁墩遗址,肥东古城宣遗址。春秋战国后的文物点更多。

根据调查,引江济淮工程沿线涉及44处文物点,点多面广,体量庞大;年代从新石器至晚清,以新石器至商周时期最多,年代较早,学术意义重大;相当一批地处合肥沿线。这些考古项目的发掘,带来了一次学术研究的高潮,推动了"江淮文化"的实证性研究。

而在新发现的文物点中,肥西三官庙夏末商初遗址,更是令世人惊奇。2020年,入围2019年度全国十大考古新发现终评。

父:这么神奇?!

子:是的。这个遗址位于肥西桃花镇顺和社区原三官庙村,地处派河边,离合肥市政府大楼直线距离只有10公里。2018年,引江济淮工程派河主河道需裁弯取直拓宽,此文物点正好在规划的河道中间。为此,由安徽文物考古研究所主持,对遗址进行考古发掘,并在发掘后将文物整体打包原样移到省博物馆复原。在这期间,我到现场进行了查看;近期还到省博物馆南区草坪处,参观了这个名为"3600年前的家"的三官庙遗址房址复原展厅。

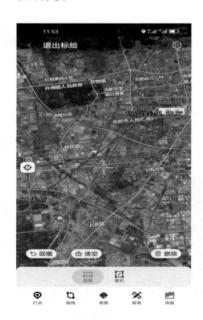

三官庙遗址与合肥市政府距离

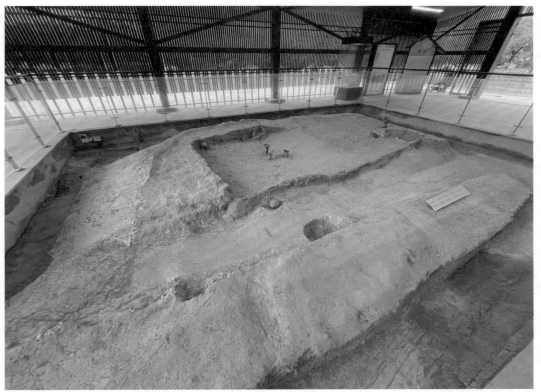

安徽省博物馆三官庙遗址房址复原展厅

父：你怎么想起来去看呢？

子：我在市政府分管引江济淮相关工作，这个遗址恰好在未来的运河中间。为了有效保护文物，同时推进引江济淮工程建设，我到现场调研，帮助协调解决一些问题。在现场，省文物考古研究所秦让平同志给我做了详细的介绍。他说：

这个遗址年代，从陶器来看，与二里头文化比较接近，测年为夏末商初，但文化还未显示出商文化的特征，保留着夏文化的一些特征。

从铜器上看，来源多样化。铜器使用等级比较高，因为使用人群来源复杂，可以判定不是一个单一群组，而这样的社会组织者的地位一定很高。这就给人猜想：到底是什么人来到这的，又是谁把铜器留在这里的？另外，铜器还经北京大学教授检测，铜料来源为北方山西。

从遗址的埋藏来看，遗址呈现灾难性、突发性特征。屋内堆积不是正常的，在房里发现了人骨，是倒地死亡。还发现埋了摊在地上的种子，陶器是被使用的状态。说明这是一个很突然的过程，可能发生了兵灾，出现了一个灾难性事件。

也有不少疑惑。它是有意填埋的。还有，红烧土是有意摊开的，下面埋了陶器、铜器等，有人工摊铺的过程，有些铜器还有意摆放，不是随意丢弃的。因此有专家推测：会否是祭祀的场景？或者说，这里的整体原本都是一个祭祀场景？这些人又是谁呢？不确定。有人将它与夏朝灭亡联系在一起，又由于地处巢湖边，所以联想到"商汤放桀于南巢"，这会否是夏桀集团来此奔逃呢？因为与历史暗合，这是夏文化研究的一个重要补充。

总之，三官庙文化是与夏文化有关的，只不过时代进入了早商。

父：这太复杂了，我不太懂，只知道民间传说：夏桀是暴君，不得人心，后来被推翻流放到巢湖；还说什么夏阁由此而来，放王岗上的"王"就是指夏桀等；凌家滩遗址发现后，又有说它与夏桀相关……现在说肥西三官庙遗址与夏桀有关联，是不是拉扯得太远了？

子：你这个疑问我也有。不过，前面的所有推测只是假设，夏桀也不是一个人，而是一个被商汤集团打败南窜的集团，因此，分几条线逃窜并在巢湖边安身也是有可能的。这很有趣，环巢湖古文化一开始就深深烙下夏桀的印记。因此，我对秦让平同志开玩笑说：应在环巢湖边开展"寻找夏桀"文物探秘活动，看他从哪儿来，又到哪儿去了。

父：是很有趣。三官庙这个考古点少有，与东半湖的考古点串起来，环巢湖文化就更加丰富多彩了。

子：对啊，这就要串珠成链。同时，还应注意将环巢湖周边的舒城等地纳入视野和范围。比如，省博物馆的镇馆之宝之一，是1980年在舒城发掘的春秋时期刻有150个字的铭文的青铜龙虎纹鼓座。这件文物极具价值，是在楚国东进过程中，吞并江淮之间蔡、钟离、群舒等众多小国，掠夺他们的财富后，最终被楚国贵族们带进墓葬的。鼓座上铭文的释读和研究，为我们揭开了江淮地区春秋晚期钟离等各方国之间纵横交错的关系,也是不可多得的环巢湖文物和文化的一部分。

父:很有价值。不光串起来,还要研究相互间的关系。

子:是的。这几个地方,古时似乎行政区划界线不明显,相隔路途又不遥远,应该有某种更强的联系。比如距今5800~5300年前的凌家滩玉文化非常有名,发现了玉龙等。西汉中期的巢湖市放王岗吕柯之墓也发现了玉龙,同时期的庐江汉临湖尉墓也有玉龙,并且还差不多。我思忖:这里有什么联系?

父:这三个玉龙很像,一般人看不出有什么区别。

子:我个人认为是有联系的。揭开这后二者的联系,同时研究它与凌家滩的玉文化联系,那就太有意义了。从单纯的玉文化联系来看,以凌家滩为一个圆心,也许环巢湖有一个玉文化的联系带。再放眼长江下游,它或许又与新发现的郎溪磨盘山遗址以及良渚遗址玉文化有不解之缘。

四

父:可惜凌家滩划到马鞍山了,估计会有人说,这不算环巢湖文化了吧?

子:这就涉及环巢湖文化的第二个问题:环巢湖文化既要补链,又要强链,防止脱链。说白了,不能让和县猿人、凌家滩玉龙等被"抱走"了。

父:说的是。本来就是一家嘛,怎么能随区划调整说跑就跑掉呢?

子:文化当然与区划有关,但也不尽然。它往往与山脉、水系等相连。和县、含山原先之所以与巢湖、庐江、无为属于一个市、一个地区,就是因为山水相连、人文相通。因此,文化是水乳相融,是区划割不断的。

更何况,文化也有一个层次迭进的问题。如果说,环湖贴湖的五县市区是环巢湖文化的核心带、核心区,那附近的和、含、无三县,六安的舒城,甚至淮南的寿县等,则属于环湖的泛巢湖文化圈,也是不能隔开的。我们今天所说的环巢湖文化,理应包括原先的和县猿人、凌家滩文化等。行政区划可以不在一起,但文化不能随意、轻易隔开。更何况这些地区特别是含山还是合肥经济圈的重要成员。

父:不光不能隔开,而且还要加强交流,特别是要找到相互联系的点,共建共享同一个文化符号。

子:对。刚才说了三个文物点的玉龙,我们不妨通过这玉文化的联系,来看一看环巢湖多元一体的文化发源、进化、发展情况。

父:这很有意思。

子:先说说凌家滩。凌家滩新石器时代遗址,地处裕溪河中段北岸,北依太湖山国家森林公园,是一处距今5500~5300年之间的新石器时代晚期的聚落遗址,是长江下游巢湖流域迄今发现的面积最大、出土文物最丰富、保存最完整的新石器时代聚落遗址。2021年,凌家滩遗址入选"中国百年百大考古发现"。

凌家滩遗址从1987年6月到去年，共进行了六次发掘，它的发现，钱玉春同志认为有以下几点意义：① 凌家滩遗址辉煌文明，证明巢湖流域也是中华文明的发祥地之一。② 大量考古资料证实，该遗址距今5500～5300年。这为中国"百万年人类史、一万年文化史、五千年文明史"提供了支撑。③ 它是中国第一个以地势分层次建筑的聚落遗址，它的发现对研究中国古代社会的演化以及东西南北文化的交流与碰撞，对研究古代制造技术、工艺美学、城市建设、龙凤文化等都有重要意义。④ 大量精美玉器、石器的出现，表明凌家滩是中国玉文化发展的一个高峰。

不仅如此，2021年后又有新的重大发现。中国社会科学院学部委员、历史学部主任、中华文明探源工程首席专家王巍说："现有迹象越来越增进我的信心，即凌家滩是一个早于良渚、有很多文化因素被良渚所继承的重要遗址，很有可能把我们的文明史从良渚能够实证的5000年提早至5500年，意义非常重大。"

父：凌家滩离巢湖有多远？出土的玉器有哪些？

子：离巢湖闸（也就是裕溪河上游）最近的直线距离是24.6公里。

据省政协原副主席、历史学家李修松撰文介绍，凌家滩文化以玉文化著名，在出土的3000多件各类文物中，珍贵的玉石器有1200多件，与良渚文化、红山文化玉器一起被誉为我国新石器时期三大玉文化带，且其玉文化是良渚文化的重要源头之一。

出土文物有玉龟版、玉猪、玉鹰、玉龙、玉人等。其中，那件用玉石雕刻的猪形器，重达88公斤。这些文物可不得了，是体现人类文明进程的重要玉器。

2007年第五次发掘时，原地级巢湖市正在组织县区巡回检查，安排我们到现场观看。记得有一个小玉猪，手掌那么大，正好可以放在手中，我们大家都拿在手里掂了掂，感觉好奇极了。含山在那建了个遗址公园，还在县城建了玉龙公园。

仔细看这玉龙，和放王岗的玉龙、庐江临湖尉的玉龙很相像。当然凌家滩的玉龙是太爷爷级的了。

父：怎么个像法？

子：据专家说，早在新石器时代，先民们就开始制作和使用玉龙，东北地区红山文化有"C形龙"、玉猪龙，江淮之间的凌家滩文化有环形龙。到了商周时期，玉器中龙的形象和设计元素有着各种复杂的变化和引进。

凌家滩的玉龙呈首尾相衔的环状，两面刻有相同的纹饰，龙首吻部突出，头顶伸出两角，龙身脊背两面刻有对称的斜线，近尾部对钻一圆孔。

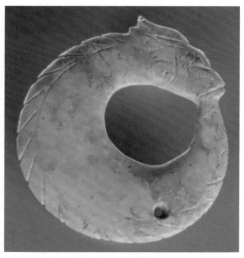

凌家滩出土的玉龙

著名考古学家张忠培曾说："凌家滩的玉器昭示出中华文明的多样性、复杂性和一体性，是中华文明不可多得的宝贵实证。"

父：那放王岗的呢？

子：放王岗吕柯墓"双阴线鳞纹龙形玉环"，为白玉质。龙张口露齿，身呈卷曲状，饰双阴线鳞纹，腿边缘饰阴线表示毛发，前后足折曲饰利爪，爪内收贴向身体，尾部内卷，齿尾相连成一环形。

放王岗吕柯墓玉龙（钱玉春供图）

这件龙形玉环体现了西汉中期纹饰造型发展的改变，后世的龙纹装饰基本都是这种风格的延续。

父：感觉这玉比凌家滩的要好。

子：钱玉春同志说，放王岗的是和田玉。相比而言，凌家滩的玉质较差，石性较强。但凌家滩毕竟早了3000多年，非常了不起！

不仅如此，钱玉春同志告诉我，还有比这更好的玉器呢。

父：还有更好的，在哪儿出土的？

子：不急，听我细说。钱玉春同志介绍说：前不久，"玉润中华——中国玉器的万年史诗图卷"南京博物院90周年院庆大展，汇集了来自全国40多家考古、文博单位的600余件（组）传世馆藏顶级玉器，被《现代快报》称为"中国人必看""错过后悔"系列。展览中最引人注目的两件封面作品"玉穿云龙纹环、朱雀衔环踏虎玉樽"都是巢湖市北山头1号墓出土的，现藏巢湖市博物馆。

北山头1号墓位于巢湖市区东门老火车站附近。1997年道路施工中被发现，出土玉器、银器、铜器、漆木器、角质器和陶器等163余件文物，可以毫不夸张地说，件件精美，一半以上可以定为一级文物。根据器物上的铭文和图案可以初步断定，这是战国时期楚国的王族墓葬，是目前已发现的文物中离居巢国最近的

"玉润中华——中国玉器的万年史诗图卷"
宣传图

一座墓葬。

由于北山头墓出土了大量的高规格的玉器，1999年"中国玉文化玉学学术研讨会预备会议"在巢湖市召开，奠定了中国玉学研究的开端，"中国玉学"的提出以及"玉学"学科的建设由北山头古墓的发现开始，此次会议在玉学史上被称为巢湖会议。但目前宣传和研究不够。

父：那要加强。庐江的与放王岗的差不多？

庐江玉龙照片

子：我向巢湖市负责同志提出了加强宣传和研究的建议。庐江临湖尉汉墓出土的"汉单阴线鳞纹形玉龙"，青白玉质，局部褐色沁，整体呈环形，双面工片状透雕。玉龙张口衔尾，杏眼出梢上钩，耳较大，饰方格纹，脸部以阴线刻画龙须，龙身满布单阴线鳞纹，足、尾饰绞丝纹。龙颈至龙身中部较宽，尾部细。

临湖尉玉龙雕琢精细，造型别致，神态生动，与巢湖放王岗汉墓所出环形衔尾龙时代相近、形制相似、风格一致，细部纹饰的刻画略有不同，均是江淮地区这一时期玉龙的典型代表。这是我挂在办公室的庐江玉龙的照片。

父：这三个玉龙的关系还应深入研究，这有助于环巢湖文化多元一体的研究与深化。

子：是的，意义重大。我向有关专家建议，应作为一个专门的课题。

父：那和县猿人、凌家滩文化遗址保护、发掘，现在做得怎么样了？

子：这两个地方我多年未去了，但大体情况还是知道的。

和县猿人位于和县善后镇陶店村汪家山山腰部的一个俗称"龙潭洞"的天然洞穴内，故又名"龙潭洞遗址"。汪家山属于淮阴山脉东延的南脉，为长江北岸支流滁河与长江干流的分水岭。

1980—1981年，中国科学院古脊椎动物与古人类研究所和安徽省文物部门曾经两次发掘，发现近乎完整的和县猿人头盖骨一个，距今约30万年。

和县直立人头盖骨是我国目前唯一保存完好的猿人头盖骨化石。它的发现，填补了安徽省旧石器时代考古工作的空白，引起了国内外学术界的高度重视。

这个遗址，我在和县工作时曾去看过。可惜，当时只看到一座普通的小山，一处普通的标记。我最近了解的情况是：2016年，国家文物局批准《和县猿人遗址保护规划》。2022年9月，和县猿人遗址防护工程、安防工程获国家文物局立项批准。和县猿人考古遗址公园将重点建设遗址本体保护工程、遗址博物馆等。2023年，已启动项目立项申报、建设用地腾退等。

凌家滩的情况,刚才我们已经聊了。今年5月7日,凌家滩国家考古遗址公园正式揭牌。据统计,自2017年试运行以来,遗址公园已接待大中小学生等约70万人次,规划中的文化遗产展示、文化休闲体验、生态观光等,也正在布局完善。

父:这两个遗址公园,都是国家级的、世界级的。未来的环巢湖文化旅游,应该将这两个点串在一起。本来就是一家,不能断了线。这就像亲戚要常走动,不能"一代亲,二代表,三代了"。

五

子:是的。环巢湖文化,正因为多元一体、内涵丰富,现在又分属于不同市、县、区,因此,到现在为止,似乎还没有形成一个大家都认可的定义或公共品牌。令人遗憾!

父:那就抓紧总结、提炼吧。同时,也需要宣传,比如外地有太湖文化,还有歌曲《太湖美》……

子:是的。首先应该提炼出一个总体的东西。但如果一时形不成共识,也可以先分层次、分类别总结。在这一过程中,就会逐步深化认识,形成各类成果。成果一多,就会"下学而上达",功到自然成,实现量变到质变,这时再提炼形成共识就不难了。

父:总的概括,专家们是怎么说的?

子:仁者见仁,智者见智。

比如关于合肥历史文化的地位和影响,省社科院原院长陆勤毅同志认为:

合肥是中国早期人类生活和原始文化发展的重要区域;合肥是中华文明的重要发祥地,传说的中华文明始祖之一的有巢氏就活动在巢湖一带;合肥是中华文明交流的重要平台;历经时代变迁,合肥文化在包容中丰富,更在包容中实现不断的创新发展。

比如关于构成巢湖流域文化的要素,巢湖文化研究会原会长苏士珩同志简述有以下几点:

巢湖流域是中华民族的发源地之一,是中国古代文明的发源地之一,是中国建筑文化的起源之地,中国"上古四圣"之一的皋陶受封于此也终葬于此,巢湖流域还有中国首位"母仪天下"以及首创"南音"的"启母文化",巢湖流域的三国文化,巢湖流域的包公文化,巢湖流域的焦母文化,巢湖流域的红色文化。此外,巢湖流域还有众多的名人文化、悠久的农耕文化、响亮的民歌文化、多彩的民俗文化、特色的餐饮文化等。

这两位老同志的意见很有见地,值得认真学习吸收。

另外,合肥年轻规划师王向荣同志等将环巢湖区域的历史人文资源精华提炼为十点,也很有借鉴价值。这十点是:有巢环湖,中田有庐,春秋战场,散兵楚歌,秦汉输会,三国扬威,包公故里,梵钟轮回,淮军摇篮,将相丰碑。

再唱一曲《巢湖好》

父:那你是怎么想、怎么提炼归纳的呢?

子:我以为,环巢湖文化应该是以古文化为根、以水文化为魂、以乡土文化为特色,面向大众不断创新的地域性文化。

以古文化为根,就是将环巢湖、泛巢湖的古代考古发掘史实串起来,探究人类文明起源史、中华民族发祥史,研究环巢湖历史人文。

以水文化为魂,就是深入研究大湖之水从何而来,如何造湖、陷湖、冲滩、造田?水对环湖群众生产生活的全方位意义和无处不在的影响,系统梳理和成功开发环巢湖水文化资源。

以乡土文化为特色,就是把握长期以来一湖四岸城乡中国乡土社会的发展史,探究巢湖独特的文化风貌,挖掘传承蕴含其中的各类文化形式、载体,如戏曲、民歌、玩龙灯等,还有多元化的民俗文化,包括生产劳动习俗、岁时节日文化、日常生活习俗、社会组织民俗、人生礼仪文化、婚丧寿庆文化等。

面向大众不断创新的地域性文化,就是深刻把握工业化城镇化以来,特别是近20年来合肥飞速发展的历史,探究科技创新对古老文化、传统文化的唤醒、刺激、引领、改造、提升作用,不断打造"大湖名城、创新高地"。

父:这样的概括似乎有些道理,但还需要不断提炼完善,以求完整、缜密。现在,不妨先这么概括,同时还要找到更多的问题,明确下一步怎么去做。

子:这方面的问题还真不少。主要是缺少整体规划,文化资源挖掘有待深入,环湖文化标志"亮度"不够,文化产业发展相对滞后,对外宣传知名度不高等。

父:这可以分途径、分步骤去做。

子:是的。首先,要有一个好的大规划。在这基础上,再分头做好各方面工作。将每一条龙都玩好了,文化传承这幕大戏就很精彩。比如当前可先在一批诗书画、一首歌、一个戏、一部影视作品创作和一项非遗传承上下功夫。

父:一批诗书画具体是什么?

子:历史上有众多文人墨客留下赞美巢湖的作品。在这些作品中,有这样几个很有特色。

从古体诗来说,是李鸿章的《七绝·巢湖好比砚中波》:

> 巢湖好比砚中波,手把孤山当墨磨。
>
> 姥山塔如羊毫笔,够写青天八行书。

诗意不难理解,将巢湖、姥山、孤山与书法、作画连在了一起,既是大写意,又很形象直观,赞美了湖光山色,泼洒了一湖文韵。

姥山岛（王世保摄）

从古体词来说，是姜夔的《满江红·仙姥来时》。且看下阕：

神奇处，君试看。

奠淮右，阻江南。

遣六丁雷电，别守东关。

却笑英雄无好手，一篙春水走曹瞒。

又怎知，人在小红楼，帘影间。

此词赞美了湖中之神——焦姥，将孙权逼走曹操之举，归为她的神功。因此，有人说,这是女性版的《浪淘沙·赤壁怀古》。

从绘画作品来说,是石涛的《巢湖图》。这是清代石涛所绘巢湖图轴,构图新颖,墨色润泽雅致,意境苍茫。尤为珍贵的是,石涛在画作上题诗四首,记述了其过巢湖风波行程的传奇之旅。"百八巢湖百八愁,游人至此不轻游。"《巢湖图》是我国现存最早描绘巢湖风光的传世名画,它的出现,让巢湖在民族绘画史上留下了惊人笔墨,也对巢湖一带的绘画艺术产生了巨大影响,潜移默化之下,巢湖地域逐渐形成了独特的绘画流派——巢湖画派。

从现代诗来说,是郭沫若的《咏巢湖》:"当年亚父出居巢,七十老翁气未消……遥看巢湖金浪里,爱她姑姥发如油。"这是郭沫若1964年来巢所作所书,原件应在巢湖市档案馆收藏。巢湖人对这一首诗和这幅字很熟悉,也很喜爱,我家就曾挂过临摹品。

当然,现当代也有不少这样的作品,但影响大、能传之后人的似乎不多,时代呼唤有更多更好的赞美巢湖的作品。

父:一首歌? 不是有《巢湖好》吗?

子:《巢湖好》当然好。这是1964年李焕之作曲、陆进作词创作的,巢湖民歌味很足。说到巢湖民歌,不妨多说说。

巢湖民歌具有深厚的民间基础。"红公鸡尾巴拖,三岁孩儿会唱歌。若问歌儿有多少,芝麻三斗并三箩。"巢湖民歌历史上很有影响。1958年,文化部和中国音协还在巢湖市司集召开过全国社会主义歌咏现场会。20世纪八九十年代,一度复苏红火过,曾在全省形成"南歌北舞"局面。2006年,巢湖民歌被批准公布为第一批国家级非物质文化遗产名录。但随后似乎有些沉寂。应该保留传承民歌这种"望风采柳"的创作形式,保留传承秧歌、渔歌、山歌和情歌以及划船、玩灯、打夯、车水、舂米、薅草等号子曲调,譬如《巢湖好》中的"啊依吔嗨啊依吔嗨",赋予其新的时代内容,让其唱响巢湖沿岸、大江南北。

其实,近年来合肥籍歌手斯兰等也翻唱、创作了一些巢湖民歌,但感觉还未达到走向全国的水平,与《太湖美》《洪湖水浪打浪》《弹起我心爱的土琵琶》等相差甚远,应该有一曲能与之媲美的新的《巢湖好》。

父:这是可以做到的。一个戏就是庐剧了?

子:是的。我在庐江工作和到市政府工作后,耳濡目染,深刻感受到,沿湖老百姓是那样喜爱庐剧。就说肥西吧,至今流传一句话,叫"三河不唱《小辞店》,孙集爱哼《打蛮船》"。这是根据两个发生在巢湖西岸真实的故事编创的庐剧,前一个因为涉及三河一位胡姓妇女的婚外情而在当地被禁演,后一个倒很有正能量而广受欢迎。前不久,市庐剧团复演了《秦雪梅》,我陪妈妈看了,那晚可是盛况空前。可惜,现在没有什么新剧本。

父:需要不断创作啊,现在的条件多好。一部影视作品,就是一部电影、一部电视剧了?

《巢湖图》

子:大体是,但又不止,还有其他文艺创作。合肥、巢湖前些年有过这样的一些创作,如小说《银屏游击队》等,但总体没有打响。应发动当地作家精心创作,写出类似《白洋淀纪事》那样的好散文、好小说,演出《沙家浜》那样的好戏剧,拍摄出《渡江侦察记》那样的好影视剧。我们完全可以做到,因为环湖周边有太多历史遗存和众多人文典故,有无数可歌可泣的英雄故事。

比如三河是环湖首镇。1938年前后,大批难民来此避难,人口急剧增加到七八万。此时,周边既有日寇侵凌,也有新四军、国民党部队等活动,这个时间段距太平天国三河大战也只有80年。当时,在三河正上演一出内容十分丰富的抗战剧,同时也展现出一幅极尽艰辛的流民图。而三河既有"人家尽枕河"的水乡之美,又有自春秋以来厚重的鹊渚文化传承,还有"买不尽的三河,运不完的大米"的商业繁荣以及千姿百态的市井百态等,要拍个影视剧,肯定十分精彩。为此,我曾向有关同志提议拍个《三河1938》。

父:对呀,拍出来一定好看。

子:当然,还不止这些。在此基础上,有政协委员建议,可以参照"印象""又见"等高端文旅演艺精品,创作以"有巢氏""三国文化""巢湖水师"等为题材的大型文旅实景剧等。

父:就像是张艺谋导演的《印象刘三姐》。这个可以试试。那非遗是什么?

子:非遗就是非物质文化遗产,包括口头传说、表演艺术、民俗活动、礼仪、节庆,有关自然界和宇宙的民间传统知识和实践,传统手工艺技能、文化空间。因此,市里组织开展的环巢湖区域非物质文化遗产调研对象就确定为九类,即民间文学、民间音乐、民间舞蹈、传统戏剧、曲艺、杂技与竞技、民间美术、传统手工技艺、民俗。民歌是非遗,舞龙灯也是。记得打倒"四人帮"那一年,舞龙灯仿佛一夜之间从地下冒了出来。

父:过去乡间经常玩龙灯,"文革"时不让玩,人们心里憋得慌。"文革"结束后,人们思想上的"紧箍咒"拿掉了,有盼头,城乡就玩起来了。记得1999年正月十五玩龙灯,时任地委主要领导还出席点睛呢。

子:这个您还记得。

父:对。那年我和你妈在你家过年。元宵节晚上,居巢区政府广场前玩龙灯,人山人海,我们都去看。龙灯玩得很热闹,大家看得很过瘾,心里真舒坦。

子:巢湖文化就应该这样发扬光大!另外,还要大力宣传、积极争创各类文化品牌。

说到这里,我不禁联想到莱茵河的治理和文化建设上的一件大事。20世纪70年代,莱茵河已由"欧洲最浪漫的臭水沟"变成世界大河治理的典范。2022年,联合国教科文组织将莱茵河中游的宾根到科布伦茨的65公里长的河段列为世界文化多样性景观自然保护遗产。我们能否作这样的尝试呢?

父:应该可以吧,环巢湖沿线有那么多文物点,串珠成链,自然是文化多样性景观自然保护遗产了。

子:对!这个争创目标,连同环巢湖文化的串珠成链、大放异彩,一定会成功。这也是我们今天聊的小结。

庐江农村龙灯玩到合肥大剧院

今天如何"长庐州"?

时间:2023年8—9月,成文于2023年9月1日
地点:巢湖之滨家中(黄麓镇王疃村)

子:今天我们聊聊城湖共生,或者说今天如何"长庐州"?
父:好。巢湖既要治理好,又要充分利用起来。

子:这是一个辩证的统一。纵观人类史、城建史,其实质就是一部人与水、城市与水关系的演变史。有巢氏是中华五大始祖之一,在巢湖流域,有巢氏"构木为巢"的传说妇孺皆知。原始先祖先是居住在山洞中,如"和县猿人""银山智人"等。后来,洪水上来了。怎么办? 往树上爬,再在这上面"构木为巢",成为巢居。居巢(巢湖最早之名)由此而来。这是环湖始祖的第一次造房。由此,人类的建筑史、城乡建设史逐次拉开,慢慢有了后来的木骨泥墙、钢混建筑等。这也是人类有意识地解决人水矛盾、追寻人水和谐的首次探索。

父:你说的故事我们知道,确实是这个情况。人类生存首先要解决衣食住行问题,要考虑水的影响,干不过水就躲开,当然也不能离得太远,还要用水;再后来还有"大禹治水"。

子:对,合肥的造城史就很典型地反映了这一点。

《史记》《汉书》记载了当时九大经济中心城市即"都会"。其中,寿春(今寿县)和合肥是以两座距离相近联系密切的城市组合作为"都会"列出的。现代人也许难以相

信,战国末期,楚都寿春是最为重要的城市之一,而合肥是依附于寿春的。只是由于合肥濒临巢湖连通长江,"受南北潮,皮革、鲍、木输会也",区位独特、地处要津,是"输会"之地。尽管位于寿春之南100公里,也由此而与寿春相得益彰汇成"都会"。如果离开寿春这个楚都,合肥尚不具备成为"都会"的可能。后来的历史正验证了这一点。有资料表明,合肥3000多年的建城史中,有2100多年的县治、1400多年的府治历史,城市规模大致相当于当时的县城。

当然,对此也有不同说法。如著名历史学者翁飞就指出:合肥在历史上,曾经三度作为侯国都城(总计约600年),三度作为州、府城邑(总计约300年),三度作为省会(总计73年,包括新中国成立后至今),其余为县治(总计约1000多年)。这些说法都有一定依据,姑且记下留作参考吧。

从古代来看,合肥的城池经历了数次变迁。首先是汉城。据《史记》记载:东汉时,合肥作为县治后,建成了第一座古城,史称汉城。其所处地段是南淝河和四里河交界处,临水而建。后由汉城再至三国新城,复回汉城,再迁唐、宋城后,城池基本定型。合肥古城因水而动,经历临水、避水、亲水的变化,实现了现在所说的城湖共生。

父:三国新城我们去看过,现在还原复建得还挺像样子的。

子:从新中国成立后看,我以为是经历了四个时期:

一个是环城河时期。东德专家雷台尔绘制的"翠环绕城、三面伸展、田园楔入的风扇形城市规划"结构被采纳,这个规划特别注意到南淝河由西北流向东南入巢湖,与合肥的夏季风向一致,因此规划辟为东南通风道绿化带,将新鲜空气引入市区。这种具有田园式、生态型的城市规划结构,被吴良镛教授赞誉为"合肥方式",并载入全国高等教育教科书,成为城市规划的经典案例。

父:这是合肥对中国城市规划的贡献。

子:是的。

二是滨湖时期。20世纪80年代以来,合肥确定的城市环形、放射形加方格网的道路系统骨架和风扇形城市规划布局结构,一直延续到21世纪初,后来相继开辟了政务文化新区和滨湖新区,城市形态由风扇形转变为组团形(141结构)。

三是环湖时期。2011年8月区划调整后,巢湖市、庐江县整体并入,巢湖成为合肥的内湖,随之规划设计转变为主城加卫星城(1331结构)。

四是区域性特大城市时期。2014年,安徽合肥首次被提出为长三角城市群的成员之一。随后,到2016年,安徽的8个主要城市加入了长三角。2019年,安徽全省正式成为长三角的一员;合肥与宁杭并肩成为长三角副中心,并且已进入特大城市行列,常住人口名列全国城市第15位。

父:合肥建城史,经你这么一讲,脉络就清楚了。当年合肥搞滨湖新区建设有什么战略考虑?那时反对声可不小。

子:现在回过头来看,合肥当年规划建设滨湖新区的决策是完全正确的,这为现代化特大城市的发展提供了有力的支撑。刚刚公安部门发了一个消息:截至7月底,合肥市实有人口已达1234.4万人，进入全国特大城市行列。这在以前是难以想象的，这也是当年规划建设滨湖新区的初衷之一吧。

当年确有争议，集中起来有两点：

第一，从主城区跳到巢湖边，跳得太远了，比起就近"摊大饼"，不仅建设成本显著增加，而且人气何时能集聚起来？担心做成"鬼城"。

第二，巢湖蓝藻水华连年暴发，丙子河口就是最严重的区域，现在已建成的"万达鼓"等宾馆、游乐设施就规划在那附近，年年不期而至的异味，怎么能抵挡得住？老百姓不骂才怪。

两点集中起来，实质为一个核心，就是如何把握好城与湖之间的关系，如何实现城湖共依，相因而生，相依而兴？

后来的发展史，大家都很清楚了。经过十多年的努力，原先担心的两大问题都已不复存在。

原先担心跳得过远，现在已被四通八达的交通拉近，人气也很旺，甚至部分时段还出现堵车情形；原先担心的蓝藻水华问题，2020年以来，年年变轻，今年几乎感受不到。

解决前一个问题，靠发展产业，靠加快城市建设，是高质量高速度"造城"。

解决后一个问题，靠综合治理巢湖，是高标准、高水平治污。12年治巢，锲而不舍，从量变到质变，巢湖治理期盼的拐点正在逼近。

可以说，现在的合肥初步是城湖共生的典范。这在中国城市发展史乃至世界发展史上也是少有的，提供了人类城市建设、湖泊治理难得的范本。

父：你讲的我很赞成。滨湖新区的吸引力太大了，我们村年轻人买房，大多到那儿买。人往高处走嘛，就业、孩子上学都不错，怎能不去？离我们村又那么近。话又说回来，造一个新城可不比我们在老家盖三间房容易，搞不好要出大的纰漏。除了合肥，这方面国内哪些城市做得好？

子：这几年从城湖共生角度，我们主要跟踪太湖、滇池周边的城市，相互学习，取长补短；也注意学习外国好的经验，比如美国的芝加哥等。

父：那是当然，人家起步早嘛，不管是经验还是教训都应好好学习借鉴。

子：对的。有专家将城湖之间的空间关系分为三个类型，第一类是主体分离式，如苏州的阳澄湖、宁波的东钱湖；第二类是紧邻包围式，如南京的玄武湖、济南的大明湖；第三类是依托镶嵌式，如芝加哥的密歇根湖、昆明的滇池、合肥的巢湖等。

父：芝加哥你去过吗？

子：没有，近期研究湖泊治理，我查了不少这方面资料。

芝加哥是美国第三大都会区，东临密歇根湖，经过一百多年发展，已成为世界城湖共生的典范之一。在这一过程中，1909年的《芝加哥规划》至关重要。规划设计目标是将芝加哥建成世界一流城市。

第一，综合治理密歇根湖、芝加哥河及南北的支流体系，进一步融合密歇根湖与城市发展建设关系。

第二，在交通方面，设计立体双层道路运输系统，将大宗货物运输与日常生活性交通区分出来。

第三，注重城市生态治理与水环境保护。规划富有远见地指出："所有的一切从湖滨发源，湖滨应该属于公众。"为建设具有吸引力的开放空间系统，在湖滨地区设计了两个长度约为2.5公里的大型公共码头，因而在两个码头中间形成了一个港湾，并与周边一系列的公园、主题游乐场共同成为城市的公共活动空间。现在这里已成为世界闻名的旅游度假目的地。

父：我们滨湖新区建设是否可以借鉴？

子：应该可以。在环太湖中，地处太湖之东的苏州做得不错。苏州是一座人文之城，古城有2500多年历史，仍坐落在春秋时期的原址上。苏州是长三角的核心城市之一，拥有繁华的CBD、生机勃勃的工业园，工业总产值持续位居全国前列，2022年GDP接近2.4万亿，为合肥的2倍，是唯一一座GDP挺进全国前10的地级市，在长三角地区仅次于上海，位居第二，被称为"最强地级市"。除了"强经济"，苏州更有"好风景"。作为太湖水域面积管辖最大的城市（约拥有太湖3/4以上的水域），2022年太湖苏州水域水质稳中趋好，东部湖区水质稳定达到Ⅲ类标准，是太湖水质最好的区域，连续15年实现安全度夏。

今年5月，我去苏州出席一个会议，晚上住苏州湾恒力大酒店，那附近有临水码头、栈桥、滨湖大剧院、图书馆等，早晚在湖边走一走，真有"人间天堂"之感。那里只是苏州湾的一小段。

据介绍，苏州东太湖位于苏州吴中与吴江区之间的太湖水面称为苏州湾。按规划，东太湖北部这片区域将以太湖"苏州湾"的形式进行打造。未来，将出现一座横跨吴中、吴江两区的现代化综合性滨湖山水新城。而这个新城的核心区域，就是东太湖水域，它为吴江、吴中两区所环抱，水域面积超过120平方公里，形成了一个天然大湖湾。随着苏州太湖新城的建设发展，这个湖湾势必成为苏州南部城区的新名片、代名词，成为21世纪苏州城市建设的最大亮点，展现出人文与自然相互融合，生态与休闲和谐发展的美景。

建设太湖新城是苏州市委、市政府确定的"一核四城"苏州城市新格局的一个重要组成部分，是苏州从"运河时代"向"太湖时代"跨越的里程碑。随着苏州太湖新城的建设发展，苏州湾将成为苏州南部城区的新名片，成为21世纪苏州城市建设的最大亮点，展现人文与自然相互融合、生态与休闲和谐发展的美景。

父：上有天堂，下有苏杭。新闻报道了，苏州地铁与上海互通了。这样，苏州更有吸引力了。

子：是的。湖州地处太湖之南，湖泊保护、背水开发两手抓两相宜。庐江地处巢湖之南，同样也有一个保护与背水开发的问题，2011年我去学习考察过，当时，环湖大道建设正在收尾，倒U字形的"月亮酒店"（喜来登酒店）已建成，引水入内的图影湿地初步建成,感觉十分震撼。近期我又专门去学习,那有不少好经验。晚上住在附近,近距离观看月亮酒店,真是感慨良多。本来都是背水开发的难题,但湖州巧夺天工画湖点睛,令人拍案叫绝。

这个酒店是由上海飞洲集团投资兴建,为国内首家水上白金七星级酒店,位于似海非海的太湖南岸,是中国湖州"世界第九湾"的标志性建筑。其令人耳目一新的指环形状,被网友戏称为"马桶盖"。形状可谓国际首创、中国唯一。2010年2月经国家知识产权局批准,该酒店获外观设计国家专利证书。

酒店是一座高100米、宽116米的指环形建筑,总投资15亿元,总建筑面积为75000平方米,拥有300余间客房。"月亮酒店"是中国第一家指环形水上建筑,是中国第一家集生态观光、休闲度假、高端会议、美食文化、经典购物、动感娱乐体验为一体的水上白金七星级度假酒店。由美国MAD建筑师事务所、世界知名建筑大师马岩松先生主创设计。主体建筑充分利用了太湖良好的水资源,将水的动、静之美完美结合,配之亮化工程,是太湖周边建设的一绝。

那天晚上,我拍了不少照片和视频,您看有多美。

湖州月亮酒店

父：是很美。可惜，巢湖边少了这样的酒店。

子：要说留有遗憾的，昆明算是一个。可能由于特定的地形影响，也可能由于未正确把握好人与湖的关系，前些年，昆明在滇池附近出现了"环湖开发""贴线开发"的问题，特别是长腰山开发被中央环保督察点名通报，后期整改的代价很大。

父：这件事闹得很大，记得中央电视台作过报道。

子：是的。长腰山位于滇池南岸，是滇池山水林田湖草生态系统的重要组成部分，也是滇池重要的自然景观，曾经是昆明市城市重要生态隔离带，对涵养滇池良好生态具有十分重要的作用。

古滇名城项目属于2000多年前消失的古滇国都城范围，为"云南十大历史文化旅游项目"之首，经过数年滚动开发，已成为占地16000亩，集文化体验、旅游观光、休闲养生、商务会展、娱乐、办公等为一体的大型文化旅游城市综合体。

然而，该项目在2021年5月6日生态环境部通报中被指为，"大量挡土墙严重破坏了长腰山地形地貌，原有沟渠、小溪全部被水泥硬化，林地、草地、耕地全部变成水泥地"。长腰山90%以上区域挤满了密密麻麻的楼房，整个山体被钢筋水泥包裹得严严实实，基本丧失了生态涵养功能，长腰山变成了"水泥山"，围绕滇池"环湖开发""贴线开发"现象突出。

根据云南省委统一安排部署，云南省纪委、监委对"古滇名城"长腰山片区以及滇池南湾未来城五渔邨项目违规违建问题以事立案、直查直办，深挖细查违规违建背后的责任、作风、腐败等问题。此后，一场围绕滇池周边房地产项目和违章建筑的大规模整改拆除行动轰轰烈烈地展开。

2021年5月24日，昆明市就长腰山片区过度开发问题整改进行强调，从严整顿违规开发行为：对滇池一级保护区内所有与滇池保护无关的建（构）筑物一律全面拆除；对滇池二级保护区内所有"打擦边球"搞房地产的项目一律从严整顿；对滇池三级保护区内"贴线建设"的项目一律依法依规严格控制，坚决削减总量，降低开发强度。

父：应当严控。相比而言，合肥这边好多了。一方面滨湖新区建起来了，另一方面环湖敞亮，没有搞什么"环湖开发"，更没有什么"贴线开发"，并且十大湿地建设很有名，在湖边串起了"绿项链"，难怪老百姓都说好。

三

子：确实如此。这些年，巢湖治理、合肥发展有目共睹。三年前的8月19日下午，习近平总书记来到合肥考察。在巢湖边，他说：巢湖是安徽人民的宝贝，是合肥最美丽动人的地方。一定要把巢湖治理好，把生态湿地保护好，让巢湖成为合肥最好的名片。这对于我们是极大的鼓舞和鞭策。

父：总书记期望很高啊，特别是"最好的名片"的要求。

子：是的，这既是嘱托，也是一种无形的压力和动力。而打造"最好的名片"，不仅是要把巢湖治理好，还要把巢湖用起来，让巢湖更好地造福于民，打造新时代城湖共生的样板，也为全世界大湖治理、大城市建设树立一个新的标杆。

父：这倒也是。世界上很多大城市是建在海边、江边、湖边，不过都已建成了，像合肥这样正在建设中的滨湖特大城市不是很多吧？

子：不多。欧美城市化已经达到峰值，大城市建设基本定型。而合肥等大城市建设却正在进行中，可谓如火如荼，虽有"前城"可鉴，但更多"前城"未曾遇到的问题，需要结合自己的实际，走出一条新路，特别是要努力实现城湖共生、共存共荣。

父：什么是城湖共生？

子：城湖共生就是遵从自然法则、生态法则、人文法则、市场法则，坚持在保护、治理、修复湖泊的同时，高质量、高品位地推进城市建设，努力找到二者的契合点，实现城依湖生，湖因城兴，人水和谐，美美与共。

当然，首先是要将湖泊修复好。关于这一点，生态环保、水利等部门都有各自明确和不同的要求，这些我们以前已聊过，这里就不多说了，给您看我写的一篇小文以加深印象（见附录一）。

父：写得不错。在这个基础上，就是二者之间的关系，要和谐一致，相互协调，不能顾此失彼。

子：对。城湖共生，说起来容易做起来难，需要把握几个重大原则。首先是以水定城、以水定地、以水定人、以水定产。

父：合肥地处湖滨，又不缺水，还要以水定什么？

子：不是的。乍一听，合肥临江近湖，水资源丰富，但实际上人均水资源占有量只有500立方米左右，不足全省平均水平的一半，为全省倒数第一。特别是这里有个环境容量的问题。中国科学院南京地理与湖泊研究所胡维平同志说，当环湖区域每平方公里人口超过1200人时，湖泊就会发生富营养化过程。合肥国土面积1.1445万平方公里，人口为1234.4万人，也就是说，每平方公里为1079人。滨湖这一带人口更密集，接近这个阈值。因此，滨湖一带的环境容量问题不可忽视，有个"四定"的问题。

再一个问题是，由于蓝藻水华未从根本上控制住，虽然有一湖水守着，但近期不能喝，合肥还是水质性缺水的城市，水资源当然显得特别重要了。

父：那第二个原则是？

子：第二个原则是要体现生态城的规划建设理念，特别是要学习雄安新区的建设经验，要引水入城、引风入城。

父：引水入城好理解，什么是引风入城？城里没有什么风？

子：是的。过去由于种种原因，我们有意无意忽视了风道的作用。其实，这是客观存在，不以人的意志为转移的。1958年10月，合肥第一轮规划就采用东德专家雷台尔教授设计的"风扇形"城市规划结构，可惜后来有所忽视。城市扩张降低了巢湖及主要生态源与城市的连通程度，巢湖湖陆风的影响不够，通风廊道被阻断或者被挤占,大量高密度、大体量建筑建设不断出现,城市热岛效应等开始显现。其后果被雷台尔教授言中:"如果不能很好地考虑城市规划问题,就会造成城市一圈一圈地发展,圈子越来越大,外面的新鲜空气吹不进来,人们就不愿在城里面住。"为改变这一局面,2019年,市政府做了风道专题研究,现已被应用到城市规建中。

父:这倒很有意义。城里不能"不知季节变换",更不能没有风,长期下去会加重大气污染。

子:是的。经过专家论证,发现合肥市区风场有如下特征:

一是无论何种风向下,合肥市区受建筑物阻挡影响,风速分布均是低值区。

二是无论何种风向下,市郊大蜀山、紫蓬山、北部丘陵带与南部巢湖水域风速分布均是大值区,为优质风源区。

三是西北风与东南风风向时,市区西南部派河及沿紫蓬山一线风速大于周边,是很好的通风道。

四是南风风向时,市区东部南淝河及店埠河沿线由于地形原因,具有"狭管效应",风速较大,也是很好的通风道;在南风时,市区东部南淝河及店埠河沿线通风道还起到贯通北部丘陵带与南部水域两大优质风源区的重要作用。

据此,规划提出了9条一级廊道的构想,并已付诸实施。

父:这样实施下来,风可穿城而过,也能引风入城。

子:第三个原则,要按照打造宜居、韧性、智慧城市的要求,在防洪保安、防灾抗灾上下功夫。李国英同志在任安徽省长期间的一次调研中指出,生态,生态,首先要有生,这生就是防洪保安。而防洪保安现在还有不少功课要做。

近期,市政府、市政协要召开资政会专题研究此事。主要内容是,将合肥市区防洪标准提高到200年一遇;规划建设800个流量的对江排洪泵站,加快已规划的生态湿地蓄洪区建设,基本破除由来已久的"关门淹"等。

父:水利建设还是要抓紧。

子:是的。

第四个原则,就是依托、利用、开发巢湖,实现高水平治理、高效率管理与高质量发展的结合,打造合肥这一新兴的国际科创枢纽、产业发展中心、文旅新天地。

凡事过犹不及,这里既要防止和反对过度开发的问题,也要反对借保护之名而空守一湖碧水无所作为的倾向。一次新闻采访中,原人民日报社安徽分社社长朱思雄同志对我说,你们保护工作做得不错,但开发利用做得不够,环湖周边没有什么可玩的,简直就是"一湖剐水"。这个"剐"非指净水,而是指除了水还只是水,是"寡水"的意思,没有其他旅游设施等。此言虽很刺耳,但忠言逆耳利于行,我们应该直面问题,切实加以解决,满足人民群众的新期待。我写过一篇小文您可看看,说的就是这件事(见附录二)。

其实,环湖人文旅游资源很多,自古以来就很有名。屈原《楚辞》中有这样的诗:"轩辕不可攀援兮,吾将从王乔而娱戏……顺凯风以从游兮,至南巢而壹息。见王子

（乔）而宿之兮，审壹气之和德。”

父：南巢就是古巢湖，王乔就是王乔洞的王乔？

子：是的。名气大吧？应该好好利用。近现代世界上大湖保护和成功开发的案例很多，如欧洲的博登湖，美加的五大湖，日本的琵琶湖，中国的太湖、洱海、白洋淀、千岛湖等，这些都值得我们好好学习和借鉴。

四

父：城湖共生，首先要考虑把水运搞好。这可是老天爷留下的最好资源和最便利条件，当年曹操挖兆河的目的就是要利用巢湖水运优势。

子：对。曹操挖兆河的故事，不仅环湖世代相传，而且史书、方志等都有清晰记载。前些年，我在市政府分管引江济淮相关工作时，曾专门研究过这段历史。

父：三国争霸，都想一统天下。曹操雄才大略，文治武功，当年在政治、军事、经济、文化等各方面都下了大功夫，值得后人认真研究。

子：是的。历史上巢湖面积很大，上千平方公里。汉朝时，现合肥所在的地区，很多地方都是被水围着的陆地，如当年的庐江盛桥北临巢湖，东南有排子湖、白湖（现均已围湖成田），三湖之间，只有十多里的狭窄陆地，由此可经排子湖、白湖、西河，从襄安或泥汊口入江（泥汊口于清同治十一年因江潮倒灌改筑江坝，水绕无为州城南，才至裕溪口入江）；加之那时陆路交通不发达，水运即是最重要的了。

合肥“淮右襟喉，江南唇齿。自大江而北出，得合肥则可以西向申、蔡，北向徐、寿，而争胜于中原。中原得合肥，而扼江南之吭，而拊其背矣。”曹操为了统一中国，盯上了合肥这块战略要地，为了沟通江淮，与孙吴争霸，设计了两段运河。

父：曹操真是战略家，还是水利建设功臣。

子：也可这样认为。不过，当时的运河规划和建设主要还是用于军事目的。这两段运河分别为：

一是沟通淮水与南淝河的古运河，这在现在的蜀山将军岭处。可惜遇到了膨胀土（高岭土），“日挖一丈，夜长八尺”。由于不知成因和治理方法，换了两个将军也无济于事，只得作罢，留下现在遗存的“曹操古运河”和千年一叹。

二是在庐江盛桥开挖兆河。当年，曹操本来想通过裕溪河下长江攻吴，但孙权亲率重兵驻守濡须口。

父：这个濡须口在哪里，不是巢湖西坝口吧？

子：不是。故址在今巢湖市银屏镇锥山村锥山与七宝山口，又叫西关处，与含山东关遥相呼应。从巢湖市区西坝口顺着裕溪河往东走，还有20公里呢，至今那儿还留有古河道和古战场遗址。

我曾经去过那儿。站在锥山腰，由西向东望，左为裕溪河现河道，右为古河道。由北向西南望，与锥山相对的是七宝山。古河道就从两山之间穿过，现在则有高铁从此穿越，反证这里历来是交通咽喉。

从锥山腰远眺

锥山村旁的高铁线

父：那是一夫当关、万夫莫开了。

子：是的。《三国志》记载：212年东吴孙权据濡须水口，筑堡坞以拒曹操。216—217年冬春之际，曹操率军南下，进攻濡须口。孙权和他对峙，写信对他说：春水方生，公宜速去（春水正在涨溢，你应赶快回去）。曹操读信后说：孙权不欺孤（孙权这话并不欺骗我啊）。因为他所率之兵不谙水战，而孙权之兵擅长水战，于是，顺水推舟，撤军北归。"却笑英雄无好手，一篙春水走曹瞒。"

曹操四越巢湖而未成。但聪明的曹操另辟蹊径，决意在盛桥、槐林处挖一条河，即从巢湖的马尾河向南开一条沟通排子湖、白湖的新河，开辟从无为经过的第二通江大道。当时，曹操大军掘开沐集山，拟将三湖连通，作军事之用，后人名之为"操河"，此即兆河前身。可惜由于遭遇土质坚固、东吴骚扰等原因而未成，留下了千年遗憾和"千年二叹"，也留下了无数的传说和典故。这个"半拉子工程"，一直到新中国成立后才陆续开挖成功，只是现在尚未形成更高等级的通江航道。

父：那就继续干呗，将军岭那一段不是打通了吗？

子：是的，在将军岭曹操古运河旁，1800多年后，我们中国共产党人圆了曹操当年的梦想——引江济淮建成了。现在正在谋划合肥新的通江达海一级航线。

派河口船闸

从历史上看,中国城市发展与水及水运密切相关。京杭大运河开通后,原先合肥的地位下降了。合肥3000多年的城建史,州府的建制也就是1400多年,未形成区域性的中心城市。现在合肥飞速发展,从交通枢纽来说,"钟字形"的高铁网日趋成形,高速公路四通八达,新桥国际机场正在兴建第二条跑道。唯一缺憾的,就是通江达海的能力还不强。

父:那合肥要补短板啊。

子:是的。应该讲,合肥的航运条件和发展现状还是不错的。据交通部门提供的材料:合肥市境内环巢湖水系发达,共有航道32条,主要航道有合裕线航道、引江济淮航道(江淮运河段、菜子湖线、兆西河线)、店埠河航道、丰乐河航道、柘皋河航道等,航道总里程780公里,通航里程565公里,其中四级以上高等级航道里程380公里。

目前,合肥港船舶主要从合裕线航道进入长江。引江济淮工程全面通航后,船舶可通过合裕线(二级)、菜子湖线(季节性三级)两条航道进入长江,通过江淮沟通段(二级)连通淮河,实现江淮沟通。此外,兆西河一级航道前期工作正在推进中。

父:裕溪河航线我们熟悉,过去从江南搞大吨位运输、放木排等都要通过这里。现在运输不畅了吗?

子:这条航线通江达海,是黄金水道,但现在有几大问题:

一是与防汛有交叠,汛期相互影响,水大就要断航。

二是航道上现有的巢湖船闸、裕溪船闸均为一线1000吨级、复线2000吨级。裕溪船闸在实际使用过程中,因船闸上下游水头差较大,导致船舶过闸耗时较长。受裕溪船闸扩容改造(预计10月份通航)、长江与裕溪河水位差大、引江济淮菜子湖线季节性通行、江淮运河过境船舶持续增加等多种因素,巢湖船闸堵闸风险较大,亟需扩容改造。

三是现在通航能力已明显不足,需要开辟新的通江航道。全市现有码头泊位122个,设计年通过能力6144万吨、集装箱90万TEU、滚装汽车10万辆,而2022年完成港口吞吐量4389万吨、42万TEU。这么大的运输量都挤在这一条线上,不仅难畅通,而且风险较大。

因此,在谋划引江济淮东线工程时,就布局了从京台高速派河桥,顺庐江盛桥河、西河,再通过凤凰颈站入江的120公里一级航道方案,并且盛桥河基本按一级航道留足了底宽(只是河深不够,按航道水深6米要下挖),五座跨河桥梁都按一级航道重新规划设计建成了。可惜,现在问题出在了凤凰颈站那里,"卡了脖子"。

父:什么原因?

子:原来那附近有一个"铜陵淡水豚国家级自然保护区"核心区,必须避开。本来是想拆建的凤凰颈排灌站一站三用,由于这个原因,现在只能原址复建排灌站,航运功能无法嵌入。

父:那怎么办?

子:省、市领导对打通这一级航道十分重视,时任常务副省长刘惠同志2022年9

月29日亲自调度,研究过几个比选方案。在这之前,我也曾到现场进行过查看,认为在现凤凰颈站向北、刘渡街后面可以向东挖一条河,然后由此入江。此处江段已调为江豚一般控制区,可以搞建设。这样,既不与保护政策相抵触,拆迁成本也不大,应是可行的。8月30日,我找市交通局路凌云同志研究,建议将其作为第一比选方案。9月8日,我又与常文军、路凌云同志等进行了研究,知此方案中的一般控制区预留的入江口宽度不够,难以实行。

父:无路可走了?

子:也不尽然。他们在前期工作的基础上,形成了新的共识,现有两个比选方案:

第一比选方案:鉴于原凤凰颈排灌站入江口已由核心保护区调整为一般控制区,可实施船闸、泵站后退合建方案,利用既有排灌站通道(调整后的一般控制区)入江,泵站与船闸共同后退约1600米,船闸布置在老河道内。但最大的问题是,拆除重建的凤凰颈站后年汛前将建成使用,这个投资15亿元左右的工程虽然设备可部分利用,但土建等存在较大损失,会有较大的社会舆论。

第二比选方案:船闸在泵站左侧单独入江。但入江口涉及保护区的核心保护区,面积24.55公顷。根据现在的《自然保护区条例》(以下简称《条例》),核心保护区是不能有此建设的,但自然资源部、国家林草局正在起草《条例》修订。司法部牵头的相关征求意见中有一重大突破,即"自然保护区核心保护区主要承担保护功能,原则上禁止人为活动,但下列情形除外:……(六)必须且无法避让、以生态环境无害化方式穿越地下或者空中的线性基础设施的建筑,必要的航道基础设施建设、河势控制、河道整治等活动"。如果修订通过,这一方案即可实施。

父:这个好,于法有据。

子:根据规划,兆西河一级航道起点位于下派枢纽港,经巢湖、兆河、西河,于凤凰颈进入长江,全长约120公里。主要内容为新建船闸3座,改建已有桥梁6座,疏浚扩挖航道120公里,总投资约180亿元。如果要上这个项目,除了凤凰颈站处需论证外,西河线以上不需论证,无政策法律障碍,由于投资量大、完成时间长,可以先行实施。但环湖大道上的个别大桥可能需拆除重建,虽殊为可惜,但也实属无奈。不过,也可以先留用作为过渡,待江口船闸启建时同步启动。

为此,我提议,拿一个五到八年的总方案,先干凤凰颈站以上段,同时根据政策调整情况,再确定、建设船闸方案。这样,可以不整齐开始、整齐结束,既抢了时间,又不会造成不必要的损失。

父:这确是一件大事,要论证好。那环湖旅游怎么开发?现在好像是没什么玩的地方,到姥山岛,还是到滨湖万达?还听人说,现在不准人下湖游泳,有没有这回事?

子:这是一个很大的问题,老百姓不太满意。不准下湖游泳肯定是没有的,但现在确实没有多少地方是专用浴场,更没有水上运动场所。原来巢湖市龟山嘴、西坝口等处可以游泳,我就多次去过;今年庐江白山"庐江赤壁"处游泳的人很多,但多是自发性的,有安全隐患。存在这些问题,还是根源于未正确理解好高标准保护与高质量发展之间的关系,未正确处理好用、护、管之间的关系。

这一周(8月29—30日)我去浙江湖州学习。前面聊过,与湖州相比,我们缺少像月亮酒店这样的点睛之笔;环湖旅游开发,105个自然景源、119个人文景源中还有不少处于待开发状态,已有的又少了传统乡土味、乡土文化气息等。我们的环湖旅游人气不旺啊,你看洱海可是人山人海。据估计,今年大理累计接待游客可达9530万人次。当然,这是我们下一步的主攻方向。

父:首先还是要将滨湖新区建设好,打造文化旅游休闲中心,毕竟人们喜欢到大城市玩。

子:是的。省、市对原先规划的几个文化场馆正在复建,其中,美术馆已建成开放,科技馆正在布陈,百戏城刚"封顶大吉"。这些场馆建成后,以渡江战役纪念馆为核心,形成了六馆连串的滨湖文化馆区。这是滨湖新区的一大亮点。在这个基础上,可做滨湖亮化工程;再做"夜游合肥"。

父:这很好,老百姓肯定很欢迎;并且,也不花什么钱,对环保也没什么影响,做成了一定是全国知名。

子:是的,亮化工程和"夜游巢湖"的方案,包河区已经开始谋划,我在市政府工作期间,与时任包河区委书记陈东同志进行过多次研究。

"夜游巢湖",就是利用闲置已久的"巢湖一号"轮船等,开通从马家渡口到派河口航线,让广大市民欣赏滨湖美景,感受湖风吹拂的快意,打造与"夜游秦淮河""夜游南太湖(湖州)"相媲美的风景线,消除合肥滨湖至今无一条船能水上游的尴尬。

父:这倒是。市民喜欢游山玩水,省会城市应该提供这样的项目。

子:对。在此基础上,还要抓好周边的县城和12个乡镇。在这方面,苏州抓15个古镇,从"千镇一面"到"镇镇精彩",很值得我们学习。

苏州的经验,一是提请出台《江苏水乡古镇保护办法》。这是首部将古镇保护与文化遗产保护有机结合的地方性立法,开创了古镇构成要素整体性保护的新模式。二是在保留历史风貌的同时,鼓励多方社会力量参与,探寻古镇老宅在当地活化利用新路径。三是为防止文脉割裂现象,鼓励原住民回迁,在当地居住、就业,激发原住民对家乡的热爱,实现古镇作为居住区的遗产社区的可持续发展。四是让非遗赋能乡村振兴。重新梳理和审视农耕文化遗存,根据现代生活需求和审美特点,在赓续传统文化的基础上,对其进行创新性改造。同时,在经济相对发达的地区特别是现代乡村,努力探索和实践非遗与旅游结合的可能性。在苏州,这样的精彩案例比比皆是,令人目不暇接。

在我们环湖12镇,旅游开发搞得好的,是三河、中庙,但是与苏州等相比差距还很大。近日(9月3日),我到中庙临湖转了一圈,十八姥附近人气很旺,但是向北几十米的地方门店几乎都没有开,有一户姓袁的老人家,一排十三间门面竟然都"铁将军把门"。

父:那政府应有解决类似问题的指导性意见,不能老是这样放着。

子:正在研究。再就是特色村的打造。上次我们聊了,昆明在滇池沿岸对重点乡村实施分类指导,然后逐一打造,对外开放。他们的战略意图很清晰,就是全面处理好"湖、村、人"关系,着力打通"绿水青山就是金山银山"的实现路径。并且领导力量强,主要领导亲任组长,挂包牵头单位一包到底,市财政设立专项奖补资金。在具体实施中,对其中46个重点村和137个自然村分别提出不同的任务。

父:这些特色村的打造很值得我们学习。我们不能光有美食村。

子:对,也要有民歌村(比如南湖方),还要有非遗村、各类文创村等。湖州一个村建了溇港馆,展示当地水利史,真是太有历史和文化了。

父:这些都很好。做全了,不仅城里人有玩的地方,农民也有新的致富途径。

子:这正是城湖共生的内容之一。实现城湖共生,要追求人与水、城与水的最大公约数,追求高标准保护与高质量发展的内在统一,从而破解世界大湖治理中的非此即彼的难题,形成合肥这一独特的大湖治理与绿色发展的方案。这是合肥对中国、对世界的贡献。

父:好!

 附录一

推动巢湖逐步由复苏向复兴转变

(2022 年 5 月 31 日)

上周四(5月26日),我和市政协人资环委同志用一整天时间巡湖,赏巢湖美景,看新建湿地,查便民设施,谈治理成效,议下步治理设想。我感到,巢湖综合治理要逐步实现由湖泊复苏向湖泊复兴转变。

湖泊复苏是由水利部提出来的,与生态环境部提出的湖泊综合治理大意相同,但更符合湖泊变化的历史。过去,由于过度开发,如贴湖开发、围湖造田、网箱养鱼,也由于闸站建设等,在造福人民同时,也带来一系列问题,如一些湖泊污染严重,一些湖泊江湖水体交换阻隔,湖泊生存危机加剧,有的已到"死湖"边缘。因此,水利部提出的湖泊复苏行动是适时的、贴切的。当然,这个行动更多的指向是恢复水动力,连通江湖水系,恢复鱼类和水生植物生长等,让湖泊重新焕发生机活过来。这个提法和要求与生态环境部提出的湖泊综合治理互为补充,有异曲同工之妙。

为了复苏湖泊,这些年来不得不做出一些"断臂求生"之举。如,十年禁渔;划定生态保护红线,拆除沿湖违规建筑;限制旅游开发;退耕还湿,控制和削减化肥农药使用;一些已有的产业发展之举被暂停。这是明智的选择,已经取得明显成效,广大群众也都很理解、支持。现在湖泊复苏已接近设定目标,由此就要考虑湖泊复兴的问题了。

所谓湖泊复兴,就是在湖泊休养生息基本恢复到本原状态或是设定的修复目标时,逐步实现与湖泊相联系的一系列生产生活复兴、产业复兴、文体旅游复兴、村镇复兴等,逐步实现大湖人欢鱼跃、浪遏飞舟、城湖共生、人水和谐的盛世美景。

就巢湖而言,当前首要的任务还是坚持久久为功,将复苏的文章继续做好。这是巢湖治理的上半篇。要清醒地认识到,虽然这些年巢湖治理取得明显成效,但基础还不牢靠,治污力度需要持续加大;"山水工程"启动才一年,一些治本课题才开始解题,一些尚在酝酿中还未开题破题。为此,需继续大力实施碧水工程、安澜工程、生态修复工程。

根据省市主要负责人调研意见,结合巢湖治理实际,当前可考虑开展的一项重点工作是,实施"合理控制水位+底泥清淤+内侧湿地建设"综合工程。这项工程前几年已着手考虑,并且由巢湖研究院朱青院长领衔,进行"基于多目标需求下的巢湖生态水位调控课题"研究,现已有初步成果。同时,这些年也有意进行这方面探索、试验。如连续几年汛前将水位控制在8.3米左右;在南淝河施口处进行巢湖底泥清淤试点,拟取得经验后在全湖湖口推开;结合巢湖防洪工程建设,在湖的内侧环湖大道局部地段新建的20多万平方米防浪平台处,成功试种杂交柳、垂柳等,还在派河口成功试种中山杉等。

现在可考虑将其综合起来,做成一个大项目加以推进。项目名称亦可考虑为"巢湖内侧湿地建设"。具体设想是:在冬春季节,将巢湖水位控制在7.7米左右(目前通航最低水位);对合巢航道航槽进行疏浚、深挖,保证低水位下的航运需要;在入湖河口处和沿线适合地段进行清淤,将处理过的淤泥沿湖岸线堆滩,并在滩前抛石固脚护基;然后,种植水生植物等。(堆岛方案可行与否需深度研究,慎重决策。)

与此同时,应立足当前,着眼长远,注意在湖泊复兴上下功夫。继续大力实施绿色发展工程、富民(共享)工程。着力复兴高品质种植业(现环湖12万亩高品质水稻种植是其中重要内容),复兴环湖文旅业,复兴生态名镇村等,适时复兴高质量渔业("十年禁渔"后实施,现在需要跟踪观察,适时进行增殖放流,并应在报批的前提下,适度移出一年生冗余鱼类)。

近期的一个重点工作是,加快环巢湖周边配套设施建设,满足群众举家、就近、点状旅游的需要。今年的"家庭露营旅游"十分火爆,这既是疫情期间人们短途旅游潜力释放的充分展现;又反映出近些年来巢湖治理的成果利用,说明巢湖没有进行贴湖"围楼式"开发,湖岸线是敞亮的,成为全民共享的美丽资源,市民有可去玩的地方;同时,还呼唤提供更多的旅游配套服务设施。

而这符合巢湖流域水污染防治条例的相关规定,合肥市委、市政府去年就提出相关要求,并由市生态环境局牵头,在沿湖规划新建20多个公厕。当年底,即在包河"岸上草原"新建了一个示范性公厕,这次调研大家感觉还不错。当前,就是要按照做好"八件事"的要求,加快这些便民服务设施的落地,满足人民群众共保共护、共建共享美丽巢湖的需要。

当然,推动巢湖治理逐步由复苏向复兴转变是一个长期而艰巨的过程,复苏与复兴也并不截然分开。这些都需要我们按照习近平总书记的要求,咬定目标,统筹兼顾,步步为营,久久为功,让巢湖真正成为合肥最好的名片。

 附录二

打造"一湖碧水" 防止"一湖剐(寡)水"

（2021年8月1日）

初夏时节,巢湖一派生机勃勃景象。5月30日上午,我随中央媒体驻皖单位负责人巡看十大湿地。在中埠湿地处,一负责同志对我说,看了巢湖美景,心里很激动,但似乎还少了些什么,周边情况似乎可用"一湖剐水"来概括。我明白,这位负责同志指的是周边旅游景点少、游客更少;"剐"字实为"寡"字。

盛夏时节,湖有微浪,蓝藻稀少。7月23日下午,王清宪省长半年内第二次一线督导巢湖治理。此次督导,他提出一个重要观点,即"要把增进人民群众绿色福祉作为巢湖综合治理的重要目标""满足人民群众对美好生活的向往"!

两位同志所说之意,都直指一个共同的命题。即,巢湖综合治理在取得一定成绩的同时,要充分考虑巢湖的旅游开发。这是新时代人民群众的新期待,也应是巢湖综合治理的目标、内容之一,或可说是下半场的重点工作之一。

但实事求是地说,在现实生活中将治理与开发割裂开来,甚至是对立起来的情况还较普遍,问题甚至较严重。少数同志认为,现在巢湖还没治好,等先治好再说;也有的认为,要保护就难以搞开发,搞开发就会毁掉来之不易的保护成果;当然也有极少数同志片面强调开发的意义。如此等等,不一而足。

为什么会出现这些模糊的认识? 最根本的还是对习近平总书记关于巢湖综合治理的要求未能全面把握,没有辩证把握好治理与保护的关系,直至陷入非此即彼的泥沼。

习近平总书记去年来肥考察时指出:"八百里巢湖要用好,更要保护好、治理好,使之成为合肥这个城市最好的名片。"习近平总书记的讲话,提到了用、保、治的三字真经,这三个字一个字都不能少。当然,鉴于治理的现实,当前第一位的仍是保护、治理,但同时也不能忘了"用好"。这是最简单不过的道理,千万不能从一个极端走到另一个极端。

应当看到,当前首要的任务仍是大治理、大保护,尽快实现"一湖碧水"的目标。经过十年治巢,巢湖的水质已稳定提升到Ⅳ类,今年蓝藻水华发生比往年要迟、要小;更为可喜的是,环湖十大湿地正在建设之中,十年禁渔正带来湖内鱼类种群、体量、数量的可喜变化。巢湖综合治理正迎来宝贵的临界点,但距离巢湖水质变好、生态恢复

的拐点尚未到来。需要在原来基础上一手抓四源整治，一手抓"山水工程"，力争再通过三五年努力，初步实现"一湖碧水"的建设目标。

还应当看到，巢湖既需要保护，也要开发，要注意满足人民群众对幸福生活的新期待，增进人民群众的绿色福祉。这与巢湖综合治理的初衷、目标是一致的。这就需要在不碰开发红线的前提下，适时、适度嵌入式搞些生态、旅游项目，便民、利民、富民。

当前，一是要抓紧建设环湖卫生公厕。二是修改完善巢湖风景区总体规划及完善环湖十二镇旅游规划。三是积极推进环湖美好乡村建设，打造一批精品民宿。四是开展环湖体育赛事，包括不污染的水上运动。五是待几个场馆恢复建成后，以渡江战役纪念馆为核心，实施滨湖亮化工程，打造"风从湖上来，船向湖中开"灯光秀……如此等等。

打造"一湖碧水"，防止"一湖剐（寡）水"，既是巢湖综合治理的需要和必然，也是对我们各级治巢干部能力和水平的考验。凡事过犹不及。看我们的干部是否政治成熟、工作出色，很重要的一点是看能否全面、正确、系统地根据上级要求，结合实际大胆实践，注重在"力的平行四边形"中统筹推进各项工作的落实，实现上级满意和人民满意的有机统一、依法行政与实事求是的有机统一。

创出大湖治理的合肥典范

时间：2023年11月，成文于2023年11月
地点：巢湖之滨家中（黄麓镇王疃村）

子：我们今天谈谈这些年特别是区划调整12年以来，我们是如何治巢的。

父：这又要以你说为主了。巢湖治理更多的是上级的事，老百姓听招呼按着办就是了。

子：不能这样说。领导当然要重视，查源头、订规划、抓项目，但老百姓是治湖的主体，巢湖治理能有今天，靠的是老百姓的拥护和共同参与。

国外的情况也是这样。日本琵琶湖治理时，家庭主妇都上街了，宣传禁用含磷洗衣剂，因为"对于家庭主妇而言，没有任何事情比保证自己的孩子能喝到干净的水更重要"。

在美国，更有一个传奇式的人物伊迪斯·蔡斯，是她在几十年前让汇入伊利湖的凯霍加河恢复了清澈，被俄亥俄州环境委员会称为"伊利湖贵妇"。作为一名骄傲的家庭主妇，她以一个非官方身份所达到的成就，比大多数监管部门拥有正式职务的人还要高。

她的杰出成就表现在：一是敢于振臂一呼，充当意见领袖，后来加入民间组织伊利湖流域委员会，并最终成为主席。二是形成了有史以来关于伊利湖最全面、最清晰的报告之一——《伊利湖，悼念还是拯救？》。三是推动政府的大投入。四是借凯霍加河上发生火灾，河水受污竟然烧起来造势，逼企业整改。五是最终推动了美国"三位一体"法案（《清洁水法》《清洁空气法》《国家环境政策法》）的出台。

父：这么厉害。民间力量很重要。老百姓不支持，什么事都干不成。比如我们这里禁渔，虽然是上级要求的，但老百姓听话啊，说禁就禁，一个晚上成千上万的渔民就

不下湖了。当然,政府也不让老百姓吃亏,各种补助很多。

子:是的。纵观历史,湖泊开发与治理始终是一对矛盾,处理好二者的关系十分重要。只是,各个历史时期重点不同。20世纪六七十年代之前的重点是开发,包括人进湖退、围湖造田,下湖捕鱼,甚至网箱养鱼,也包括挖沙卖沙等。80年代后,随着污染的加重,重点就转到治理上。而这治理又分为以下两个阶段。

第一,从"九五"开始到2011年8月区划调整,大体为十五年时间。这个阶段巢湖被确定为"三湖"之一,成为治理重点。巢湖首次以大湖治理的形象,进入到国人面前。

从"九五"开始,也就是从1996年开始,国家开始重视环保工作。针对湖泊污染日趋严重的状况,决定重点治理"三河三湖"。这"三湖"是太湖、巢湖和滇池,也就是现在所说的"老三湖",以别于现在的"新三湖"(洱海、白洋淀、丹江口)。

父:这个还有印象,当时广播上经常听到。也是从那时起知道,中央和全国都关心巢湖治理,感到巢湖不一般,虽然上了"黑名单",但觉得未必不是好事,可能会有大笔投资。好像从那时起,污水处理厂开始建设了。

子:正如您所说,那一轮治理首先是发出了一个大湖治理的强烈信号,开始了以控制蓝藻水华为中心任务的大湖治理的新征程。从那时开始,编制规划提出目标,陆续开展城市污水处理厂建设,实施以工业企业为重点的污染源整治等。

近期查资料,和一些老同志聊,知合肥、巢湖当时分属,都重点放在城市污水处理厂的规划建设上,特别是巢湖市污水处理厂更是从无到有。还记得巢湖海军圩双桥河入湖处的清淤也是从那时开始的。沿湖各地还统一实施了"零点行动"。

父:海军圩双桥河入口处的清淤,清的是皖维、7410工厂等淌下来的废物,后来在清淤堆土场栽了很多杨树、柳树等,现在都已长成参天大树,我们去环湖大道那里转时看过。

子:是的。第二个阶段总体时间是从区划调整至今,已十二年了。但这十二年治巢,又因为有几个标志性事件,可以分为三个小阶段:

一是从区划调整的2011年8月至中央环保督察的2017年4月;二是2017年4月至习近平总书记来肥考察的2020年8月;三是2020年8月至今。这三个阶段虽有些不同,但整个工作思路、重点却是一脉相承、层层推进的,应联系起来看,不能截然分开。

父:十二年,正好是一轮,不长也不短。十二年治巢,干了很多大事、要事、好事。

子:是的。十二年前,安徽省进行区划调整,将原地级巢湖市一分为三,居巢区(现巢湖市)、庐江县整体并入合肥,巢湖成为合肥的"怀中湖"。一个市坐拥800平方公里的大湖,这在全中国是独一无二的。正在迅速崛起的合肥提出了"大湖名城,创新高地"的新的城市定位,并迅速启动了新一轮的巢湖综合治理。此时,形成了后来被广为称赞的"五个一"的工作机制,夯基垒台,搭架上梁,吹响了巢湖治理的"集结号"。

父:哪"五个一"?

子:第一,成立巢湖综合治理领导小组,下设办公室(环湖办),抽调专人集中办公,集中编制、实施治理项目。

第二,组建省巢湖管理局,统管巢湖治理。

第三,由财政统筹,建立治理资金池。2013年市政府报经市人大常委会批准,设立环巢湖项目资金池,归集项目建设资金。即通过每年计提市级和各县市区、开发区一定比例的预算收入(2%)、土地出让金收入(6.5%),加上水利建设资金(50%)、相关部门争取的中央和省补助资金等,将相关专项资金归集到一个专户(即资金池),保障环巢湖生态修复工程的资金需求;并利用资金池资金进行质押融资,与国家开发银行建立了长期的合作关系,较好地解决了资金瓶颈问题。

据了解,环巢湖地区生态保护与修复工程建设专项资金池至2022年底归集近300亿元。截至2023年9月末,巢湖综合治理累计筹集各类资金472亿元,累计使用467亿元。

第四,组建巢湖治理专业公司(现称市水务环境建设投资公司)。

第五,实施一批重大项目。仅环巢湖生态保护修复1~6期共计237个项目,到2022年底累计完成投资319.4亿元,到2023年6月累计完成投资338亿元。

父:"五个一"是巢湖治理概括性举措,五大杠杆。

子:这"五个一"十分管用,一直延续至今。特别是建立资金池发挥了巨大作用,在全国影响很大。您知道太湖周边省市财力都很雄厚,上级支持也很大,资金筹措无大的问题,如2007年以来,无锡累计投入1125亿元用于太湖治理,其中87%由地方投入。但云南昆明情况就不一样了,滇池治理没有合肥类似的筹资机制,区县政府即期支付压力很大,并且缺乏未来连续投入的可预期支持。记得昆明的同志来合肥交流,很是羡慕我们的做法。

当然,现在情况发生变化,"五个一"的机制也进行了调整和优化。如环湖办、风景名胜区管委会整体并入省巢湖管理局;资金池的筹措与使用也按新的财经制度进行了调整。这些都是适时的、必要的。

父:有钱好办事。建立资金池是一着高招,也体现了当时决策者的决心,特别是从财政和土地出让收入中每年切一块用于治理,很有远见,也很有气魄。

子:从那时起,巢湖综合治理进入快车道。这是主动作为之举。是真干,而且是有钱干了。2017年4月,中央环保督察来了,又加速了这一进程。

当时中央环保督察,剑指巢湖治理的不足,问题找得准、拎得多、讲得重。这是当时一条新闻稿摘要：

　　2017年4月27日至5月27日，中央第四环保督察组对安徽省进行了为期一个月的环保督察，发现巢湖流域水环境保护存在破坏滨湖湿地、违规侵占湖面、大量污水直排入湖、河流污染量大等问题。

　　父：听起来问题很严重。

　　子：是的，确实很严重。但这猛击一掌，来得很及时，让我们看到了巢湖治理的问题和不足，无形中增强了责任感和紧迫感。这是"强扭入轨"的行动。经过整治，取得了显著成效，发生了历史性变化。

　　父：这些变化，我们都感受到了，之前也聊到过。

　　子：2020年8月，习近平总书记到安徽、合肥考察，特别提出，"让巢湖成为合肥最好的名片"。这是提神提劲之笔！我们对标对表习近平总书记的要求，在既有工作基础上，提出了实施碧水、安澜、生态修复、绿色发展、富民共享五大行动的方案，巢湖综合治理进入新的历史阶段。

三

　　父：十二年治巢，肯定有很多难忘的事情，说几个精彩的故事片段。

　　子：好的。事非经过不知难。印象深的事很多，首先聊聊巢湖综合治理"二十条"的出台。

　　父："二十条"？

　　子：2017年年中中央环保督察后，省、市更加重视巢湖综合治理，但是当时还没有详细完整的治理方案，市委主要负责人要我们尽快拿一个初步意见供研究。由于时间紧要求急，我们便连天带夜地工作，通过召开不同类型座谈会等方式，研读相关材料，学习外地经验，找出本地问题，从中提炼要做的马上又能干的工作重点，一一梳理出来，一整理正好二十条。报送市委主要领导后，认为可行；经过认真讨论后，随即上报省委，时任省委书记李锦斌同志阅后立即作出如下批示：

　　起步快，举措实，二十条很好。坚持顶层设计，注重科学研判，实施有力有序，力推绿色发展。

　　这"二十条"成为一个时期巢湖综合治理的基本依据和工作重点。我手机里有原文，您看看（附录一）。

　　父：不错，"二十条"好记，也好操作。

　　子：第二个印象深的就是市委、市政府出台〔2017〕35号文件《关于加快建设绿色发展美丽巢湖的意见》。这是对"二十条"的丰富与深化，是治巢的新的纲领性文件。

　　其中首次提到了"三步走"的目标，即，第一步，至2020年，流域防洪短板基本补齐……南淝河、十五里河、派河基本消除劣Ⅴ类水体。第二步,至2022年(引江济淮工程建成时),巢湖综合治理迎来拐点,截污治污体系完善,水循环健康,流域生态环境修复,产业结构调整优化,科技支撑有力,生态环境好转,"健康巢湖"目标基本实现。第三步,至2035年,与党的十九大报告提出的"生态环境根本好转"相一致,巢湖综合治理取得决定性胜利。

父:那第一步和第二步目标实现了吗?

子:基本实现。到2020年底,入湖河流消除了劣Ⅴ类,特别是南淝河治理打了一场漂亮的攻坚战。到去年底,巢湖治理的"上半篇"交出了满意的答卷。市政协今年9月召开了议政性常委会,有关部门向与会同志报出这样一组喜人成绩:

巢湖整体水质达到有监测记录以来最好水平,防汛抗旱能力得到重大提升,巢湖生态环境获得显著改善,系统治理模式初步形成,引江济淮工程顺利通水,城湖共生品牌正在显现。

父:好。你们的报告带给我看看。

子:下次带回来。市委〔2017〕35号文件还提出:"坚持以水定城、以水定产,城镇建设和承接产业转移区域不得突破资源环境承载能力。"这在当时讨论文件初稿时引起热议。有同志说,我们这儿不缺水,也要这么提吗?后来统一思想,写入文件。文件还提出全面推行绿色低碳生产生活方式,要求出台《合肥市新能源汽车绿色出行实施方案》,建设环巢湖科技创新走廊等。现在看,这些要求富有远见,符合实际。

父:对巢湖治理的认识更深刻、更系统、更全面了。

子:是的,在此期间我们还积极配合,省政府陆续出台了相关文件、治理规划等。

父:巢湖治理这些年确实有很多成绩,刚才你说了有个三阶段的目标,现在正逐步逼近。从市民角度看,做到哪些就算是巢湖治理成功呢?

子:你这个问题问到了关键。当年英国治理泰晤士河,德、荷等国治理莱茵河时,都把鲑鱼洄游等作为治理成功与否的指示物种。我觉得,简要评判巢湖治理、生态修复成功与否,可以看这样几个指标和状况。一看波纹东方鲀(俗称河鲀)和鳗鲡(俗称白鳝)是否能洄游繁殖;二看巢湖能否再作为饮用水源地;三看夏天大部分湖湾能否游泳。

父:有道理。后面两点更直观。河鲀和白鳝是洄游性、肉食性鱼类,有很大经济价值,过去是有,现在几乎见不到了。它们要洄游到巢湖,光靠巢湖还不行呀,首先是长江要有。

子:是的。这是一个大系统,涉及江与湖的各自保护和连通。但现在都在发生可喜的变化。省农业科学研究院梁阳阳同志告诉我,通过走访和查看文献资料,得悉建闸前这两种鱼过去都有,现正在恢复中。2022年,他们在裕溪河采集到1条河鲀。禁渔后白鳝出现的频率较高,今年采集到了7条。

父：环保督察是个重大考验。从老百姓直观看，确实拆了一些房子。

子：是的。拆房子很痛苦，但也没办法，这主要是在一级保护区内出的问题。

父：到底是什么问题？为什么非要拆房子？

子：这涉及《巢湖流域水污染防治条例》（以下简称《条例》）的执行。这个《条例》是省人大常委会于1998年12月22日出台的，并于2014年7月17日进行第一次修订，2019年12月21日又进行了第二次修订。

对于后几次的修订，有两条十分重要的规定。

第一，一级保护区的划定。

2014版《条例》划分三级保护区，规定巢湖湖体、巢湖岸线外延1000米范围内陆域、入湖河道上溯至10000米及沿岸两侧各200米范围内陆域为一级保护区。2019版《条例》从其规定。

父：这就是一级保护区一公里范围的由来。

子：第二个重要规定是：

2014版《条例》第二十一条第一款规定：水环境一级保护区内……，还禁止下列行为：

（一）新建、扩建排放水污染物的建设项目……

此后《条例》又于2019年12月21日进行了第二次修订，尽管有些内容作了修订，但这一条的核心要义未变，只是条款变为新《条例》的第二十五条第一款，文字一个未动。

这条核心要义是，在环湖一公里范围内，不允许新建、扩建任何有水污染物排放的建设项目。

父：严是对的，但要宣传、解释好，还要执行好。

子：是的。这方面确实有不少教训。教训之一是，不管何种理由，通过了的《条例》必须贯彻实施。这是依法治国的需要。从这一点上讲，这正是中央环保督察紧抓不放的重要原因之一。

父：这就是恒大项目停工、巢湖市李家大院拆除的缘由。

子：是的，当然在这一过程中，各级也注意把握了严格执法与尊重历史的有机统一。有几个成功的整改案例，还是可圈可点的。

比如岸上草原。原先是利用弃土堆成的，客观占用了一些生态用地，上面也建了一些旅游设施，后将其大部拆除，改栽一些树木。这样做的目的是减少人类的活动。上级同意了，并未要求将土全部拉掉。在整改时还特别注意"岸上草原整改后天际线

岸上草原

效果"。当时,对效果图进行了仔细审查。这是现在的照片。

父:这个整改效果还不错,市民反映较好。

子:还有几个场馆的整改。当年在滨湖新区建设时搞了一个几大场馆的规划。2014年底前新的《条例》实施时,有的已建成,有的正在建。中央环保督察后,正在建且不符合《条例》的被叫停。

后来考虑,一是这些场馆都是文化教育科技类项目,是公共文化产品;二是规划为一个整体,以渡江战役纪念馆为核心两边分布,一部分已建成,拆除或不建一两个馆,原有的规划就大受影响,整个片区就成了"烂尾片区";三是个别场馆只略超一公里红线,对于已超的生态环境损害,可通过加大其他方面的建设,如十大湿地等来弥补。

这几个馆即美术馆、科技馆、百戏城,在2021年7月中央环保督察"回头看"后同意续建,现在,美术馆、科技馆已建成开放,百戏城主体工程已经完工。未来,这几大馆将是滨湖新区的新亮点。

另外,合肥恒大中心项目因部分地处一级保护区内,中央环保督察后停工,经整改同意后,允许部分项目复工,但企业因自身问题而搁置。

父:依法行政、实事求是都很重要,并且需要统筹兼顾好。

正在复建中的百戏城(2023年11月16日)

子:在推进巢湖综合治理中,我们十分重视项目的编制和建设。前面讲了十二年下来,环巢湖生态保护修复1~6期共计237个项目,到2023年6月累计完成投资338亿。特别是2021年我们拿下了国家"山水工程"项目。

父:你上次说过,获得中央财政奖补20亿元。

子:是的。对于这个项目的编制,我们花了很大的功夫,既获得了中央财政资金的奖补,更丰富、深化了对"山水林田湖草是一个生命共同体"的认识。这是最大的理论收获,也是激发我要写这本访谈的动力之一。

父:这很好,精神财富也很重要。

子:还有高兴的事,巢湖综合治理也得到国际组织的认可和国际社会的关注。就在前天(11月2日),《参考消息》上登载了一篇文章,我拿给您看:

参考消息网11月2日报道　据亚洲开发银行网站10月31日报道,亚洲开发银行已批准了一笔2.24亿美元等值贷款,用于提高中国安徽省巢湖流域的气候适应能力、支持农村生计并保护生态系统。

"安徽巢湖流域水环境综合治理项目(二期)将在巢湖流域采用湖泊综合管理方法,这将有助于保护长江的整体环境健康,"亚行水资源专家西尔维娅·卡尔达夏说,"它将加强巢湖的生态系统,造福这一流域的约285万民众。"

报道说,巢湖位于长江中下游,是中国五大淡水湖之一,对于长江经济带具有重要意义。这个湖泊提供附近地区居民的饮用水以及农业、渔业、工业、交通、娱乐和旅游业用水。然而,人口增长、土地利用变化、农业集约化和快速城市化导致巢湖流域环境恶化,制约了经济和社会的可持续发展。

一期项目显著改善了上游8条入湖河流的水质,城市建成区扩建了污水收集设施。

二期项目将在巢湖流域试点生态补偿激励机制,以保护水源免受农业径流和农村废水污染。项目将设立一个创新基金——气候适应型投资基金,这将是巢湖流域首个私募股权投资基金。该基金的主要目标是促进私营部门的参与,刺激当地农村经济。该基金的投资将主要针对符合条件的支持流域内的低碳和气候智能型农业、废物污染控制技术、生态旅游和可再生能源的子项目。

报道还说,该项目将促进湿地和池塘开发,实现截污整治农业径流和雨洪径流的战略定位。同时,步行道的修建以及本土植物和树木的融入将有助于绿化河岸。另外还将建设先进的数字决策支持系统,以加强流域内的环境和气候风险监测。

项目总成本为4.53亿美元,其中来自政府和其他来源的配套资金为2.29亿美元。项目预计将于2031年完成。该项目的活动可以在中国其他省份和亚行发展中成员体进行复制推广。

父:巢湖治理形成经验了,可复制、可推广。

六

子:为了推进巢湖综合治理,我们还有意加强基础理论研究与对外合作,同样取得了丰硕成果。

父:你和我说过,在"老三湖"率先成立了巢湖研究院。

子:是的。研究院是2018年初成立的,聘请省水利勘测设计院朱青同志任院长,今年11月接任的院长是唐晓先同志。我们给研究院的定位是:跟踪对接国内外湖泊治理最新成果,引进若干符合巢湖实际能够加以推广运用的成果,综合集成各类治水措施,形成大湖治理的合肥方案。研究院给自身的定位是:奋力打造国内领先的湖泊战略研究智库、国内一流的湖泊基础调查机构、国内先进的湖泊治理技术集成平台、国内知名的湖泊学术交流窗口和国际一流的湖泊水质水量联合调度试验基地。应该说,经过几年的努力,取得了不少成绩。

父:表现在哪些方面?

子:其一是向外学习,加强对外合作。我们与中国科学院南京地理与湖泊研究所建立了长期紧密合作关系,与中国环境科学研究院共建"湖泊水污染治理与生态修复技术国家工程实验室合肥分中心",与英国、韩国以及我国台湾地区等进行科技合作。我们到美加五大湖、日本琵琶湖、英国泰晤士河等进行学习考察。还举办峰会,邀请专家学者来肥共商治理大计。

其二是引进一批成熟的治理技术。特别是蓝藻水华打捞处理项目,基本上都是从无锡引来的。从昆明引种的中山杉获得了成功。

父:"老三湖"就要相互学习。

子:其三是下决心投入巨资进行生物资源调查,目前正在陆续出成果。这可是一项大工程,以下是巢湖研究院提供的相关材料:

为填补巢湖生物资源调查空白,解析河湖污染通量,研究湖区生态水位调控,加快推进水生态修复,推动新一轮巢湖综合治理,2020年1月安徽省巢湖管理局谋划了巢湖生物资源调查及生态修复示范工程项目。2020年10月,市发改委批复同意该项目立项,估算总投资2.07亿元,其中基础调查研究部分0.59亿元,示范工程部分1.48亿元。巢湖生物资源调查研究既是对巢湖水环境一级保护区生态环境现状一次全面系统的摸底,也可为正在实施的巢湖山水工程绩效评估等提供技术支撑。

（一）调查范围及内容

以巢湖流域水环境一级保护区（以下简称一级保护区）范围约994.7 km^{2}区域为重点调查区域,调查研究内容主要包括巢湖生态系统历史数据收集与整理分析、一级保护区水域生物资源调查、一级保护区陆域生物资源调查、巢湖湖盆演化及地下水资源分布调查、巢湖主要出入湖河流污染通量研究、多目标需求下巢湖生态水位调控研究,并编制巢湖生态系统综合调控方案。

（二）进展情况

2021年8月,通过公开招标方式确定安徽省水利院（牵头单位）、中国科学院南京地理与湖泊研究所、中国科学院水生生物研究所、中国环境科学研究院、合肥学院等5家联合体为巢湖生物资源调查和研究单位,中标合同价为5523万元。2022年1月,历时3年的巢湖生物资源调查研究工作全面启动。

截至2023年底,已完成24期浮游生物调查、8期底栖动物调查、10期鱼类调查、6期陆域陆生植物调查、12期全湖鸟类调查、4期湿地湿生水生植物调查、4期两栖爬行动物调查和4期哺乳动物及平行调查,初步建立了巢湖生态系统历史数据库。巢湖湖盆演化及地下水资源分布调查、巢湖主要出入湖河流污染通量研究、多目标需求下巢湖生态水位调控研究等正在有序进行中,初步成果正在与行业管理部门校核对接。

（三）主要成果

根据2022—2023年调查结果,巢湖湖区现有浮游植物8门98属146种,浮游动物4类78属164种,底栖动物4门8纲85种,大型水生植物36科66属96种,鱼类8目16

科59种;巢湖周边共观测到鸟类18目59科311种,其中新记录鸟类26种,国家一级保护鸟类12种(东方白鹳、黄胸鹀、青头潜鸭、白鹈鹕、黑鹳、黑脸琵鹭、黄嘴白鹭、白鹤、白头鹤、卷羽鹈鹕、黑嘴鸥、乌雕);环巢湖陆域共调查到两栖类动物1目4科8种,爬行类动物2目8科15种,哺乳动物6目11科22种,维管束植物145科504属826种,其中环巢湖水环境一级保护区陆域湿地共调查到维管束植物144科499属814种。

调查结果显示,巢湖湖区藻密度、生物量和蓝藻的优势地位明显下降,硅藻和绿藻数量和生物量占比明显上升。

近两年观测记录到的鸟种数量比历史最多的2021年均多出100多种,呈现大幅度增加的趋势。2023年初在巢湖湿地中越冬栖息的东方白鹳和小天鹅数量相比2022年显著增加,小天鹅更是连续两年在巢湖越冬,栖息地从1处增加到3处,已成为巢湖生态质量改善的指示性鸟种。通过调查,首次揭示了候鸟迁徙巢湖的3条路径,其中林鸟迁徙路径2条,分别为白马山—四顶山—姥山岛—袁家山—白石山(林鸟穿越巢湖最主要的迁徙路线)和东庵—银屏山—高林山;1条水鸟迁徙路线为十八联圩—桂花台—派河口—罗大郢。

利用巢湖生物资源调查成果,绘制了巢湖风景名胜区国家一、二级保护动植物分布图,为《巢湖风景名胜区总体规划》(2021—2035)文本修改和报批工作提供了有力的技术支持。

父:家底摸得更清了。

子:是的。同时,研究院还完成巢湖底泥调查分析,建成巢湖数字流场模型,提交巢湖健康评估报告,编制氮磷总量控制方案,实施流域地理国情监测,开展一级保护区高分遥感监测,启动巢湖综合课题研究,积极谋划和推进炯炀河流域氮磷控制示范工程项目,全面建成"数字巢湖"平台等。

我很高兴获悉,11月20日,他们将举办"第四届巢湖综合治理专家咨询峰会"。这不仅意味着,巢湖研究院等班子完成了新老交替,更意味着新一轮巢湖综合治理的开始。

父:不错。一任接着一任干,巢湖综合治理大有希望。

子:是的。今年有很长一段时间巢湖水质保持Ⅲ类,对此,我作了分析并提出了下一步工作想法。这篇文章也请您看看(附录二)。

父:这些意见上级领导知道吗?

子:知道,大多已被采纳。

父:那就好。

子:我们今天的对话能否这样小结:大湖治理,合肥急起直追奋勇向前,既"天与人间作画图",又提供独特的大湖治理方案,丰富了人类湖泊治理的理论与实践,这是习近平生态文明思想和中国式现代化实践的真实写照。

父:可以。

关于加快建设绿色发展美丽巢湖的工作方案

为深入贯彻党中央、国务院关于生态文明建设和环境保护的重大决策部署,全面落实中央第四环保督察组督察反馈意见整改,加快建设绿色发展的美丽巢湖,现提出以下实施方案:

一、研究出台《巢湖综合治理绿色发展总体规划》

1. 编制"1+N"规划体系。立即启动《巢湖综合治理绿色发展总体规划》编制工作,由安徽省巢湖管理局、合肥市规划局等牵头,配合省发改委等,相关单位参与,按照"四态合一、七规同图"的要求(四态指形态、业态、生态、文态;七规指国民经济和社会发展规划、城市总体规划、土地利用总体规划、防洪排涝规划、水污染防治规划、生态规划、旅游规划),构建顶层设计清晰、中观层面完整、实施层面有效的规划路径(2017年8月底前形成规划大纲初稿)。

2. 修订已出台的规划。以更严、更高、更新、更全的标准,对已出台的规划进行梳理,进一步修改完善或提请修改。如市规划局2012年牵头编制的《合肥市城市空间发展战略及环巢湖地区生态保护修复与旅游发展规划》、市农委2012年牵头编制的《合肥市环巢湖生态农业建设和发展"十二五"规划》、市规划局2014年牵头编制的《巢湖生态文明先行示范区生态保护与建设总体规划》、省发改委2015年印发的《巢湖流域生态文明先行示范区建设实施方案》。

3. 加快出台论证中的规划。如《巢湖风景名胜区总体规划》《巢湖治理与保护战略研究》《环巢湖国家旅游休闲区总体规划》《环巢湖湿地总体规划》。

(牵头单位:省巢管局、市规划局、市发改委、市环湖办;参与单位:市农委、市国土局、市环保局、市林园局、市旅游局、市水务局等;完成时间:2017年12月)

二、加快制定"一湖一策"工作方案

按照"治理西北,保护西南,防治东北,连通东南,修复环湖"的思路,科学论证并合理确定巢湖治理的目标任务,细化量化各项考核指标,确立巢湖河长制的领导体制、责任框架和问责追究机制,确保巢湖"国控断面有序达标,巢湖水质有效改善,湖区蓝藻控制有力,污水排放监管有方"。

(牵头单位:市水务局、市环保局、市环湖办;参与单位:省巢管局、相关县市区等;完成时间:2017年9月)

三、重点推进南淝河等4条重污染河流治理

1. 全面开展排污口普查工作。明确排污口的批准管理权属,尤其是对4条重污染河流的所有排污口进行全面排查,对不达标排放的进行封堵。严格管理工业企业废水排放,加强污水处理厂入河排污口监管,加大"飞检"和暗访力度,重罚涉水企业偷排乱排行为。

2. 进一步推进和落实河长制。对已出台的4条河流达标方案开展"回头看",进一步完善提升达标方案,按照河长制要求制定4条河流"一河一策"。确定4名市委、市政府领导分别担任4条重污染河流的河长,明确市委副书记担任派河河长,市委常委、常务副市长担任南淝河河长,市委常委、巢湖市委书记担任双桥河河长,分管环保副市长担任十五里河河长。

3. 制定实施南淝河、十五里河、派河生态补水方案。加快建设江水西调工程肥东段,实现自长江引水经驷马山干渠进入滁河干渠,在干旱季节为董大水库补水,并为南淝河实施生态补水;优化水源配置,适时开展十五里河生态补水;结合引江济淮工程,增加派河生态基流。

（牵头单位:市环保局、市水务局、市城乡建委、巢湖市、市环湖办、市政府法制办;参与单位:省巢管局、市排管办、相关县市区等;完成时间:按期达标、长期持续）

四、集中攻克蓝藻水华难题

1. 加强巢湖市水源地保护。制定巢湖市水污染应急预案,加快巢湖市备用水源建设,严防东半湖蓝藻水华暴发时巢湖市发生城市供水危机。

2. 实施蓝藻水华防控技术攻关。组织国内外专家开展技术攻关,研究蓝藻水华发生机理和形成条件,形成蓝藻水华治理工程技术等方案,制定蓝藻水华防控预测、预警应急处置技术方案。

3. 加强蓝藻水华日常处理。充分发挥塘西河、派河藻水分离站的作用,加快肥东长临河、巢湖市中庙藻水分离站的建设,在庐江县白石天河河口、巢湖西坝口等处实施移动式蓝藻磁捕船项目。

4. 强化蓝藻水华应急处置。进一步完善蓝藻水华预测预警应急处置预案,预测预警蓝藻水华发展过程,完善处置方法。

（牵头单位:省巢管局、市环保局、市科技局、市环湖办;参与单位:市发改委、相关县市区等;完成时间:分步实施,长期持续）

五、推进污水处理和中水回用系列工程和生态建设

1. 进一步提高污水处理能力。加快清溪净水厂、胡大郢、十五里河三期等污水处理厂建设,确保按期建成投产;2019年底前完成小仓房三期20万吨扩容。新建污水处理厂出水指标严格执行《巢湖流域城镇污水处理厂和工业行业主要水污染物排放限值》(DB34/2710—2016)相关规定。老厂结合改扩建同步实施提标改造,确保到2018年7月1日后除望塘污水处理厂外,市区所有污水处理厂出水指标达到《巢湖流域城镇污水处理厂和工业行业主要水污染物排放限值》(DB34/2710—2016)要求（大体相当于巢湖准Ⅳ类水质）。

2. 强化污水处理厂运营监管。建立视频监控系统,对污水处理厂进行24小时监控。强化对污水处理厂第三方检测机构的管理,改变第三方检测费用由运营单位支付的方式,由市直主管部门依法招标,按合同支付。

3. 推进初期雨水处理设施建设。总结、推广老城区杏花公园、逍遥津初期雨水调蓄池及滨湖新区塘西河流域初期雨水处理设施工程实践,以南淝河、十五里河流域为重点,研究初期雨水污染控制处理措施,积极推进十五里河流域京台高速处、南淝河流域清Ⅰ、Ⅱ、Ⅲ冲初期雨水处理设施建设。

4. 稳步推进再生水利用工作。新区同步规划建设再生水管网,合理设置再生水市政杂用取水设施,鼓励和推广城市绿化、道路清扫等使用再生水。

5. 实施入湖水质旁路净化系统工程。对省水利水电勘测设计院牵头设计的南淝河河道旁路净化系统进一步论证(在十八联圩处运用硅砂生物滤池处理技术营建地下湿地),创造条件积极推进,净化南淝河入湖水质。在派河入湖口附近同步论证规划实施旁路净化系统,净化派河入湖水质。

(牵头单位:市城乡建委;参与单位:市水务局、市环保局、市环湖办、市供水集团等;完成时间:分步实施,2020年6月)

六、规划建设环巢湖湿地

在环湖周边规划建设10块湿地公园(三河、马尾河等4块国家级,长临河、槐林等4块省级,派河、玉带河2块市级)。湿地建设将以水污染负荷削减、水源涵养为主;切实加强湿地之间及湿地与巢湖之间的连通;以适宜的乡土植物(芦苇等)为主,并引进高生物量的植物(美国杂交柳等),构建植物层次有序、生态拦截治污有力、生物多样性丰富的环湖湿地群。

(牵头单位:市林园局、市环湖办、省巢管局、市国土局,相关县市区;完成时间:2020年12月)

七、加快治理和修复环巢湖周边矿山

实施环巢湖周边地区矿山的治理和修复,加快推进肥东县马龙山等富磷废弃矿山(面积3.26平方公里)和52座露采废弃矿山(面积13.17平方公里)的治理和修复;推进巢湖市曹家山等石灰石矿(面积5.37平方公里)和庐江县铁矿、矾矿矿山的治理修复(修复范围约10平方公里,包含大小矾山的10座矾矿,钟山铁矿排土场、龙潭冲铁矿)等。

(牵头单位:市国土局、肥东县、巢湖市、庐江县等;完成时间:分步实施,其中肥东矿山修复2018年底完成;2019年12月)

八、加大农业面源污染治理力度

2017年底完成巢湖流域水环境一、二级保护区划定,并上报划定方案。创造条件,在一级保护区范围内逐步实施退耕还湿、还林、还水工程,推进巢湖流域部分地区如黄陂湖退渔还水、还湿工程建设。强化一、二级保护区范围内的农业结构调整,进一步落实市政府加快推进现代生态循环农业发展的意见,推广控释肥技术、缓释肥技术、有机低磷肥等,全面禁止农业高毒、剧毒农药使用。严格实行禁养区和限养区畜禽养殖业政策。实施杭埠河、白石天河、派河等上游河道的水土流失防治工程。

(牵头单位:市农委、市环保局、市规划局、市水务局、省巢管局、市国土局、市林园

局、市畜牧水产局、市环湖办、相关县市区;完成时间:2020年12月,分步实施)

九、推进环巢湖生态保护与修复一至六期工程

切实加强项目法人建设,推行项目全周期管理,创新投融资模式。

1. 全面完成一期、二期工程。一期工程16个项目,目前14个完工、2个收尾,投资完成率99.2%;二期工程98个项目,76个完工,投资完成率96.1%。今年底一期、二期工程全面完工后,组织开展对一期工程的绩效评估、二期工程的竣工验收。

2. 加快推进三期、四期工程。三期工程44个项目,目前已开工35个项目;四期工程35个项目,目前已开工4个项目。要对三期、四期工程进一步梳理论证技术路线、实施方案和工艺。

3. 启动编制五期、六期工程。启动五期工程的初步设计编制,继续完善六期工程可研方案,进一步加大统筹推进力度。

(牵头单位:市环湖办、市发改委、市水务局、相关县市区;参与单位:市环保局、市财政局、市审计局、巢湖城投等;完成时间:长期持续)

十、加强巢湖内源治理

全面开展巢湖湖盆地形及污染底泥勘测,在保障湖体生态稳定的前提下,精准实施污染底泥处置,实施南淝河、派河等河口清淤,削减湖体污染存量,治理水土流失。

(牵头单位:省巢管局、市环保局、市环湖办、市水务局、相关县市区;完成时间:2020年12月)

十一、探索建立流域统一的监测体系

1. 开展联合监测。整合环保、水利、住建、气象、水文等部门的所有监测断面,统一设置全覆盖的监测断面,与相关市域开展跨界河流交界断面联合监测。

2. 建设全流域统一的水环境监测数据平台。以污染物排放总量监测为主,统一监测标准,分地区分部门确定检测项目,确保检测手段标准化,实现定时、定点联合监测,信息集成共享,监测结果统一发布。

3. 编制实施统一的发布标准。以环保部标准为参照系,以地表水指标为要求,将环保、水利、住建、气象、水文等部门水环境数据整合换算成"合肥版"指标,形成巢湖治理简明易懂的指标体系,统一对外发布,让市民了解巢湖环境状况。

(牵头单位:省巢管局、市水务局、市环保局;参与单位:市城乡建委、市气象局、市水文局;完成时间:2017年12月)

十二、探索建立全流域、跨区域的巢湖综合行政执法机构

组建跨区域的巢湖综合行政执法局,负责巢湖三级保护区内的综合执法。

(牵头单位:市编办、市政府法制办等;完成时间:2017年12月)

十三、制定完善相关法律法规和规范性文件

按照"治湖先治河、治河先治污、治污先治源、治源先建制"的要求,加强巢湖综合治理制度建设。

1. 提请省人大常委会修订《巢湖流域水污染防治条例》,尽快出台《巢湖流域管理条例》；建议省政府尽快出台《巢湖流域水污染防治条例实施细则》。

2. 结合巢湖流域环保考核要求，加快修订《合肥市水环境保护条例》。

3. 研究出台《合肥城区重污染门店污水排放管理办法》等规范性文件。

（牵头单位：省巢管局、市人大常委会法工委、市政府法制办、市水务局、市环保局；完成时间：2018年12月）

十四、加强水资源价格杠杆调控

加强工业、农业和城市用水价格改革管理，科学设定阶梯水价，建立高效的水资源调控管理机制，推动市政府扶持产业发展"1＋3＋5"政策体系在巢湖治理工作中的落实，鼓励工业企业、生产服务业中水回用，减少城市生活污水排放。

（牵头单位：市物价局、市水务局、市城乡建委、市供水集团、市科技局；参与单位：市环保局、市经信委、市排管办等；完成时间：2017年12月）

十五、鼓励社会各界参与支持巢湖环境保护

1. 广泛开展监督。邀请民主党派评议巢湖综合治理工作，鼓励热心环保公益事业人士和市民群众开展环保公益活动，引导公众参与和监督巢湖环境保护。

2. 加强宣传教育。加强环保宣传与教育，坚持环保教育从娃娃抓起，环保教育宣传进社区、进学校、进企业、进乡村。借鉴日本琵琶湖的治理经验（家庭主妇控磷等公众参与形式），全面禁止使用含磷洗衣粉。

（牵头单位：市委宣传部、省巢管局、市发改委、市环湖办、市环保局、市水务局等；完成时间：长期持续）

十六、落实省级巢湖河长制工作

1. 强化组织领导。在省委、省政府领导下，加快组建省级巢湖河长制领导体系，并加挂巢湖综合治理绿色发展领导小组，由省委常委、市委书记宋国权任河长（领导小组组长）、张曙光同志任第一副河长（领导小组第一副组长）。

2. 严格明确责任。巢湖流域内合肥市、六安市、芜湖市、马鞍山市分别设立巢湖治理市级河长，编制巢湖流域内各市河长制实施方案。

3. 建立巢湖河长制各项制度。建立健全上下游市域断面考核制度、问责制度等一系列制度。

（牵头单位：省巢管局、市水务局、市环保局、市环湖办；完成时间：2017年9月）

十七、广泛吸收国内外治湖先进经验

1. 吸收学习国内外治湖经验做法。广泛吸收借鉴国内外湖泊治理的成功经验，紧紧跟踪太湖、滇池和白洋淀、丹江口、洱海等新三湖的大湖治理有效做法，结合巢湖生态特点，坚持对症下药、因地施策，不断推进治理理念和方式创新。

2. 出台更为严格的排放标准。参照山东省济宁市南四湖治理经验，由市畜牧水产局、市城乡建委、市水务局、市林园局、市质监局等部门，对部分行业制定出台严于国家标准、满足水体达标要求的巢湖流域排放标准体系和工程技术规范，如《巢湖流域规模化畜禽养殖废水排放标准》《巢湖流域乡镇（中心村）生活污水处理工程设计技

创出大湖治理的合肥典范

术导则》《巢湖流域亲自然河道建设技术导则》《巢湖流域生态湿地建设技术导则》等。

（牵头单位：市环湖办、省巢管局、市农委、市城乡建委、市水务局、市环保局、市林园局、市科技局、市质监局、市畜牧水产局等；完成时间：长期持续）

十八、成立专家咨询委员会

成立专家咨询委员会，作为巢湖综合治理的智囊团和参谋部。

（牵头单位：市环湖办、省巢管局、合肥学院等；完成时间：2017年8月）

十九、组建巢湖研究院

由省巢湖管理局会同合肥学院组建巢湖研究院，邀请中国科学院、中国科技大学、武汉大学、厦门大学、合肥工业大学、安徽农业大学等高等院校和科研院所参加；按照"世界眼光、中外结合、因地制宜、勇探新路"的原则，打造开放式研究平台，加强巢湖治理基础理论研究和适用技术攻关，开展先进技术应用示范试点，为巢湖综合治理工程设计提供技术支撑。

（牵头单位：省巢管局、合肥学院、市编办；参与单位：市环湖办、市财政局、市公管局等；完成时间：2017年8月）

二十、加强环保和巢湖综合治理专题理论学习和各类培训

将环保和巢湖综合治理纳入各级党校、行政学院的培训内容，邀请巢湖治理领域的专家学者授课，强化巢湖综合治理知识学习，进一步深化对巢湖综合治理工作重要性和紧迫性的认识。近期，将组织开展一次市委中心组理论学习，专题研究巢湖综合治理工作。

（牵头单位：市委办公厅、市委党校、市行政学院、市环湖办等；完成时间：长期持续）

备注：牵头单位中排在第一位的为召集单位。

 附录二

久违的巢湖Ⅲ类水

（2022年4月12日）

今天，在巢湖"蓝藻水华情况通报群"中得知，4月11日，根据国家水质自动监测平台数据，巢湖东、西半湖、全湖主要污染指标总磷浓度分别为0.046 mg/L、0.049 mg/L、0.048 mg/L。这意味着，在这一时点，巢湖全湖水质达到Ⅲ类水标准。这是久违的数据，2020年1到8月曾经达到过；更是持续综合治理的成果，令人欣慰。因此，我在获知这一信息后，即给省巢管局副局长唐勇同志发短信，"这是一个标志性的日子，可请媒体发一新闻"；但"话不讲满，只写这天达到Ⅲ类水，未来仍可能反弹，任重道远"。

自1978年国家有关部委开始实施巢湖水质监测以来，巢湖治理已走过极其艰辛

而又卓有成效的43年。今年底，随着引江济巢段的通水，新时代巢湖治理有可能迎来第二个阶段性目标——水质变化拐点的到来。而Ⅲ类水正是拐点出现的重要标志，能否持续延续Ⅲ类水是全社会都十分关注的目标。在这重要的历史转折关头，要深入推进巢湖综合治理，我认为需要把握以下几点。

（一）防止自我满足，防止经验固化。不能认为这些年来已穷尽治理各种技术、办法，资金投入量也很大，特别是在"老三湖"中，巢湖治理成效还不错，差不多了，可以等一等、看一看，对外地探索性做法、本地科研项目也不一定再拓展。这显然是不对的。大湖治理是世界性难题，探索永无止境，我们决不可满足已有的成绩，要继续向许多未知半未知的领域进军。如湖盆底的状况到底如何？底源到底怎么治理？施口试点清淤后，下一步怎么推进？等等，这些都需要认真考虑。还有，要紧紧跟踪禁渔后的生态新变化，紧紧跟踪十大湿地建设、环湖防浪林建设后的新情况，进行跟踪对比研究，持续推进新的建设与管护等。

（二）防止单打一追求水质指标，要在推进"山水工程"、生态修复中下大功夫。近期生态环境部调整了湖泊考核指标。据悉，目前国家考核巢湖主要有三个方面：一是水环境质量类别。巢湖要求为Ⅳ类，当前部分时段湖区水质仍不能稳定达标，主要超标因子为总磷。二是富营养化指数。巢湖全湖要求为到2025年小于等于55（2021年为60.2）。该指数由高锰酸盐指数、总氮、总磷、透明度和叶绿素a等5项指标加权计算得出。三是水生态考核。国家正在以长江流域为重点试点开展水生态考核试点，巢湖是我省唯一列入考核的湖泊型水体。主要考核指标为浮游动物、大型底栖动物、自然岸线率、水华面积比例、水生植被覆盖、水生生物栖息地人类活动影响指数等。对此类考核，我们早就有建议和对策。特别是去年争取到的"山水工程"，就可有效助力这个综合目标的实现；省委省政府批转的新的治巢方案就完全符合这个新要求。下一步巢湖综合治理，要按照这些考核指标完善思路，进一步拓展新的领域，扩大治理纵深，着力在治本上下大功夫。

（三）防止担心"秋后算账"，有钱也不敢投。大湖治理是要花大价钱的。太湖至今已投近2000亿元。2007年以来，仅无锡市就投入757亿元。滇池也已投700多亿元。而巢湖治理到去年底才投300多亿元，其中去年为80多亿元，但治理成效却很显著，财政绩效十分明显，这也是能获得国家"山水工程"财政奖补20亿元重要原因之一。未来，要推进水质稳定持续好转，一个基本道理是，必须继续投入。但有同志犯嘀咕：再投一两百亿，也许到时水质还那样，然而，随后环保督察以及巡视、审计等都要来，都要算大账，要比水质前后变化，可能会说投入的财政绩效不高。这些同志认为，与其那样，还不如不投或少投。这个观点肯定是不对的。须知目前的水质达标还是很脆弱的。要除淤祛污、正本清源、营造生境，不继续投入是不可想象的。不投入，不仅难以获得新的治理成果，已有的还会波动甚至丧失。

（四）防止重蹈人进湖退覆辙，要守牢一级保护区红线。巢湖等大湖治理之难，难就难在人水矛盾越来越尖锐，环境承载能力越来越有限。要从根本上治理巢湖，无疑是要划出红线，尽可能减少人类活动对湖泊的扰动。2017年第一轮中央环保督察指出巢湖的主要问题，就是一级保护区内违规搞建设。至今虽已基本完成整改任务，但付出的代价也很大。去年中央环保督察又查处了昆明滇池"围湖开发、贴线开发"问题。前事不忘，后事之师。这样的错误再也不能重犯。但现在一些地方又有蠢蠢欲动迹象，必须严防死守，用行政、法制等手段遏制这种不良冲动，决不允许反弹。

（五）防止蓝藻水华一捞了之，要持续在处理、转化上下功夫。蓝藻水华的发生与巢湖治理成效有相当大关联，但并不能完全划等号。水质改善，即使清水湖泊、湖泊清水也会有蓝藻。治理的思路，一是持续加大点源、面源、内源治理，减少营养盐的集聚，力争湖泊营养状态由富转贫。这是治本之道，但这需要久久为功，不可能毕其功于一役。二是在沿湖科学布设处置装备。当蓝藻水华发生后，实现快速处理，防止产生次生污染。这方面无锡做得较好，2007年以来，已累计打捞蓝藻水华1800万吨。三是将打捞上的蓝藻藻泥送垃圾焚烧发电厂处理。四是要利用科技手段，开发利用蓝藻资源，完成蓝藻防控处理环节的最后一环。这方面，江苏太湖周边有一些科研攻关项目，中国科学技术大学周丛照团队等也有领先的科研项目，但普遍都未进入到产业化阶段。下一步，可通过"揭榜挂帅"形式进行科技攻关和产业化开发，最终实现蓝藻变废为宝、资源化利用。

（六）防止误读误判巢湖，要历史、辩证、科学地看待治理成效。现在少数同志对巢湖的前世今生不甚了解，特别是对蓝藻的生存机理、爆发历史缺乏感知，因此一见到风吹藻聚，就怀疑甚至责备巢湖治理的成效。这是不尽妥当的。要继续加大对巢湖的科普宣传，解决一些人对湖泊知识的缺乏问题，解决一些人先入为主、好为人师的"先师全知"状态。这是统一思想、团结治污的需要，也是给一线同志必要的理解、宽容，保持对治理成效合理预期的需要。

（七）防止盲目比较、主观评判，防止盲目指导和下高指标。巢湖是一个具有完整生态系统的五大湖之一，它不同于大海，也不同于大江，巢湖就是巢湖。外地的治理经验可以而且必须学习借鉴，但不可盲目照搬，更不宜简单作为治湖的依据。巢湖水质指标，有其湖泊特有的复杂性（如现状缺乏流动性），不同于河流水质的变动性（因其流动性较强，两三个月治理就有可能由不达标到达标），国家要求巢湖稳定达到Ⅳ类水标准已属不易。因此，可提更高的力争目标，但不一定要作考核要求。

（八）防止一湖"剐水"，需在保护中合理开发。巢湖是"母亲湖"，世世代代哺育着沿岸数百万人民。当前首要的任务仍是治理，让其休养生息。但假以时日，当湖泊复苏后，也不是一点都不能开发。须知过度开发不对，绝对的生态主义、大湖一点不能碰的想法也是不对的。无锡提出打造太湖湾科技创新带，对标日内瓦湖、华盛顿湖和西湖，全面打造世界级湖区，值得我们学习借鉴；省委、省政府批准的新一轮巢湖治理方案中，明确提出碧水、安澜、生态修复、绿色发展、富民工程等，其中的内容十分丰富，也正体现了这样的要求。这些都需要我们在实践中统筹兼顾，科学谋划，下大功夫，全面推进。

后记

　　历经两年半的努力,本书就要定稿了。

　　整个有意识的集中访谈,始于2022年初,止于2023年底,跨度约2年,其间陆陆续续有很多补充。相关数据截止到2023年底。访谈对话力求原汁原味,但囿于一些科技性、史料性材料的摘录,以及一些关键性工程和重大事件的"立此存照",一些访谈记载不免书面文字多了些。

　　"五一"假期最后一天的下午,当最后一遍逐字逐句修改、润色完书稿后,我和爱人来到巢湖南岸"庐江赤壁"处,一边欣赏这环湖美景,一边思忖可否向大地母亲交稿。

　　"巢湖好比砚中波,手把孤山当墨磨。姥山塔如羊毫笔,够写青天八行书。"当我走到湖边,掬起一捧清水,眺望烟雨蒙蒙的姥山岛,吟诵古往今来赞美巢湖的诗句,不禁思绪万千。

　　敝帚自珍,对于这本书的写作,觉得自己用心、用力、用情了。更觉珍贵的是,写作过程中得到很多领导、同志的关爱。正是背后他们期待的目光,才能有本书的问世。

　　感恩"母亲湖"巢湖的哺育和亲近,我的一生都环绕着她,在环湖周边工作,为她的复苏、复兴而奋斗,时刻近距离感受着湖泊的自然伟力和人与湖、城与湖和谐共生的美妙。

　　感恩这个伟大时代,我不仅能走上治湖一线,圆了儿时就有的治水之梦,为"母亲湖"的重放异彩贡献一份微薄之力;现在还能有如此好的条件和环境,提起笔来描绘这壮丽的时代画卷,为世界大湖治理总结、推介合肥方案,提供一些真实有用的理性思考。

　　感谢众人的期盼和帮助,激发我赞美"母亲湖"、探寻湖泊治理之路的动力。特别是合肥市委、市政协以及市委宣传部(社科联)的领导给予大力支持、悉心指导,本书的书名就是一位尊敬的领导建议取的;安徽省巢湖管理局(巢湖风景区管委会)及巢湖研究院、生态环境、农业农村、水务、园林、住建、自规、交通、气象、水文、地震、文旅等部门同志给予全方位支持；中国科学技术大学、中国环境科学研究院、中国科学院南京地理与湖泊研究所、安徽农业大学、安徽农业科学院、安徽水利勘测设计院的专家、教授给予热心指导；合肥大学领导给我提供讲台，"巢湖流域治理与高质量发展文理实验室"提供帮助，让我与老师、同学们分享治巢成果，助力巢湖研究和本书内容的深化；合肥市图书馆向我提供上百本湖泊治理图书的查摘……

感谢中国科学技术大学出版社的领导和编辑对本书的厚爱，他们认真、严谨、细致的作风，令人钦佩。著名书法家凌海涛同志为本书题写了书名，著名摄影家王世保同志提供了封面照片，巢湖研究院高芮同志帮助校核了相关数据等，一并表示衷心感谢！

感谢家人的鼓励、参与和陪伴，特别是父亲王时国对每一次谈话都很认真、重视，对每一个细节都力求准确，对湖泊治理的最新动态和科技运用也十分感兴趣，表现出了强烈的主角意识。远在万里之遥的儿子一家也在默默支持着我并表现出热切期待。令人高兴的是，在本书即将出版之际，我的二孙女唐王安瀛出生了。我要将这本书作为送给她的礼物，祝福她健康、快乐成长，同时更希望她不管走到哪儿，都能记住：巢湖永远是我们的根，是我们魂牵梦萦的"母亲湖"。

王民生

2024 年 8 月 27 日